高等学校规划教材

露天采矿机械

李晓豁　编著

北　京
冶金工业出版社
2013

内 容 提 要

本书系统、全面地介绍了用于露天采矿的潜孔钻机、牙轮钻机、凿岩钻车、机械式单斗挖掘机、液压单斗挖掘机、轮斗挖掘机、前端式装载机、铲运机、矿用推土机、排土机、半移动喂给式破碎站等钻孔机械、挖掘机械和装运机械的结构、原理、主要参数计算与选型原则。

本书可作为高等院校机械工程、矿山机电工程、采矿工程的教学用书，也可供从事露天开采、露天采矿机械研究、设计、制造、使用与维修和管理等人员参考。

图书在版编目(CIP)数据

露天采矿机械/李晓豁编著 . —北京：冶金工业出版社，
2010.9（2013.1 重印）
高等学校规划教材
ISBN 978-7-5024-5348-0

Ⅰ.①露… Ⅱ.①李… Ⅲ.①露天开采—矿山机械
Ⅳ.①TD422

中国版本图书馆 CIP 数据核字(2010)第 149584 号

出 版 人　谭学余
地　　址　北京北河沿大街嵩祝院北巷 39 号，邮编 100009
电　　话　(010)64027926　电子信箱　yjcbs@cnmip.com.cn
责任编辑　李　雪　美术编辑　李　新　版式设计　孙跃红
责任校对　侯　珊　责任印制　张祺鑫
ISBN 978-7-5024-5348-0
冶金工业出版社出版发行；各地新华书店经销；北京印刷一厂印刷；
2010 年 9 月第 1 版，2013 年 1 月第 2 次印刷
787mm×1092mm　1/16；14.5 印张；385 千字；223 页
32.00 元

冶金工业出版社投稿电话：(010)64027932　投稿信箱：tougao@cnmip.com.cn
冶金工业出版社发行部　电话:(010)64044283　传真:(010)64027893
冶金书店　地址:北京东四西大街 46 号(100010)　电话:(010)65289081(兼传真)
（本书如有印装质量问题，本社发行部负责退换）

前　言

近 20 年，我国露天采矿工业迅速发展，通过引进技术与自主研发相结合，国产露天采矿设备的技术有了很大的进步和提高，已接近和达到世界先进水平，这对我国露天矿产量的提高、推动露天采矿工业的进步起到了积极的促进作用。

然而，近年来国内有关露天采矿机械的教材、著作却很少，与我国露天采矿工业的发展不相适应，很难满足露天采矿工业不断发展的需要，也难以满足该领域工程技术人员的要求。为此，特编写了本书。

本书重点介绍了露天采矿的钻孔机械、挖掘机械和装运机械等主要机械设备，也介绍了常用的前装机和推土机等辅助机械。由于半连续或连续开采工艺在条件适宜的露天矿采用得越来越多，书中也简要介绍了露天矿用的排土机和破碎站。

本书在编写方法上，采用以典型代一般、由整机到部件的程序，对每一种设备，通过具有代表性的机型，介绍其主要组成、结构原理并对其主要机构进行详细的分析，达到对该类设备更深入、更全面的了解，系统性较强，便于学习掌握。在编写过程中，注意理论联系实际，尽量反映露天采矿机械的发展、现状和前景。由于篇幅所限，本书只阐述一些最基本的理论计算和选型原则，为便于读者掌握学习要点，每章最后都给出了一些复习思考题。

本书可作为采矿工程专业的露天采矿机械课程的教材，也可供从事露天开采、露天采矿机械研究、设计、制造、使用与维修和管理等人员参考。

本书在编写过程中，得到了露天采矿机械的制造厂家、使用单位的大力支持和帮助，并参考了国内外有关学者和专家的文献，在此一并表示由衷的感谢。

由于编者水平所限，书中不足之处，诚恳地希望广大读者批评指正。

编　者
2010 年 5 月

目　录

1 钻孔机械

钻孔机械是露天采矿中钻爆法崩落岩石的重要设备之一，可根据露天采矿深孔爆破法的需要，在岩体上钻进一定孔径、一定深度和一定方向的、供爆破装填炸药用的炮孔。

钻孔作业是一个繁重而费用昂贵的工序，露天开采的钻孔成本约占每吨采掘物开采总成本的16%～36%。采掘和运输设备的生产能力、寿命和作业效率都与采掘物的爆破质量有关。因此，钻孔机械对整个露天矿的生产具有重要意义。

钻孔机械的种类繁多，为了获得较高的劳动生产率、降低钻孔成本，必须根据不同岩石的物理机械性质，选择经济合理的钻孔方法，确定各种具体条件下最适合的机械类型。

根据机械破碎岩石的方法，钻孔机械可分为以下几种：

（1）旋转式钻机：多刃切削钻头钻机、金刚石钻头钻机等，多用于在中硬以下的岩石或煤中钻孔。

（2）冲击转动式钻机：各种类型凿岩机、潜孔钻机和钢绳冲击式钻机等，可用于中硬以上的岩石中钻孔。

（3）旋转冲击式钻机：牙轮钻机，适用于中硬以上的岩石钻孔。

除了上述用钻头破碎岩石的各种钻机以外，还有许多特殊钻机。按照其破岩原理，特殊钻机分为机械凿岩、热力剥落凿岩、熔融气化凿岩和化学凿岩等几种形式。机械凿岩有腐蚀、侵蚀、爆破、挤压、钻粒、火花、火花冲击和超声波等方法；热力剥落凿岩分火钻、电分解、高频电流、电感应和微波等方法；熔融气化凿岩有原子核反应、熔融、电弧等离子、电子束和激光方法；化学凿岩有氟腐蚀等方法。

露天钻机根据可以钻孔的深度划分为深孔钻机和浅孔钻机两种，根据钻孔方向不同，钻机分有垂直钻孔、倾斜钻孔和水平钻孔三种。

1.1 潜孔钻机

1.1.1 概述

潜孔钻机是利用潜入孔底的冲击器与钻头对岩石冲击破碎形成钻孔的机械，它是为适应地下采矿的要求而发展起来的。由于孔深的增加，气腿式凿岩机已不能满足要求，而重型导轨式凿岩机虽然通过接杆能钻较深的孔，但随着钻孔的加深，钻杆质量增大，能量传递效率降低，使钻孔速度下降。潜孔钻机的特点是，钻杆的冲击能量不受钻孔深度的影响。这种破岩方法是由美国英格素兰公司于1932年提出的，50年代初开始在露天矿应用。之后，世界各国对潜孔钻机进行了大量的研究和改进，制造了各种类型的潜孔钻机和冲击器。

我国于1956年引进井下潜孔钻机，60年代开始自行设计露天潜孔钻机，并在中小型露天矿逐步推广和应用。到70年代末，我国露天矿使用的潜孔钻机占全部钻孔机械的60%～70%。目前，中小型露天矿的钻机仍然广泛使用潜孔钻机。几十年来，我国先后研制了多种型号的潜孔钻机，这些钻机在我国露天矿钻孔工作中发挥了巨大的作用。

根据机械工业局标准（JB/T 9023.1—1999），潜孔钻机的型号为：KQ-×××（K表示钻孔类的"孔"字，Q表示潜孔的"潜"字，后面的三位数字表示孔径，mm）。

露天潜孔钻机按其钻孔直径和机重大小可分为轻型、中型和重型三种。轻型潜孔钻机的钻孔直径在80~100mm，整机质量为1~5t，适用于小型露天矿；中型潜孔钻机的钻孔直径在130~180mm，整机质量为10~20t，适用于中小型露天矿；重型潜孔钻机钻孔直径为180~250mm，整机质量为30~45t，适用于中型以上的露天矿。

1.1.2　穿孔原理

潜孔钻机工作原理如图1-1所示。

钻机工作时，由回转供风机构4带动钻杆3、冲击器2和钻头1回转，产生对岩石刮削作用的剪切力；同时，压力经钻杆进入冲击器，推动冲击器的活塞反复冲击钻头，使钻头侵入孔底产生挤压岩石的冲击力。钻头在冲击器活塞的不断冲击作用下，改变每次破碎岩石的位置。所以，钻头在孔底回转是连续的，冲击是间断的。在冲击器的冲击力和回转机构的剪切力作用下，孔底的岩石不断被压碎和剪碎。压气由回转供风机构进入，经中空钻杆直达孔底，把破碎后的岩渣从钻杆与孔壁之间的环形空间吹到孔外。另外，回转供风机构在推进调压机构5的作用下沿轴向移动，推进冲击器和钻头，实现连续钻进。

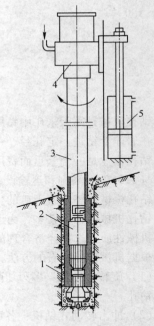

图 1-1　潜孔钻机工作原理
1—钻头；2—冲击器；3—钻杆；
4—回转供风机构；5—推进调压机构

1.1.3　KQ-200 型潜孔钻机

KQ-200型潜孔钻机是一种自带变压器和空压机的履带行走式重型潜孔钻机，其结构如图1-2所示。

KQ-200型潜孔钻机由钻架和机架、液压提升机构、装卸钻杆机构、钻架起落机构、除尘系统、司机室和机棚净化装置、压气系统以及电气系统等组成。该机采用气、电联合驱动，以电动为主。全部采用机械传动系统，安全可靠、操作简便、易于维修。根据矿岩硬度不同，可调节两种转速。钻机具有干、湿两套除尘系统，除尘效果良好。司机室有空气增压净化和电热器加温装置，冬季可保持在20℃以上。该机主要技术参数见表1-1。

表 1-1　KQ-200 型潜孔钻机技术特征

名　称	特征参数	名　称	特征参数
适应岩石硬度（f）	6~18	钻杆外径/mm	168
钻孔直径/mm	200~210	推进力/kN	0~15.3
钻孔深度/m	19	推进长度/m	9.1
钻孔方向/(°)	45~90	推进方式	电动机-汽缸
钻具转速/r·min⁻¹	13.5，17.9，27.2	冲击器的冲击功/N·m	≥400
回转扭矩/N·m	5920，4910，4400	冲击器冲击次数/次·min⁻¹	≥850
钻杆长度/m	10.2	提升能力/kN	35

续表 1-1

名　称	特征参数	名　称	特征参数
提升速度/m·min^{-1}	12 ~ 16	工作风压/MPa	0.5 ~ 0.7
回转功率/kW	15	耗气量/m^3·min^{-1}	22 ~ 27
行走功率/kW	2×30	供电电压/V	3000 或 6000
行走方式	电动机-履带	装机功率/kW	331
行走速度/km·h^{-1}	0.77	外形尺寸（长×宽×高）/m×m×m　工作时	9.76×5.74×14.33
履带接地比压/MPa	0.05	运输时	13.77×5.74×6.63
爬坡能力/(°)	14	机重/t	41.6
除尘方式	湿或干		

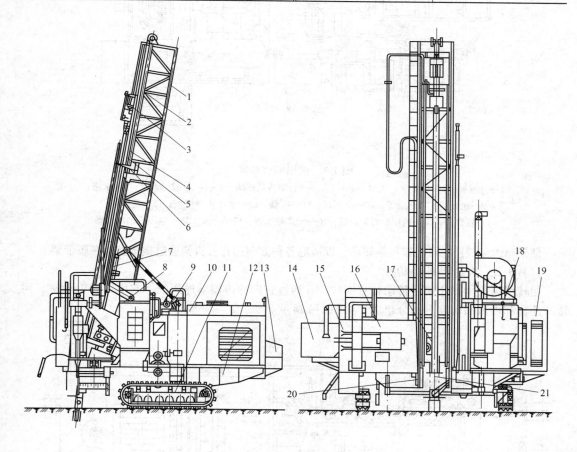

图 1-2　KQ-200 型潜孔钻机结构

1—钻架；2—推进提升链条；3—回转供风机构；4—钻具；5—副钻杆；6—送杆机构；7—调压油缸；
8—除尘系统；9—钻架起落机构；10—机棚；11—行走机构；12—机架；13—电焊机；
14—机棚净化装置；15—司机室净化装置；16—司机室；17—托杆器；
18—悬臂吊；19—空压机散热器；20—定心环；21—卡杆器

1.1.3.1　钻架与机架

钻架是用无缝钢管焊接而成的断面为闭口型的空间桁架结构，上面安装有回转、提升、调压和送杆等机构，是回转机构上下滑行、钻具推进和升降的导轨。所以钻架又称为滑架。

机架是用型钢和钢板焊接而成的，上面装有钻架起落机构、空压机、行走传动系统及变压器等机电设备，平面布置如图1-3所示。

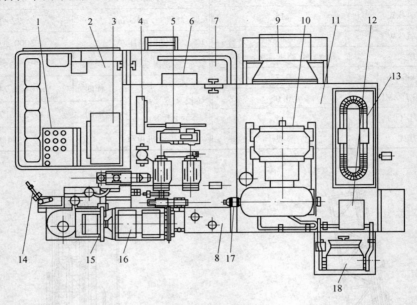

图 1-3　机架平面布置

1—操纵台；2—司机室；3，4—电控柜；5—行走传动机构；6—梯子；7—走台；8—水箱；
9—机棚空气净化装置；10—空压机；11—底盘；12—空压机电控柜；13—变压器；
14—悬臂吊；15—高压离心通风机；16—干式除尘器；17—水泵；18—空压机轴冷却器

钻架与机架铰接，可绕铰接轴转动，以适应各种方向钻孔。机架通过横梁坐落在履带架上。

1.1.3.2　回转供风机构

回转供风机构的作用是带动钻具回转，并通过它向冲击器输送压气。它由回转电动机、回转减速器和供风回转器等部分组成，如图1-4所示。

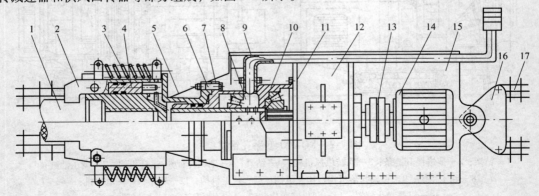

图 1-4　回转供风机构

1—钻杆；2—卡爪；3—弹簧；4—活塞；5—钻杆接头；6—空心轴；7—花键套；8—轴承套；
9—送风管；10—风接头体；11—减速器输出轴；12—回转减速器；13—弹性联轴器；
14—回转电动机；15—滑板；16—平衡接头；17—提升链条

回转电动机 14 与回转减速器 12 用弹性联轴器 13 连接，回转减速器以左部分为供风回转器，它通过螺栓与回转减速器连接。三者连成一体后，固定在可沿钻架导轨滑动的滑板 15 上。滑板两端分别用平衡接头 16 与提升链条 17 连接，使滑板与链条形成一个封闭系统。送风管 9 的一端和供风回转器连接，另一端与送风胶管连接。弹性联轴器起连接和缓冲作用。

回转电动机为 JDO$_2$-71-8/6/4 型三速电机。转速低时转矩大，适用硬度较大的岩石，高转速低转矩用于硬度较小的岩石。工作中应根据岩石硬度不同正确选择钻具的转速和转矩，以提高钻头寿命、加快钻进速度。

回转减速器由三级圆柱齿轮组成（图 1-5）。I 轴齿轮 Z_1 的轴端通过弹性联轴器与回转电动机相连。工作时，电动机通过弹性联轴器驱动 I 轴，带动齿轮 Z_1、Z_2、Z_3、Z_4、Z_5、Z_6 回转，然后通过 IV 轴带动供风回转器的主轴回转。为了减少噪声和提高承载能力，Z_1、Z_2、Z_3、Z_4 采用斜齿轮。由于 Z_5、Z_6 转速较低，为减少轴向载荷而用直齿。

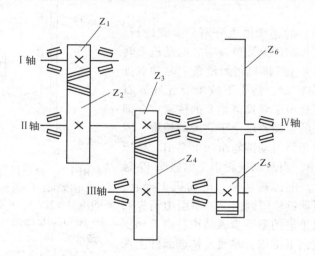

图 1-5　回转减速器传动系统

供风回转器的作用是传递扭矩，向钻具供风和接卸钻杆。

如图 1-4 所示，风接头体 10（即回转器壳体）通过螺栓固定在回转减速器 12 的机体上。空心轴 6 的上端用花键与减速器输出轴 11 相连。花键套 7 借助花键装在空心轴 6 上。钻杆接头 5 与花键套用螺栓连接。减速器输出轴的转矩通过空心轴及花键套传给杆接头，带动钻具回转。

由风源来的压气经送风管 9 进入风接头体 10，再经八个径向孔进入空心轴 6、钻杆接头 5，然后进入钻杆 1 及冲击器内，为冲击器提供工作动力。

当需要钻杆时，风路停止供风，卡爪 2 在弹簧 3 的作用下向外张开，这时风动接头顺时针方向回转（从电动机方向看），将钻杆的尾部方形螺纹拧入钻杆接头 5 中。当需要卸钻杆时，首先接通压气，进入钻杆接头的压气使活塞 4 伸出。在活塞的作用下，卡爪 2 向钻杆中心方向摆动，卡在钻杆的凹槽中。这时，改变回转电动机 14 的转向，使下部钻杆相对上部钻杆反转而脱开，实现卸杆的动作。

1.1.3.3　推进提升机构与调压装置

推进提升机构的作用是推进钻具，保持钻头工作时始终与孔底接触，并实现回转供风机构和钻具的快速升降。调压机构的作用是保证钻具对孔底的合理轴压力，以达到最佳的钻孔效率。

KQ-200 型潜孔钻机的推进提升机构及调压装置如图 1-6 所示。它由电动机、制动器、涡轮减速器、双排链条、滑动链轮组、减压汽缸、行程开关及链条张紧装置等组成。各组成部分全部安装在钻架上，不受钻架起落、转动的影响。采用双排链条传动安全可靠，电磁制动器制动灵敏，动作准确。

钻孔之前，钻头没有触及孔底，由于钻进部件重力的作用，减压汽缸 11 的活塞完全缩回到缸内，滑动链轮组 9 停在最上端位置。开动提升电动机 1，并使其正转或反转，则可实现钻进部件的快速提升或下放。

钻孔作业时，钻具的连续推进分两个步骤进行。首先，当滑动链轮组 9 在最上端位置时，电动机 1 转动，并经涡轮减速器 4、双排封闭短链条 7 驱动双排链轮 8 沿逆时针方向转动。钻头下放抵及孔底岩石后，钻具的钻进速度远小于双排链轮 8 的线速度，即滑动链轮组左边链条的运动速度小于右边的速度，因而右边快速运动的链条将滑动链轮组向下牵引，减压汽缸 11 的活塞杆伸出。当滑动链轮组上的碰头 17 触及下行程开关 18 时，电源被切断，电动机 1 停转，减速器 4 被制动，滑动链轮组因向下的牵引力消失而停止向下运动，钻具推进的第一步骤结束。由于轴压力的作用，钻具继续向下推进，并通过钻进部件上端的链条使滑动链轮组受有向上的牵引力而上移，压迫汽缸 11 的活塞缩回。当碰头 17 触及上行程开关 16 时，电源被接通，电动机重新启动，驱动双联链轮逆时针转动，重复第一步骤动作。如此反复，实现钻具

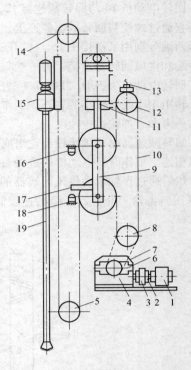

图 1-6　推进提升机构与调压装置
1—提升电动机；2—齿形联轴器；3—电磁制动器；
4—涡轮减速器；5—下部链轮组；6—输出链轮；
7—双排封闭短链条；8—双排链轮；9—滑动
链轮组；10—双排封闭长链条；11—减压
汽缸；12—张紧链轮；13—调整螺栓；
14—上部链轮组；15—回转供风机构；
16—上行程开关；17—碰头；
18—下行程开关；19—钻具

的连续推进。在钻具连续推进的过程中，提升电动机只是每隔一段时间（6～15min）转动 6s 左右，以便把滑动链轮组从上端拉到下端。

KQ-200 型钻机的钻进部件（包括两根钻杆）的总重量为 2750kg，而合理的轴压力是 10kN，所以需要调压机构来减压。减压汽缸 11 固定在机架上，当汽缸的上腔进气时，活塞受压气产生的推力之半，通过链条作用在钻具上，使钻具受到一定的提升力，平衡掉一部分重力，从而削减了钻进部件的作用力，获得合理的轴压力。在钻进过程中，减压汽缸 11 的上腔始终不断地输入压气。由于压气作用在活塞上面，无论活塞伸出还是缩回，活塞杆始终紧紧地推压着滑动链轮组，作用于钻具上的提升力始终不变，孔底轴压力保持恒定。

KQ-200 型钻机采用电动机-封闭链条-汽缸式推进提升机构调压装置，其突出优点是：减压汽缸 11 的活塞推进一个进程时，钻具可获得两倍于活塞行程的位移。这样可减少调压机构的纵向尺寸及动作次数，提高钻机的工作效率。

1.1.3.4　接送钻杆机构

接送钻杆机构是用于接卸及存放钻杆的，它由电动机、减速器、上下送杆器、托杆器、定

心环等组成，如图1-7所示。整个机构安装在钻架上，利用电动转臂原理工作。

当钻杆不工作或只用一根主钻杆钻孔时，送杆器处于退出位置，其上存放副钻杆。

当需要接卸钻杆时，开动电动机1，并使其正转或反转，通过联轴器2、二级涡轮减速器3，即可使传动轴4带动上送杆器5和下送杆器7转动，将副钻杆送入或退出。在接卸钻杆过程中，托杆器6起支承钻杆、保证钻杆的平行和对中作用。定心环8对钻杆进行限位，并在钻斜孔时支承钻杆，保证钻孔的方向。

这种接送钻杆机构传动可靠、运动平稳，但结构复杂。

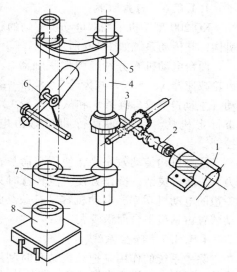

图 1-7　接卸钻杆机构
1—电动机；2—联轴器；3—涡轮减速器；
4—传动轴；5—上送杆器；6—托杆器；
7—下送杆器；8—定心环

1.1.3.5　起落钻架机构

起落钻架机构的作用是使钻架绕铰接轴转动，以适应钻斜孔的要求，并支承钻架使其固定在所需的位置上。

图1-8所示为 KQ-200 型钻机的起落钻架机构，它安装在机棚的顶部，由电动机、涡轮减速器、齿轮齿条、鞍形座等组成。

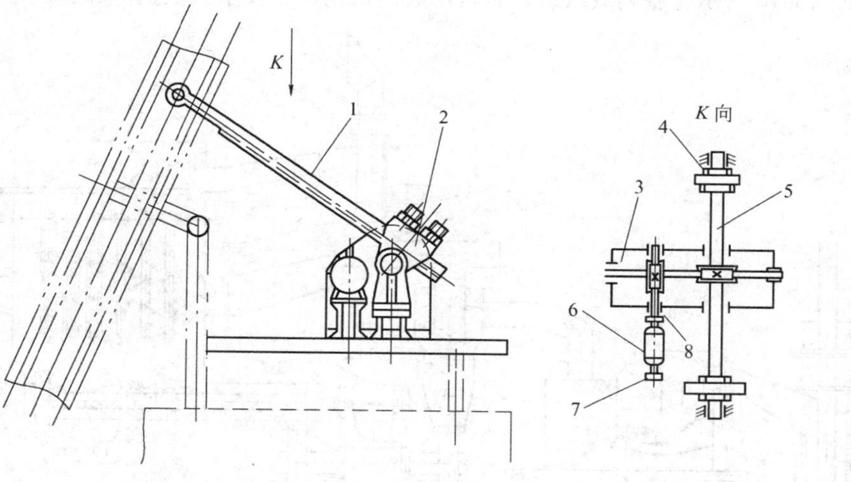

图 1-8　钻机起落钻架机构
1—齿条；2—鞍形座；3—涡轮减速器；4—小齿轮；5—传动长轴；
6—电动机；7—电磁抱闸；8—弹性联轴器

电动机6通过两级涡轮减速器3带动传动长轴5转动，使小齿轮4推拉齿条1沿着鞍形座2做往复运动，带动与齿条上端铰接的钻架起落，当调整好钻架角度后，利用涡轮蜗杆的自锁作用和电磁抱闸7保证钻架位置不变。

这种齿条式钻架起落机构的推拉齿条，既是钻架起落的执行机构，又是钻架固定的支承机构，动作平稳，支承稳定性好，但机构庞大。

1.1.3.6　行走机构

KQ-200 型钻机采用双电动机驱动的履带行走机构，其传动系统如图 1-9 所示。

两台电动机 6 分别经弹性联轴器 5、两级斜齿轮减速器 3、一级开式齿轮 7、8 和一级链条传动（主动链轮 2、链条 9 和从动链轮 1）带动履带行走机构。钻机的直行和转弯由电气按钮控制。

这种机构传动效率高，使用寿命长，爬坡能力大，转弯灵活，操作方便。但转弯时只能利用一边的电动机功率，电动机容易过载。此外，传动装置占钻机平台面积较大。

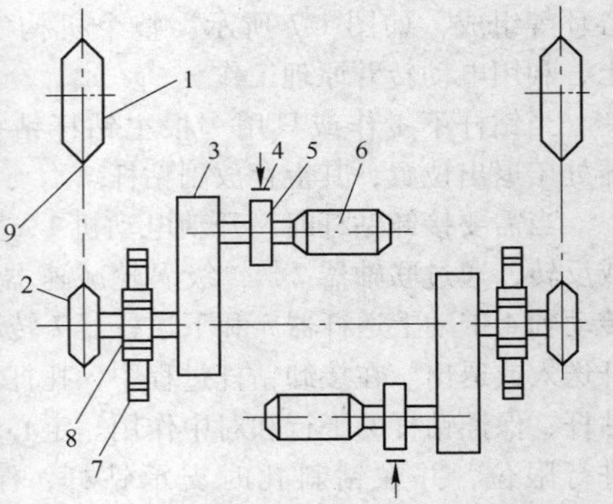

图 1-9　KQ-200 型钻机行走机构传动系统
1—从动链轮；2—主动链轮；3—减速器；
4—电磁抱闸；5—带制动轮的弹性联轴器；
6—电动机；7—大齿轮；8—小齿轮；9—链条

1.1.3.7　除尘系统

除尘系统的作用是把钻机钻孔时利用压气排出的尘气混合物进行尘气分离，降低作业带空气中的粉尘浓度，保证工作人员身体健康，提高设备寿命。

KQ-200 型钻机具有干式和湿式两套除尘系统。

A　干式除尘系统

干式除尘系统由捕尘罩、沉降箱、旁室旋风除尘器、机械脉冲袋除尘器以及扇风机等部分组成，如图 1-10 所示。各处放灰口均有自动放灰机构，免去了人工扒渣和放灰工作。

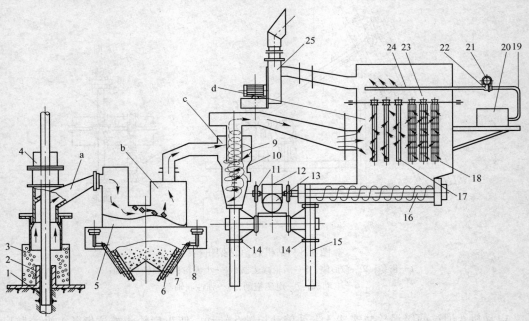

图 1-10　干式除尘系统
1—钻杆；2—护口筒；3—帆布罩；4—定心环；5—沉降箱体；6—活动盖；7—拨杆；8—汽缸；9—排气管；
10—螺旋形旁室；11—链轮；12—减速器；13—电动机；14—卸尘装置；15，17—布袋；16—搅龙；18—骨架；
19—钢管；20—机械脉冲控制器；21—气包；22—脉冲阀；23—喇叭管；24—喷吹管；25—扇风机；
a—捕尘罩；b—沉降箱；c—旁室旋风除尘器；d—机械脉冲布袋除尘器

钻孔时，抽出式扇风机 25 启动，捕尘罩 a 内形成负压，100μm 以上的粉尘大部分在罩内沉降。小颗粒粉尘被扇风机吸入沉降箱 b，由于捕尘罩内为负压，因而孔口附近不会有粉尘外逸。

被扇风机抽出的尘气进入空间较大的沉降箱后，流速大大降低。沉降速度大的颗粒落入箱体底部成为岩渣，较细小的粉尘随气流从出口进入旁室旋风除尘器 c。箱体底部的岩渣由自动放渣机构放出。如图 1-10 所示，汽缸 8 通过管路与通往冲击器的主风路接通。冲击器工作时，汽缸内没有压气，推进活塞杆向下运动，并推进拨杆 7，使之紧紧地压在活动盖 6 上，活动盖将排渣门封闭。当冲击器停止工作时，主风路不再供气，汽缸内的弹簧推动活塞杆向上运动，使拨杆离开活动盖，排渣口打开，岩渣靠自重放落。

通过沉降箱出口的粉尘气流，沿口径不大的进口管以切线方向高速进入旁室旋风除尘器。气流在螺旋形顶板引导下向下旋转，较粗粉尘在离心力作用下甩向外壁，并沿螺旋线方向下降，落入卸尘装置 14。较细的粉尘随气流从旋风除尘器中央的排气管 9 上升，进入机械脉冲布袋除尘器 d。

在布袋除尘器的中部箱体内，悬挂着涤纶绒布布袋 17，布袋套在各自的骨架 18 上。在扇风机的作用下，从中部箱体进入的粉尘被阻留在布袋的外围，经过布袋过滤器的净化，气体从喇叭管 23 进入上部箱体，最后通过出口由扇风机排到大气中。积存在布袋外围的粉尘一部分在重力作用下落入下部箱体，另一部分继续积附在布袋上，增大了布袋的过滤阻力。为了保证正常运转，应采用机械脉冲机构，定时对布袋喷吹清灰。

每排布袋的上方都设一根喷吹管 24，该管的喷孔对准喇叭管。喇叭管端部的脉冲阀 22 按机械脉冲控制器 20 的程序和时间间隔，向喷吹管供压气进行喷吹。当喷吹气流通过喇叭管时，从上部箱体引入约五倍于喷吹压气量的空气进入布袋，使布袋急剧膨胀，产生一次振动，并形成由里向外的反向气流，抖落了布袋上的粉尘。落入下部箱体的粉尘由搅龙 16 推向排灰口，再经卸尘装置倒入灰布袋 15，由此排至地面。

B 湿式除尘系统

湿式除尘系统是由供水装置、风水混合装置和孔口排渣装置三部分组成，如图 1-11 所示。

钻孔时，供水装置 a 提供的压力水进入安装在冲击器供水管路上的风水混合装置（注水器）b，与压气混合，产生的风水混合物用来推动冲击器工作。破碎下来的岩粉在孔底以及沿孔壁上升的过程中被湿润，凝成湿的岩粉球团或半流动的岩浆，排至孔口，由孔口排渣装置 c 吹到钻机一侧。

供水装置 a 由电动机 d、水泵 4、水箱 1、调压阀 3、截止阀 6 等组成。钻孔过程中，通过调节截止阀来获得合理的供水量，以便能提高效率又满足除尘的要求。当钻机不用水时，高压水经调压阀 3 返回水箱 1。

风水混合装置 b 由气控注水器控制。气控注水器安装在给冲击器供气的主管道上。需注水时，操作注水的操纵阀，压气自注水器左端进入，推进活塞 7 向右运动，并压缩弹簧 8；当活塞上的环形槽对准喷嘴 9 时，压力水进入活塞的右端小孔，经喷嘴喷入主管路中。当操作注水器操纵阀切断压气时，活塞左端气室的余气排至大气，活塞在弹簧作用下复位，压力水通路被切断，停止供水。

孔口排渣装置 c 由压风机 10、风管和捕尘器 11 组成。孔口捕尘罩由钢板制成，其连接压风机的入风口与湿润岩粉的排出口在一条直线上。

1.1.3.8 司机室和机棚净化装置

为了降低钻孔作业点的空气粉尘质量浓度（国家规定指标 2mg/m³ 以下），确保司机的身

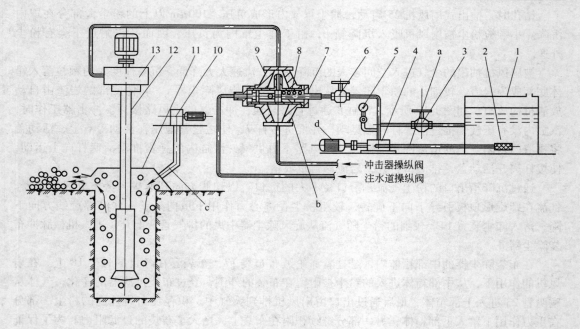

图 1-11 湿气除尘系统

1—水箱；2—过滤器；3—调压阀；4—水泵；5—压力表；6—截止阀；7—活塞；8—弹簧；

9—喷嘴；10—压风机；11—捕尘器；12—钻具；13—回转供风机构；

a—供水装置；b—风水混合装置；c—孔口排渣装置；d—电动机

体健康和设备工作环境的清洁，钻机的司机室和机棚都设有空气净化装备。

　　KQ-200 型钻机的空气净化装置安装在司机室顶部，采用两级净化、外部供风与室内循环风相结合的正压送风净化装置。为了适应四季气候的变化，司机室内还设有空气调节装置。如图 1-12 所示，空气净化装置由室外进风阀门 2、通风机 4、水平直进旋流器组 5、高效过滤器 6 等组成。水平直进旋流器组由 49 个直径为 50mm 的双头螺旋叶片式旋流器组成，效率高、阻力小。过滤器用氯纶或涤纶作充填层，容尘量大、清灰周期长、阻力小。

　　司机室内空气调节装置由顶部吹风百叶窗 7、室内循环百叶窗 3、电热器 9 等组成。夏季主要由室外吸风，经过净化处理的新鲜空气从顶部吹风百叶窗进入司机室 1，对司机进行空气淋浴，风速为 2～4m/s。转动百叶窗，可以调节吹风角度。冬季作业时，主要是室内循环供风，从室外补充部分新鲜空气。将顶部吹风百叶窗 7 关闭，打开室内循环百叶窗 3。经过净化处理的空气通过方形连通管 8，从位于司机坐椅 10 下面的进风口进入司机室。座椅底部装有电热器 9，净化的空气经过电热器加热后吹入室内，使室内气温保持在 20℃左右。由于门窗都有密封装置，供风过

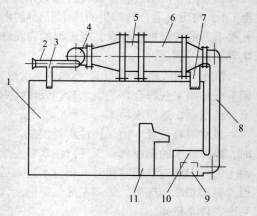

图 1-12 司机室空气净化装置

1—司机室；2—室外进风阀门；3—室内循环百叶窗；

4—通风机；5—水平直进旋流器组；6—高效过滤器；

7—顶部吹风百叶窗；8—净化管；9—电热器；

10—座椅；11—操纵台

程室内始终保持有 49～98Pa 的正压，室外的粉尘不会进入室内。

机棚净化装置由轴流式风机和净化器组成，安装在机棚的侧壁上。净化器包括布置在垂直平面上的 550 个水平直进旋流子。在风机进风口处，安装有 M 型泡沫塑料为滤料的净化器。机棚净化装置也采用正压送风的方式，为保证增压效果，机棚是密闭的。

1.1.4　钻具

潜孔钻机的钻具包括钻头、冲击器和钻杆。钻头安装在冲击器的前端。钻杆的两端有连接螺纹，一端与冲击器连接，另一端接回转供风机构。

1.1.4.1　钻头

钻头是直接破碎岩石的工具。钻孔过程中，钻头上端受活塞的冲击，下端和岩石撞击，同时承受轴压、扭矩和岩渣的腐蚀作用。因此，对钻头的要求是：表面硬度高、耐磨性好、形状简单、有足够的冲击韧性、能承受很大的动载荷。

按排气方式划分，钻头有旁侧排气和中心排气两类。

按结构形式划分，钻头有分体式和整体式两大类型。分体式钻头的头部和尾部（钎尾）分开，用螺纹连接，头部损坏后钎尾可留用。整体式钻头是头尾一体的单体钻头，便于加工和使用，能量传递效率较高，但当钻头工作面损坏后整体报废。

按镶嵌硬质合金形状不同，分为刃片型钻头、柱齿钻头和片柱混合型钻头。刃片型钻头（图 1-13a）是在钻头工作面上镶嵌硬质合金片。这种钻头修磨容易，但硬质合金片在整个工作面上分布不合理，边缘部分载荷大，磨损快，影响钻进速度，钻头寿命较短。因需经常修磨和更换接头，使钻机作业率降低。这种钻头的形状有十字形、X 形、星形和中间具有超前刃的十字形和 Y 形。柱齿钻头是 20 世纪 60 年代发展起来的，现已普遍推广应用。它是在钻头工作面上用机械的方法压入硬质合金柱（图 1-13b）。这种钻头可根据受力状况合理布置合金柱，使每个齿的凿岩面积大致相等，钻进速度和钻头寿命较高。硬质合金柱头部的形状有半球形、锥球形和楔形等。我国普遍采用半球形的硬质合金柱，故称其为球齿形钻头。片柱混合型钻头（图 1-13c）是在钻头工作面的周边镶嵌硬质合金片，而在中心凹陷处镶嵌硬质合金柱。由于钻

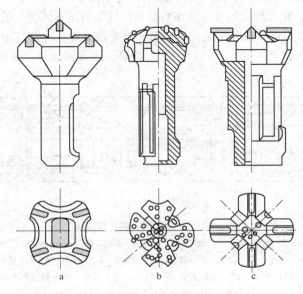

图 1-13　潜孔钻头

头中心部分破碎的岩石体积小，所需球齿数少，而钻头周边采用硬质合金片既便于修磨，也避免了用球齿钻头磨损太快的问题。这种钻头兼有前两种钻头的特点，适用于大直径钻头。

1.1.4.2　冲击器

冲击器是潜孔钻机的重要部件，其质量优劣直接影响钻孔的速度和成本。对冲击器的基本要求是：性能参数好，钻孔效率高；结构简单，便于制造、使用和维修；零部件工作可靠，使用寿命长；适应性强，能在各种岩层（如水层）里正常工作。

冲击器分为有阀冲击器和无阀冲击器两大类。

A　有阀冲击器

有阀冲击器按排气方式不同，有旁侧排气和中心排气两种；按活塞数目分为单活塞和双活塞两种；按驱动能源分有气动式和液动式。

旁侧排气冲击器构造比较简单，便于制造、安装和维修，排渣效果和对钻头的冷却效果较差，内缸外壁上的气槽使其强度降低。中心排气的冲击器结构复杂，要求加工精度高，但压气直吹孔底，排渣效果和冷却钻头的效果较好。内杆强度高，可以根据排渣要求改变节流孔直径来调整风量，利用逆止塞可在涌水炮孔中工作。

双活塞式冲击器是采用串联活塞，用一个隔离环将汽缸分成前后两个工作缸，使活塞有效作用面积加大，能产生较大的冲击功。与单活塞式冲击器比较，这种冲击器的钻孔效率高50%以上，但结构复杂，活塞配合面多，制造精度高，使用和维护不方便。

以高压液体作动力的冲击器，冲击次数多，比一般气动冲击器的频率高3.5~5倍，而动力消耗仅为气动的一半。由于油压比风压高几十倍，液动冲击器的冲击功、冲击频率和能量传递效率等性能指标都大为提高，钻孔速度比同类型的气动冲击高出一倍多。液动冲击器彻底解决了除尘问题，但液动冲击器结构复杂，制造困难，而且还需解决高压液体循环使用、岩渣脱水和防冻等技术问题。

下面以 J-200B 型冲击器为例，说明有阀冲击器的结构和工作原理（图1-14）。该冲击器通过接头 1 上的螺纹与钻杆连接。为了防止上部掉入物料卡磨冲击器、减少外缸 10 与孔壁的摩擦，在接头 1 上镶有硬质合金柱。配气机构由阀盖 6、阀片 7 和阀座 8 等组成。活塞 9 是一个中空的棒槌形圆柱体。冲击器就是通过活塞的运动把气体的压力转变为破碎岩石的机械能。汽缸由内缸 11 和外缸 10 组成。内外缸之间的环形空间是汽缸前腔的进气道。外缸上连接并装配着冲击器的所有机件。衬套 12 位于卡钎套 15 的顶端，活塞移动时，其前端可在衬套内滑动。

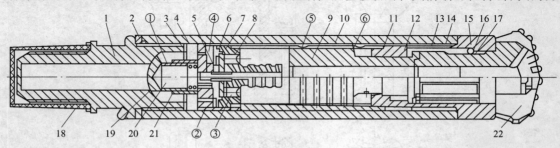

图 1-14　J-200B 型冲击器结构

1—接头；2—钢垫圈；3—调整圈；4—碟簧；5—节流塞；6—阀盖；7—阀片；
8—阀座；9—活塞；10—外缸；11—内缸；12—衬套；13—柱销；
14，21—弹簧；15—卡钎套；16—钢丝；17—圆键；18—螺纹保护套；
19—密封圈；20—逆止塞；22—钻头；①~⑥—气孔

卡钎套通过螺纹与外缸连接在一起，并通过内壁上的花键带动钻头22转动。钻头是整体式球面柱齿钻头，钻头尾部可在卡钎套内上下滑动。为了防止钻头在提升和下放时脱落，用圆键17把钻头与卡钎套连在一起，并用圆柱销13和钢丝16锁住圆键。拔出圆柱销即可取出圆键，可以很方便地拆装钻头。蝶簧4的作用是补偿接触零件的轴向磨损，保证零件间的压紧，防止高、低压腔串通而影响冲击器的工作性能；同时，工作中起减振作用。

为了使冲击器能在含水层里正常工作，J-200B型冲击器设有防水装置。该装置由密封圈19、逆止塞20和弹簧21组成。工作时，弹簧在压气作用下处于压缩状态；逆止塞前移，压气进入冲击器停止供气时，逆止塞在弹簧作用下自动关闭气口，冲击器内的气体被封闭，阻止了炮孔中的涌水及泥沙倒灌进入冲击器。

在阀盖与阀座之间设有可更换的节流塞5，可根据岩石密度和风压大小更换。通过改变节流孔大小调节气流量和压力，从而保证足够大的回风速度，使孔底排渣干净。

在钻孔过程中，有时要在提升或下放钻具的同时给冲击器输送压气，用来喷吹孔底积存的岩渣或处理夹钻。此时，如果冲击器连续冲击，势必空打钻头，会造成卡钎套零件损坏，这种现象称为空打现象。冲击器上设计有防空打机构。当提升或下放钻具时，钻头依靠自重下落，其尾部卡在圆键上，活塞也随之处于下限位置，这时内缸壁的进气孔⑥被活塞堵死，露出孔⑤（又称防空打孔），活塞前端的缩颈部分与衬套的内孔之间形成的环形空间沟通了前腔与孔底，使前腔气体排至孔底。由孔⑥进入后腔的压气经活塞中心孔直吹孔底，活塞停止运动，因而消除了空打现象。

钻机开始工作时，一般先给冲击器提供压气，然后推进钻具。当钻头触及孔底时，钻头22及活塞9均处于下限位置，阀片7上下两侧的压力相等，依靠自重落在阀座8上。由中空钻杆输入的压气进入接头1，压缩弹簧推开逆止塞20后分成两路：一路进入逆止孔①，经阀盖6、节流塞5、阀座8、活塞9和钻头各零件的中心孔直吹孔底，故称中心排气；另一路经阀盖轴向孔②，通过阀片7上侧面与阀盖6之间的间隙进入孔④，再经内外缸之间的环形气道，从防空打孔⑤进入后腔，并排至孔底。

当钻头触及孔底后，钻头尾部顶起活塞9，使活塞后端将防空打孔⑤堵死，露出前腔进气孔⑥，压气由此进入前腔。同时，活塞前端密封面把前腔密封。于是，前腔压力升高，压气推动活塞上升，活塞由静止开始做加速运动。后腔气体由活塞中心孔排出。当活塞中心孔被阀座上的配气杆堵死后，后腔气体被压缩，压力逐渐上升，活塞继续向上运动。当活塞前端脱离衬套的密封面时，前腔压气经钻头中心孔排出。这时，前腔压力逐渐降低，阀片上侧的压力也随之逐渐下降；与此同时，由于前腔排气，阀片上侧的气流速度增大，使阀片上侧的压力降低。活塞借助惯性继续上移，后腔压力不断上升，作用在阀片下侧的压力也随之上升。当作用在阀片下侧的压力大于阀片上侧的压力时，阀片便向上移动，关闭阀盖上的孔④，打开阀座上轴向孔③，阀片完成一次换向。从孔②来的压气改由孔③进入汽缸后腔。此时，活塞继续做减速运动，直至停止，回程结束。阀座上两个小孔的作用是提高后腔压力，使活塞停止具有一定厚度的气垫；避免活塞打开阀座。

活塞回程结束后，由于后腔继续进气，后腔压力升高；推动活塞向前运动，冲程开始。前腔气体继续由钻头中心排出，当活塞前端进入导向衬套的密封面时，前腔排气通路被关闭，气体被压缩，压力升高。当活塞后端脱离阀座上的配气杆时，后腔开始排气，这时活塞仍以很高的速度向前运动，直到冲击钻头尾部，冲程结束。在活塞冲击钎尾之前，后腔压力逐渐降低，阀片下侧的压力也随之下降；同时，由于后腔的排气作用，使阀片下侧的气流速度加大，进一步降低了阀片下侧的压力。前腔压力不断上升，阀片上侧压力也不断增加。当阀片上侧压力超过下侧压力时，阀片即向下移动，盖住后腔的进气通道，压气重新进入汽缸前腔，开始下一个工作循环。

　　B　无阀冲击器

　　无阀冲击器也有中心排气和旁侧排气两种。图1-15所示为W-210型无阀冲击器，它利用加大活塞质量、低速冲击的办法，靠活塞的运行自行配气。其工作原理如下：由中空钻杆来的压缩气体经接头1、逆止阀3进入进气座7的后腔，然后分成两路：一路经进气座7和喷嘴10进入活塞11和钻头16的中空孔道，在孔底喷吹岩粉并冷却钻头；另一路进入内缸9和外缸14之间的环形腔（该腔作为活塞运行的进气室）。位于进气室的压气，经汽缸的径向孔、活塞上的环形槽进入前腔，推动活塞开始返回行程。当活塞上移关闭进气气路时，活塞借助压气膨胀做功而继续移动，当前腔与排气孔路相通时，活塞靠惯性移动。可见，无阀冲击器的返回行程包括进气、膨胀和滑行三个阶段。同理，活塞在冲程过程中，压气先进入汽缸后腔，然后也经过冲程进气、气体膨胀和惯性滑行三个阶段。至此，整个工作循环结束。

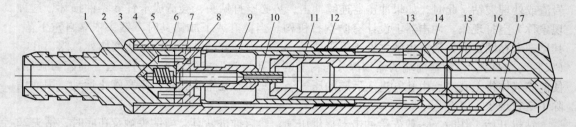

图1-15　W-210型无阀冲击器

1—接头；2—密封圈；3—逆止阀；4—弹簧；5—调整垫；6—胶垫；7—进气座；
8—弹簧挡圈；9—内缸；10—喷嘴；11—活塞；12—隔套；13—导向套；
14—外缸；15—卡钎套；16—钻头；17—圆键

　　可见，有阀冲击器的配气阀换向与汽缸的排气压力有关。只有当排气开启、汽缸内压力降到某一数值后阀才换向。所以，从活塞打开排气口开始，直到阀换向这段时间内，压气从排气口排出，压气的能量没有被利用。无阀冲击器则利用了压气的膨胀做功推动活塞运动，减少了能量消耗，其压气能耗比有阀冲击器节省30%左右，并具有较高的冲击频率和较大的冲击功。但是，无阀冲击器的主要零件精度要求较高，加工工艺较复杂。

　　1.1.4.3　钻杆

　　钻杆的作用是把冲击器送至孔底，传递轴压力和扭矩，并通过其中心孔向冲击器输送压气。露天潜孔钻机一般采用两根钻杆，一根为主钻机，另一根为副钻杆，连接后可钻15～18m深的孔。KQ-200型钻机的主（图1-16）副钻杆长度不同，结构完全一样。钻杆的两端都有连接螺纹，接头上有供装卸钻杆和冲击器的卡搬刃。

　　钻孔时，钻杆承受冲击振动、扭矩及轴压力等复杂载荷，其外壁又受孔壁和岩渣的强烈摩擦，以及由孔壁和钻杆之间排出的岩渣产生喷砂性的腐蚀作用，工作条件比较恶劣。因此，要求钻杆有足够的强度、刚度和冲击韧性。钻杆一般采用厚壁无缝钢管，两端焊有接头。

　　1.1.5　主要参数计算

　　潜孔钻机的工作参数主要有钻具的转速和转矩、冲击功、钻具施加于孔底的轴压力及排渣风量等。合理选择主要参数，不仅能获得最佳的钻孔效率，而且还能延长钻具的使用寿命。

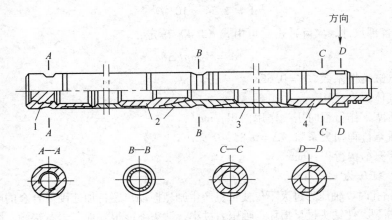

图 1-16 KQ-200 型钻机主钻杆
1—下接头；2—中间接头；3—钢管；4—上接头

1.1.5.1 钻具转速

钻具转速的合理选择对于减小机器振动、提高钻头使用寿命和加快钻进速度都有很大作用。转速的大小应能保证在相邻两次冲击之间破碎孔底岩石面积最大。该面积的大小主要取决于相邻两次冲击之间的夹角和钻头直径，另外还与岩石的物理机械性质、冲击功、冲击频率、轴压力、钻头的类型及布齿情况等有关。由于影响因素十分复杂，钻具的合理转速 $n(\mathrm{r/min})$ 常用以下经验公式确定：

$$n = \left(\frac{6500}{D}\right)^{0.78 \sim 0.95} \tag{1-1}$$

式中　D——钻孔直径，mm。

也可按照表 1-2 给出的推荐值选取。

1.1.5.2 钻具转矩

钻具的转矩是用来克服钻头与孔底的摩擦阻力和剪切阻力、钻具与孔壁的摩擦阻力，以及因炮孔不规则造成的各种阻力的。为了有效地破碎孔底岩石，钻具必须具有足够的回转力矩。根据实践得出的钻具转矩 $M(\mathrm{Nm})$ 与钻头直径的关系见表 1-2，也可按下列数理统计公式计算：

$$M = k_{\mathrm{m}} \frac{D^2}{8.5} \tag{1-2}$$

式中　k_{m}——力矩系数，0.8 ~ 1.2，一般取为 1。

表 1-2　潜孔钻机工作参数推荐值

钻孔直径/mm	转速/r·min⁻¹	转矩/N·m	合理轴压力/kN
100	30 ~ 40	500 ~ 1000	4 ~ 6
150	15 ~ 25	1500 ~ 3000	6 ~ 10
200	10 ~ 20	3500 ~ 5500	10 ~ 14
250	8 ~ 15	6000 ~ 9000	14 ~ 18

1.1.5.3 冲击功

若已知钻孔直径，可按式（1-3）计算冲击器所需的冲击功 $A(\mathrm{J})$：

$$A = 2.54 \times 10^{-2} D^{1.78} \tag{1-3}$$

如已知冲击器各部尺寸，实际冲击功可由式（1-4）确定：

$$A = 10apF\Delta S \tag{1-4}$$

式中　a——汽缸特性系数，$a = 0.65$；

　　　p——气体压力，MPa；

　　　F——活塞工作行程时压气作用面积，mm^2；

　　　Δ——活塞行程损失系数，$\Delta = 0.85 \sim 0.9$；

　　　S——活塞结构行程，mm。

1.1.5.4　轴压力

潜孔钻机钻孔时，轴压力过大不仅使钻机产生剧烈振动，还将加速硬质合金的磨损，甚至引起合金崩角或断裂，使钻头过早损坏；轴压力过小，钻头不能很好地与岩石接触，影响能量的有效传递，甚至使冲击器不能正常工作。潜孔钻机的合理轴压力 P_H（N）可用式（1-5）确定：

$$P_H = (3 \sim 3.5)f \tag{1-5}$$

式中　f——岩石的坚固性系数。

潜孔钻机轴压力的推荐值见表1-2。

1.1.5.5　排渣风量

排渣风量的大小对钻孔速度和钻头的使用寿命影响很大，合理的排渣风量应保证在钻杆与孔壁间的环形空间内有足够大的回风速度，以便及时地将孔底岩渣排出孔外。该回风速度必须大于最大的颗粒岩渣在孔内空气中的悬浮速度（即临界沉降速度）。根据经验，回风速度大约为25.4m/s，最低不能小于15.3m/s。一般可用式（1-6）计算岩渣的悬浮速度 v（m/s）：

$$v = 4.7\sqrt{\frac{b\rho}{1000}} \tag{1-6}$$

式中　b——岩渣的最大粒度，mm；

　　　ρ——岩石密度，kg/m^3。

因此，合理的排渣风量 Q（m^3/min）按式（1-7）计算：

$$Q = \frac{60\pi k(D^2 - d^2)v}{4 \times 10^6} \tag{1-7}$$

式中　k——考虑漏风的系数，取 $k = 1.1 \sim 1.5$；

　　　d——钻杆外径，mm。

1.1.6　选型

设备选型是依据设计和生产使用要求，根据矿岩物理机械性质、采剥总量、开采工艺、要求的钻孔爆破参数、装载设备及矿山具体条件，并参考类似矿山应用经验在生产厂家已有的系列产品样本中选择潜孔钻机。

对于矿岩中硬的中小矿山以及有特殊要求，如打边坡预裂孔、锚索孔、放水孔等选用潜孔钻机更合适。

设计中，比较简单的方法是按采剥总量与孔径的关系选择相应的钻机。

1.1.6.1　钻头的选择

在特定的岩石中凿岩，必须选择合适的钻头，才能取得较高的凿岩速度和较低的钻孔成本。

（1）坚硬岩石凿岩比功较大，每个柱齿和钻头体都承受较大的载荷，要求钻头体和柱齿具有较高的强度，因此，钻头的排粉槽个数不宜过多，一般选双翼型钻头，排粉槽的尺寸也不宜过大，以免降低钻头体的强度。同时，钻头合金齿最好选择球齿，且球齿的外露高度不宜过大。

（2）在可钻性比较好的软岩中钻进时，凿岩速度较快，相对排渣量较大，这就要求钻头具有较强的排渣能力，最好选择三翼型或四翼型钻头，排渣槽可以适当大一些，深一些，合金齿可选用弹齿或楔齿，齿高相对高一些。

（3）在节理比较发育的破碎带中钻进时，为减少偏斜，最好选用导向性比较好的中间凹陷型或中间凸出型钻头。

（4）在含黏土的岩层中凿岩时，中间排渣孔常常被堵死，最好选用侧排渣钻头。

（5）在韧性比较好的岩石中钻孔时，最好选用楔形齿钻头。

1.1.6.2　钻杆的选型

钻杆外径影响凿岩效率的情况往往被使用者所忽视，根据流体动力学理论可知，只有当钻杆和孔壁所形成的环形通道内的气流速度大于岩渣的悬浮速度时，岩渣才能顺利排出孔外，该通道内的气流速度主要由通道的截面积、通道长度以及冲击器排气量决定。通道截面积越小，流速越高；通道越长，流速越低。由此可以看出，钻杆直径越大，气流速度越高，排渣效果越好。当然也不能大到岩渣难以通过，一般环形截面的环宽取 10 ~ 25mm。深孔取下限，高气压取上限。

钻杆的选择不仅要考虑排渣效果，还要考虑其抗弯抗扭强度以及重量，这主要由钻杆的壁厚决定。在保证强度和刚度的前提下，尽可能让壁薄一点以减轻重量；壁厚一般在 4 ~ 7mm。

1.1.6.3　冲击器的选型

A　冲击器的工作参数

钻孔的几何参数、工作气压及岩石坚固性系数是设计冲击器的原始参数，由此可确定相应的配气尺寸，进而获得理想的冲击功和冲击频率。因此，特定的冲击器只有在特定的工作气压、特定的工艺参数和特定的岩性中才能发挥最优的凿岩效果。

（1）工作气压。不能简单地说工作气压越高，冲击器凿岩速度越快；只能说工作气压越高，选择相适应的冲击器，其凿岩速度越快。冲击器是根据特定的压力设计的，它只是在给定的设计压力区段内性能最优。远离设计压力值来使用冲击器，不仅不能发挥其应有的效率，反而会导致冲击器不能工作或过早损坏。因此，必须根据压力等级来选配相应的冲击器。

（2）冲击能量。冲击器的冲击能量必须确保钻头的单位能耗，这样才能有效地破碎岩石，同时获得比较经济的凿碎比能和较高的凿孔速度。冲击能量过大，不仅会造成能量的浪费，还会缩短钻头的寿命；冲击能量过小，不能有效破碎岩石，降低钻孔速度。不同的岩石需要不同的凿碎比能，因而需要选用不同冲击功的冲击器。

（3）冲击频率。一般情况下，当冲击能量一定时，冲击频率越高，冲击功率越大，但冲击器外径受钻孔直径的约束，冲击频率越高，冲击功越小，因此，冲击频率的提高要受岩石凿碎比功的限制。

B　冲击器的选择

冲击器的选择必须依据工作气压、钻孔尺寸和岩石特性等参数。

（1）根据工作压气的压力等级合理选择相应等级的冲击器。

（2）根据钻孔直径选择相应型号冲击器。

（3）根据岩石坚固性选择相应冲击器。建议软岩使用高频低能型冲击器，硬岩使用高能低频型冲击器。

1.1.6.4　钻机工作参数的合理匹配

潜孔钻机的主要工作参数有钻具转速、扭矩及轴矩力，这些参数的大小相互匹配直接影响钻孔的速度及成本，因此，合理选择这些参数是正确有效使用潜孔钻机的关键。

A　转速

钻具转速的合理选择对于减少机器振动、提高钻头寿命和加快钻进速度都有很大作用。转速的大小应能保证钻头在两次相邻冲击之间的转角最优，此时钻头单次冲击破碎的岩石量最大，凿速最快。最优转角的大小主要取决于钻孔直径、钻头结构以及岩石性质。因此，选择钻具转速必须依据钻孔直径、钻头结构、冲击器频率以及岩石性质。根据国内外的生产经验，钻具转速推荐值见表1-2。

由表1-2可以看出，钻孔直径越大，回转速度越慢。同时，确定回转速度还必须考虑岩石性质和冲击器频率。岩石越硬，回转速度应越低；频率越高，转速也越高，因此，硬岩、低频选下限，软岩、高频则取上限。

在钻进操作中，必须正确选择钻具的回转速度，回转速度过大，单次冲击岩石的破碎量将会减小，不仅导致钻进速度降低，还会加速钻头的磨损；回转速度过小，则浪费冲击功，加大破碎功比耗，同样会降低钻进速度。

B　扭矩

在正常钻进过程中，钻具的回转扭转主要用来克服钻头与孔底的摩擦阻力和剪切阻力以及钻具与孔壁的摩擦阻力。钻具阻力矩与钻孔直径、孔深均成正比。在整体性比较好的岩石中，正常钻进所需的扭矩并不大，孔径在150mm以下的钻进阻力矩为1000N·m左右。钻进的扭矩之所以比钻进阻力矩大得多，主要是为了卸杆和防卡钻，扭矩越大，卸钻杆越容易，防止卡钻的能力就越强，能钻孔的深度也越大。

在节理比较发育的破碎带中钻进，一定要选择扭矩比较大的钻机；大孔径深孔凿岩作业的扭矩也要选择高一些。

C　轴压力

轴压力是潜孔凿岩的一个非常重要的参数，选择是否恰当，不仅对钻头寿命有影响，更重要的是直接影响钻孔速度。轴压力过大，会引起回转不连续而产生回转冲击，导致孔底钻屑过度破碎，产生能量浪费，影响钻孔速度，加速钻头的磨损；轴压力过小，钻具反跳加剧，钻头不能紧贴孔底，使冲击能量不能有效作用到孔底岩石上，影响凿岩效率，加速钻机及钻具的损坏。

轴压力不等同钻机的推进力，它是推进力与钻具重量的矢量和，最优的轴压力不仅与钻孔直径有关，还与岩石性质有关。表1-2给出了不同钻头直径下的轴压力推荐值。

从表1-2可以看出：钻头直径越大，最佳轴压力也越大。同时，岩石性质对最佳轴压力也有影响，岩石越坚硬，最佳轴压力也越大，在表1-2中取上限，反之取下限。

1.1.6.5　选型计算

A　钻机效率

潜孔钻机的生产能力，采用计算法或参考类似生产矿山的指标选取。潜孔钻机的台班生产能力 V_b(m) 和钻进速度 v(cm/min) 分别按式（1-8a）、式（1-8b）计算：

$$V_b = 0.6vT_b\eta \tag{1-8a}$$

$$v = \frac{4En_zk}{\pi D^2 a} \tag{1-8b}$$

式中　v——钻机钻进速度，cm/min；

T_b——钻机班时间，min；

η——钻机台班时间利用系数；

E——冲击功，J；

n_z——冲击频率，min^{-1}；

k——冲击能利用系数，取 0.6~0.8；

D——钻孔直径，cm；

a——矿岩的凿碎比功，J/cm^3。

E、n_z 由钻机性能表可以查得，凿碎比功 a 可按表 1-3 选取。

表 1-3　凿碎比功值

矿岩硬度 f	硬度级别	软硬程度	凿碎比功值 $a/(J \cdot cm^{-3})$
<3	Ⅰ	极软	<20×9.8
36	Ⅱ	软	(20~30)×9.8
6~8	Ⅲ	中等	(30~40)×9.8
8~10	Ⅳ	中硬	(40~50)×9.8
10~15	Ⅴ	硬	(50~60)×9.8
15~20	Ⅵ	很硬	(60~70)×9.8
15~20	Ⅶ	极硬	>70×9.8

部分潜孔钻机的台班穿孔效率见表 1-4。一般设计中，潜孔钻机的台时作业率可按 0.4~0.6 选取。

表 1-4　部分潜孔钻机的台班穿孔效率　　　　［m/（台·班）］

矿岩普氏硬度 f	金-80	YQ-150	KQ-170	KQ-200	KQ-250
4~8	27	32	32	35	37
8~12	20	25	25	30	30
12~16	12	20	20	22	24
16~18	—	15	15	18	20

B　钻机数量的确定

钻机数量 N(台) 按式 (1-9) 计算：

$$N = \frac{Q}{qp(1-e)} \tag{1-9}$$

式中　Q——设计的矿山规模，t/a；

p——钻机台年穿孔效率，m/a；

q——每米炮孔的爆破量，t/m；

e——废孔率，%。

设计中每米炮孔爆破量可参照表 1-5 选取。

潜孔钻机不设备用，但不应少于两台。

表 1-5　每米炮孔爆破量

钻机型号		段高 10m				段高 12m				段高 15m			
		$f=$ 4~6	$f=$ 8~10	$f=$ 12~14	$f=$ 15~20	$f=$ 4~6	$f=$ 8~10	$f=$ 12~14	$f=$ 15~20	$f=$ 4~6	$f=$ 8~10	$f=$ 12~14	$f=$ 15~20
KQ-150	底盘抵抗线/m	5.5	5.0	4.5		5.5	5.0	4.5					
	孔距/m	5.5	5.0	4.5		5.5	5.0	4.5					
	排距/m	4.8	4.4	4.0		4.8	4.4	4.0					
	孔深/m	12.64	12.64	12.64		14.77	14.77	14.77					
	米孔爆破量 /m³·m⁻¹	20.86	17.33	14.13		21.42	17.80	14.51					
KQ-200	底盘抵抗线/m	6.5	6.0	5.5	5.0	7	6.5	6.0	5.5	7	6.5	6	5.5
	孔距/m	6.5	6.0	5.5	5.0	7	6.5	6.0	5.5	7	6.5	6	5.5
	排距/m	5.5	5.0	4.5	4.0	6	5.5	5	4.5	6	5.5	5	4.5
	孔深/m	12.64	12.64	12.64	12.64	14.77	14.77	14.77	14.77	17.96	17.96	17.96	17.96
	米孔爆破量 /m³·m⁻¹	28.56	24.14	20.03	16.33	34.3	29.32	24.76	20.57	35.26	30.16	25.45	21.14
KQ-250	底盘抵抗线/m		8.5	8.0	7.5		9	8.5	8		9.5	9	8.5
	孔距/m		6.5	6.0	5.5		7	6.5	6		7.5	7	6.5
	排距/m		5.5	5	4.5		6	5.5	5		6.5	6	5.5
	孔深/m		11.3	11.6	12.0		13.56	13.92	14.4		16.95	17.4	18
	米孔爆破量 /m³·m⁻¹		35.61	29.56	24.01		41.3	34.69	28.57		47.41	40.23	33.55

1.2　牙轮钻机

1.2.1　概述

牙轮钻机是一种近代钻孔设备，1907 年时只应用于石油工业钻进油井和天然气井，1939 年开始在露天矿试用，1950 年以后在露天矿推广和应用，开始只用于中硬以下的岩石钻孔。1958 年以后，牙轮钻头的结构、材料和制造技术的发展，才使牙轮钻机应用在坚硬岩石中。

与其他类型的钻孔设备相比，牙轮钻机具有钻孔效率高、成本低，安全可靠和使用范围广等优点，所以在大中型露天矿中得到了广泛的应用。目前，国外露天矿山的钻孔量有 70% ~ 80% 是由牙轮钻机完成的，美国、加拿大、俄罗斯、澳大利亚等国的大型露天矿几乎全部采用牙轮钻机钻孔。

我国从 1958 年开始研制牙轮钻机，至今已能生产适用于中硬、硬和极硬岩石三个系列、十余种机型的牙轮钻机，其中有些牙轮钻机的技术性能已达到世界先进水平。从 70 年代开始，我国各大型露天矿山普遍使用牙轮钻机，并且取得了良好技术经济效果。目前我国生产的矿用牙轮钻机，机械工业部部颁标准（JB 1604—75）型号为 KY-×××（K 表示钻孔类的"孔"，Y 表示牙轮的"牙"字，后面三位表示孔径，mm）；冶金系统的型号为：YZ-×××（Y 表示冶金的"冶"字，Z 表示"钻"字，后面的三位数字表示轴压，t）。

牙轮钻机的种类很多，按工作场地不同分有露天矿用牙轮钻机和井下矿用牙轮钻机；按技术特征分类见表 1-6；按回转和加压方式分为底部回转间接加压式（也称长盘式）、底部回转连续加压式（也称转盘式）和顶部回转连续加压式（也称滑架式）三种类型，其中后者是当前世界各国普遍应用的一种。

表 1-6 牙轮机按技术特征分类

技术特征分类	小型钻机	中型钻机	大型钻机	特大型钻机
钻孔直径/mm	≤150	≤280	≤380	>445
轴压力/kN	≤200	≤400	≤550	>650

牙轮钻机用于露天矿钻孔，可在软到坚硬的岩石中钻凿直径为 170～445mm、深度小于 50m 的垂直或倾斜向下的炮孔。实践表明，对于十分坚硬的矿岩、炮孔直径小于 170mm 时，潜孔钻机优于牙轮钻机；对于软和较硬的岩石、炮孔直径大于 200mm 时，牙轮钻机优于潜孔钻机。所以，牙轮钻机的适用范围为炮孔直径超过 170～220mm 的钻孔。

1.2.2 穿孔原理

牙轮钻机是利用旋转冲击来破碎岩石形成钻孔的，其基本工作原理如图 1-17 所示。

钻机工作时，回转机构带动钻具旋转，机体通过钻杆给钻头施加足够大的轴压力和回转力矩，使钻头压在岩石上，边推进边回转。由于牙轮自由地滑装在钻头轴承的轴颈上，在岩石的阻力作用下，牙轮沿着与钻头转向相反的方向旋转。牙轮在加压机构的静压力和滚动过程中齿数变化引起的冲击作用下破碎岩石。实际上，牙轮相对于岩石表面的滚动中带有滑动。因此，牙轮钻头破碎岩石是凿碎、剪切和刮削等复合作用的结果。为了保证钻孔工作连续地进行，利用具有一定压力和流速的气体不断地将破碎下来的岩石排至孔外。

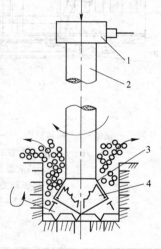

图 1-17 牙轮钻机工作原理
1—加压回转机构；2—钻杆；
3—钻头；4—牙轮

1.2.3 KY-310 型牙轮钻机

KY-310 型牙轮钻机是滑架式钻机，其结构如图 1-18 所示。

KY-310 型钻机由钻架和机架、回转供风机构、加压提升机构、接卸及存入钻杆机构、行走机构、除尘装置以及压气系统和液压系统等组成，该机全部采用电动，由高压电缆向机内输电。钻机采用顶部回转、齿条-封闭链条-滑差电动机（或直流电动机）连续加压的工作机构；直流电动机拖动钻具提升、下放和履带行走机构；机器使用三牙轮钻头，利用压缩空气进行排渣。

KY-310 型牙轮钻机的主要技术参数见表 1-7。

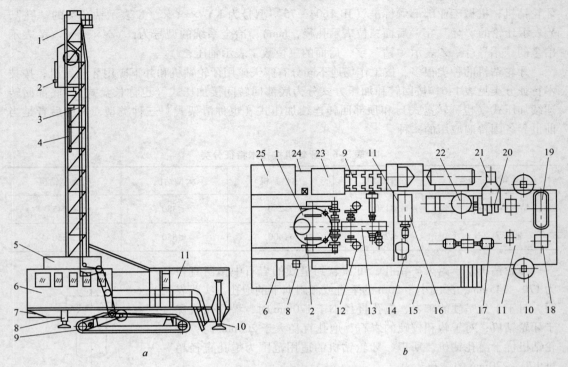

图 1-18　KY-310 型牙轮钻机

a—钻机外形；*b*—平面布置

1—钻架；2—回转机构；3—加压提升机构；4—钻具；5—空气增压净化调节装置；6—司机室；7—机架；
8，10—后、前千斤顶；9—履带行走机构；11—机械间；12—起落钻架油缸；13—主传动机构；
14—干油润滑系统；15，24—右、左走台；16—液压系统；17—直流发电机组；
18—高压开关柜；19—变压器；20—压气控制系统；21—空气增压净化装置；
22—压气排渣系统；23—湿式除尘装置；25—干式除尘系统

表 1-7　KY-310 型牙轮钻机技术特征

名　称		特征参数
适应岩石硬度（*f*）		5~20
钻孔直径/mm		250~310
钻孔深度/m		17.5
钻孔方向/(°)		90（垂直）
最大轴压/kN	交　流	500
	直　流	310
钻进速度/m·min⁻¹	交　流	0~0.98
	直　流	0~4.5
回转转速/r·min⁻¹		0~100
回转扭矩/N·m		7210
提升速度/m·min⁻¹		0~11.87~20
行走方式		液压驱动履带
行走速度/km·h⁻¹		0~0.63

名　称		特征参数
爬坡能力/(°)		12
接地比压/MPa		0.05
除尘方式		干湿任选
空压机类型		螺杆式
排渣风量/m³·min⁻¹		40
排渣风压/MPa		0.35
装机功率/kW		450
外形尺寸（长×宽×高）/m×m×m	钻架竖起时	13.838×5.695×26.326
	钻架放倒时	26.606×5.695×7.620
整机重量/t		123

图1-19所示为KY-310型钻机的传动系统。钻孔时，回转机构带动钻具回转，加压机构通过封闭链条向钻头施加轴压力并推进钻具，进行连续凿岩；由空压机供给的压缩空气通过回转供风机构进入中空钻杆，然后由钻头的喷嘴喷向孔底，岩渣沿钻杆与孔壁之间的环形空间被吹到孔外。当钻完一个钻孔后，开动行走机构使钻机移动，再钻另外一个钻孔。

1.2.3.1 钻杆

KY-310型钻机的钻杆是用无缝钢管和带有螺纹的上、下接头焊接而成的，如图1-20所示。主副钻杆各长9m，结构基本相同。副钻杆的下端和上端与钻头和主钻杆、主钻杆的上端与稳杆器都采用锥形螺纹连接。副钻杆上接头的圆柱面上车有细颈并铣有长槽（B—B剖面），两钻杆的下接头圆柱面上只有卡槽（C—C剖面）。

为了保证排渣风速，应根据钻孔直径选择钻杆外径。孔径为250mm时选用外径为219mm的钻杆，钻310mm孔时应采用273mm的钻杆。

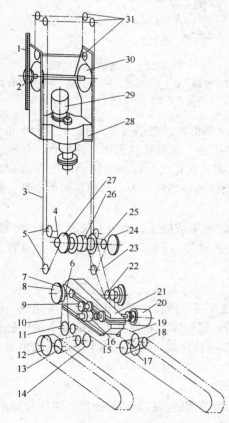

图1-19　KY-310钻机传动系统示意图

1—齿条；2—齿轮；3，10，17，19，23—链条；4,5,6,11,13,14,15,18,22,25,30,31—链轮；7—行走制动系统；8—气囊离合器；9—牙嵌离合器；12—履带驱动轮；16—电磁滑差调速电动机；20—行走提升电动机；21—主减速器；24—主制动器；26—主离合器；27—辅助卷扬及其制动器；28—回转减速器；29—回转电动机

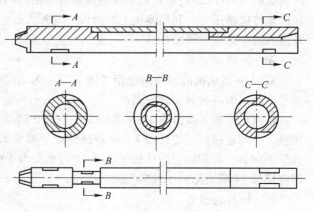

图1-20　KY-310型钻机的钻杆

稳杆器（图 1-21）安装在钻头的尾部、钻杆的前端。它是用来保持钻头方向并有利钻出光滑孔壁的。稳杆器将迫使钻头围绕自己的中心旋转，因而使钻具工作平稳，振动小，钻进能量利用率高。

1.2.3.2　钻架与机架

钻架是用型钢焊接的空间桁架，是断面为"∏"形的开口架，如图 1-22 所示。钻架起落机构、送杆机构、封闭链条系统等部件都安装在它上面，回转小车沿着它的立柱导轨行走。因此，钻架既是支承部件，又是导向装置。

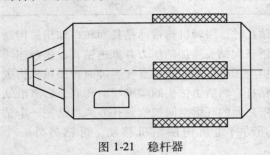

图 1-21　稳杆器

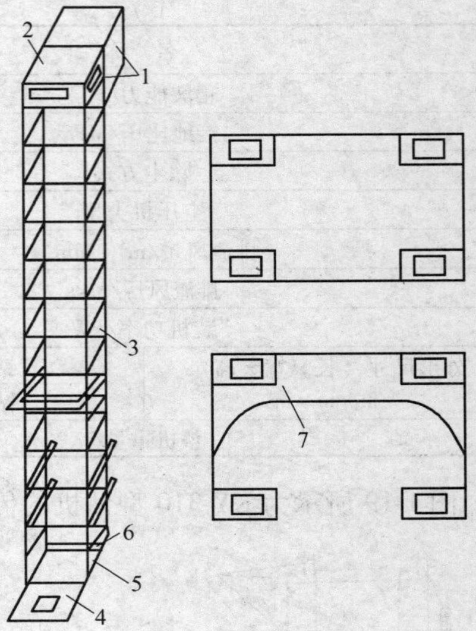

图 1-22　钻架结构示意图
1—检修平台；2—盖板；3—钻架体；4—前平台；
5—中平台；6—后平台；7—加强筋板

钻架分为上部机构（包括检修平台 1 和盖板 2）、下部机构（包括前平台 4、中平台 5 和后平台 6）和钻架体三部分。前平台供操作安装使用，中平台上装有钻具扳手，后平台，是便于安装操作用的。钻架体由四根立柱、拉杆和筋板等构成。后立柱上装有回转小车的导轨和齿条。钻架采用"∏"形结构，有利于存放钻杆和维修架内的各装置。为了增加钻架的刚性，钻架的桁架每两个节点间焊有加强筋板 7。

机架（又称钻机的平台）是个大型框隔式、焊接的金属结构件，上面安装着机械、电器、液压、压气等设备以及司机室、机棚、钻架和除尘装置等。KY-310 型钻机的平面布置见图1-18b。

1.2.3.3　回转供风机构

回转供风机构由回转电动机、回转减速器、钻杆连接器、回转小车和进风接头等组成。回转电动机（ZDY-52-L$_3$型）经回转减速器带动钻具回转。通过安装在减速器两侧板上的大链轮和齿轮传递轴压力。利用侧板上的滑板以及开式齿轮和滚轮实现在钻架上的滑动，压气则通过减速器的中空主轴传给钻具。

A　回转减速器

KY-310 型钻机的回转减速器（图 1-23）为立式布置的两级圆柱齿轮减速器，箱体为圆形，工艺性好，但对密封要求较高。

直流电动机 1 经齿轮 2～5 带动中空主轴 6 转动。中空主轴上端的进风接头 8 与压气管路相接，下端连接转杆连接器 7。单列圆锥滚子轴承 12 用来承受提升力，向心球面滚子轴承 11 承受轴向力，单列向心圆柱滚子轴承 13 可承受由于钻杆的冲击和偏摆而产生的径向附加载荷，调整螺母 14 起消除轴承轴向间隙的作用。

B　钻杆连接器

图 1-24 为 KY-310 型钻机的钻杆连接器。它是一个牙嵌式联轴节，其下部装有一个气动卡

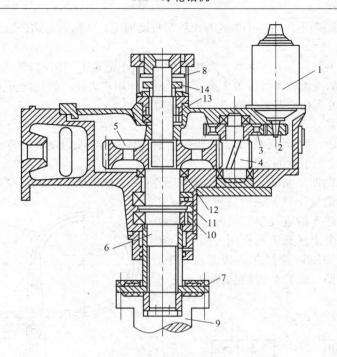

图 1-23　回转减速器

1—直流电动机；2~5—齿轮；6—中空主轴；7—钻杆连接器；8—进风接头；9—风卡头；
10—双面向心球面滚子轴承；11—向心球面滚子轴承；12—单列圆锥
滚子轴承；13—单列向心短圆柱滚子轴承；14—调整螺母

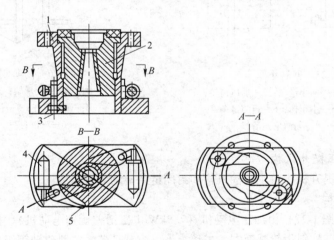

图 1-24　钻杆连接器

1—下对轮；2—接头；3—销轴；4—汽缸；5—卡爪

头，其作用是防止在卸钻头或副钻杆时，主钻杆与连接器脱扣，也可以防止钻机工作时钻杆与连接器因振动而松扣。它由汽缸、卡爪等部件组成。接杆时，钻杆连接器按顺时针方向旋转，将钻杆下端螺纹拧入接头螺母内。卸杆时，气卡子开始工作，压气进入汽缸 4 中，活塞杆推动卡爪 5 绕销轴 3 转动，使它恰好卡在钻杆上的两侧凹槽内，随后开动回转电动机，使钻杆连接器逆时针方向旋转。由于钻杆被卡爪卡住，与连接器没有相对转动，致使钻杆下部螺纹松开而将钻头（或副钻杆）卸下。当停止供气时，活塞自动回位，卡爪则与钻杆脱开。

C　回转小车

回转小车（图1-25）由小车体5、大链轮4、导向小链轮2、加压齿轮3、导向轮1和防坠制动器等组成。当加压齿轮3沿齿条7滚动时，齿条作用在齿轮上的径向分力使回转小车的导向尼龙滑板8紧紧地压在钻架的导轨上，并沿导轨滑动。

D　防坠制动装置

防坠制动装置是一种断链保护装置。当发生断链时，它能及时制动回转小车的驱动轴，防止回转小车坠落，避免事故的发生。

KY-310型钻机的防坠制动装置（图1-26）采用一对常闭带式制动器。当封闭链条断开时，链条均衡装置的上链轮下移，触动行程开关，发出电信号，切断汽缸6的进气路，同时通过快速排气阀迅速排气。由于弹簧7的作用，闸带1立即制动大链轮，使加压齿轮停在钻架的齿条上，防止回转机构的下坠。这种装置结构简单，使用可靠。

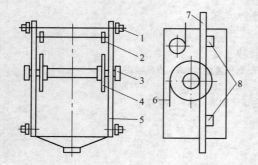

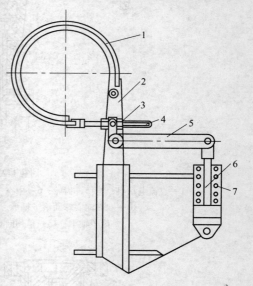

图1-25　回转小车

1—导向轮；2—导向小链轮；3—加压齿轮；

4—大链轮；5—小车体；6—封闭链条；

7—齿条；8—导向尼龙滑板

图1-26　防坠制动装置

1—闸带；2—支承架；3—调整螺母；

4—调整螺杆；5—传动杠杆；

6—汽缸；7—弹簧

1.2.3.4　加压提升机构

该钻机的加压提升机构由主传动机构和封闭链条传动装置组成。

A　主传动机构

主传动机构（图1-27）由加压电动机（7.5kW电磁滑差调速电动机）、提升行走直流电动机（54kW）、四级圆柱斜齿轮减速器、主离合器、主制动器、A型架轴等组成，呈卧式布置在平台上。

加压钻进时，将主离合器10的离合体右移，使内外齿啮合，加压离合器6的气囊充气，行走离合器7的气囊放气，主制动器9松阀，辅助卷扬制动器13、行走制动器8制动。其传动路线是：加压电动机1→减速器齿轮 $Z_1 \sim Z_4$→加压离合器6→减速器齿轮 $Z_5 \sim Z_8$→链轮 L_1、L_2→主离合器10→主动链轮 L_3，通过封闭链条14带动回转小车加压。当电动机反转时，可实现慢速提升。

提升钻具时，使加压离合器6的气囊放气，其传动路线为：提升行走电动机4→减速器齿

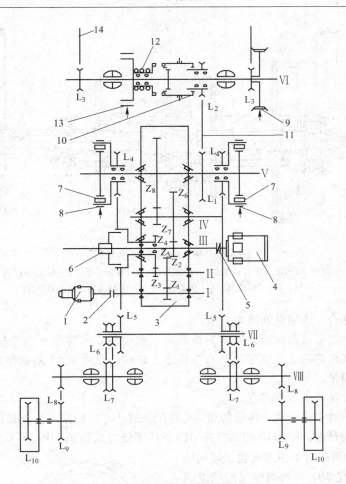

图 1-27 主传动机构传动系统

1—加压电动机；2，5—联轴器；3—减速器；4—提升行走电动机；6—加压离合器；
7—行走离合器；8—行走制动器；9—主制动器；10—主离合器；11—加压链条；
12—辅助卷扬；13—辅助卷扬制动器；14—封闭链条
$Z_1 \sim Z_8$—齿轮；$L_1 \sim L_{10}$—链轮；I $\sim$ VIII—轴

轮 $Z_5 \sim Z_8 \rightarrow$ 链轮 L_1、$L_2 \rightarrow$ 离合器 10 $\rightarrow$ 主动链轮 L_3，通过封闭链条 14 带动回转小车提升。当电动反转时，可实现快速下降。

辅助卷扬提升时，将主离合器 10 的离合体左移，牙嵌啮合，加压离合器 6 和行走离合器 7 的气囊放气，主制动器 9 制动，辅助卷扬制动器 13 松闸，行走制动器 8 制动。其传动路线是：提升行走电动机 4 $\rightarrow$ 减速器齿轮 $Z_5 \sim Z_8 \rightarrow$ 链轮 L_1、$L_2 \rightarrow$ 主离合器，带动辅助卷扬 12 运动。

A 型架是提升加压系统主机机构的支承构件，也是钻架的支承构件。KY-310 型钻机主离合器、主制动器、辅助卷扬设置在 A 型架轴上，这使得主传动机构结构紧凑、体积小、工作可靠、维修方便，同时消除了因平台变形对传动件（如离合器等）对中性的影响。A 型架轴装置如图 1-28 所示。离合器 6 用花键与从动链轮 8 连接，其左端内齿与外齿圈 10 的外齿组成一个齿形离合器，其左端侧齿与辅助卷筒右端侧齿组成一个牙嵌离合器。当离合器处于中间位置时，主制动器 9 和辅助卷筒制动器 5 都处于制动状态。此时，从动链轮 8 空转，行走离合器处于结合状态。当离合体右移时，内外齿啮合，A 型轴转动，实现加压提升，下放行动，当离合

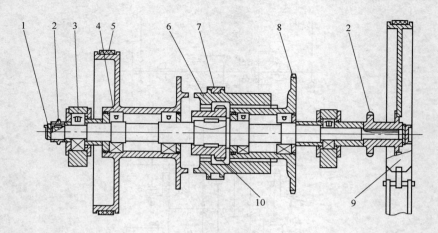

图 1-28 A 型架轴装置示意图

1—A 型架轴；2—加压提升链轮；3—轴承支座；4—辅助卷筒；5—辅助卷筒制动器；
6—离合器；7—拨叉；8—从动链轮；9—主制动器；10—外齿圈

器左移时，牙嵌啮合，则辅助卷筒 4 工作。

主制动器为常闭带式制动器，如图 1-29 所示。制动轮 2 安装在 A 型架轴的加压提升链轮上，闸带 3 固定在机座的柔性钢带上。当钻机不工作时，靠弹簧 13 闸紧制动轮 2。钻机工作时，由压气松开闸带。

B 封闭链条及均衡张紧装置

封闭链条用于将主传动机构传来的动力传递给回转小车，经推压齿轮和齿条的啮合，给钻具施以轴压力或提升力。KY-310 型钻机封闭链条的缠绕方式如图 1-19 所示，链条 3 从主动链轮 4，经张紧链轮 5 和两个顶部天轮、导向链轮 31 和加压大链轮 30，再经过张紧链轮返回到主动链轮，形成一个封闭的链条系统。当主动链条转动时，动力通过链条传给回转小车的大链轮、大链轮再带动同轴的加压齿轮 2 一起旋转。由于与加压齿轮啮合的齿条 1 固定在钻架上，所以使加压齿轮带动回转小车沿钻架上、下移动，达到加压和提升的目的。

回转小车靠两侧的两根封闭链条进行加压和提升工作。由于这两根链条受力后的弹性伸长、使用中的磨损和变形，以及制造的误差等原因，其长度和受力不会完全相同，致使链条工作时产生不均衡、不平稳，甚至跳链现象，这不仅缩短链条的使用寿命，也影响回转小车的安全运转。因此，保证两根封闭链条的松边、紧边自动张紧，具有相同的拉力是十分必要的。所以，在两根链条上设有平衡张紧装置。

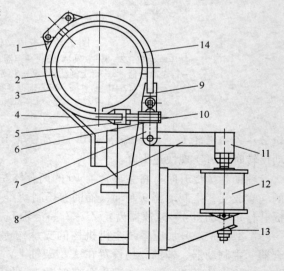

图 1-29 主制动器

1—铰链；2—制动轮；3—闸带；4—闸托架；
5，9—带卡；6—套；7，8—杠杆；
10—拉杆；11—活塞杆；12—汽缸；
13—弹簧；14—摩擦材料

图 1-30 所示为 KY-310 型钻机张紧装置的原理。均衡架 2 上装有上张紧轮 4、下张紧轮 7，它们可以在均衡架的槽内滑动，并在其上装有被压缩的上弹簧 3、下弹簧 6，均衡架的上端通过油缸 1 与钻架固定在一起，下端为自由端。链条 8 绕过张紧轮并与主动轮 5 啮合。

链条张紧后（图 1-30a），上张紧轮 4 位于均衡架导槽内的最上部位置，上弹簧 3 被压缩到最大量，下张紧轮 7 靠近导槽上部某一位置，下弹簧 6 被压缩。加压时（图 1-30b），主动链轮 5 逆时针方向旋转，松边在上部。此时上弹簧 3 伸出，推动上张紧轮 4 下移，补偿了链条的伸长量，下张紧轮 7 被紧边链条拉至最上部，下弹簧 6 被压缩到最大量。提升时（图 1-30c），主动链轮 5 顺时针转动，松边在下部。此时下弹簧 6 伸长，下张紧轮 7 移至最下至位置，吸收了链条的伸长量，使链条保持张紧状态，上张紧轮 4 被压迫至最上位置。弹簧除了将松弛的链条拉紧外，在工作中还能起缓冲作用。这种张紧装置结构简单、工作可靠，不需要其他辅助装置。

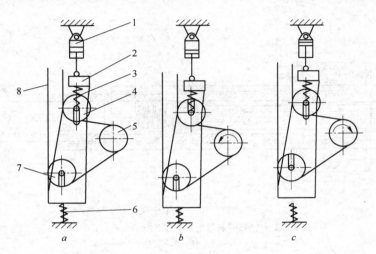

图 1-30　链条张紧装置原理

1—油缸；2—均衡架；3—上弹簧；4—上张紧轮；5—主动链轮；
6—下弹簧；7—下张紧轮；8—链条

KY-310 型钻机的均衡装置如图 1-31 所示。两个油缸 1 的上、下腔油路各自连通，当一侧链条受力大于另一侧时，受力大的链条就将该边的链轮和框架一起抬高，顶出油缸活塞杆，使油缸上腔的压力升高，通过油路向另一侧油缸上腔排油，使另一侧油缸的活塞杆下移，压下均衡架 2 及其链条，拉紧原来受力较小的链条，直到两条链条受力均匀。

1.2.3.5　接卸及存放钻杆机构

KY-310 型号钻机的接卸及存放钻杆机构由气动卡头、液压卡头和钻杆架组成。气动卡头设在钻杆连接器上，用于卸钻头或副钻杆时卡住连接器或主钻杆，其动作原理如图 1-24 所示。

A　液压卡头

在钻架小平台上左右两侧，对称安装有两个液压卡头（图 1-32），该机构采用反置油缸、前部带弹簧卡头、后部铰接的结构。活塞杆 8 和外壳 5 铰接在小平台上，缸体 4 装

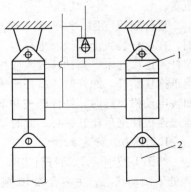

图 1-31　链条均衡装置

1—油缸；2—均衡架

在外壳内，可从外壳伸出或缩回。活塞杆内设有两个通道 A、B，分别给油缸前腔进油或排油。当缸体沿外壳伸出时，卡头 1 顶住下钻杆的细颈。当钻杆反转、卡头对准钻杆卡槽时，卡头就被弹簧 2 迅速顶出，卡住钻杆细颈的卡槽，即可接卸主钻杆。钻孔时，油缸体收缩，躲开钻杆，钻杆正转时，钻杆卡槽的坡面把卡头推向缸体孔内。

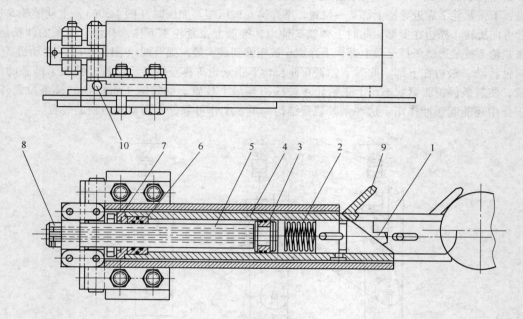

图 1-32　液压卡头

1—卡头；2—弹簧；3—活塞；4—缸体；5—外壳；6—衬套；

7—缸盖；8—活塞杆；9—长块；10—销轴

B　钻杆架

KY-310 钻杆的钻架内安装两个钻杆架，每个钻杆架可存放一根钻杆。钻杆架的结构如图 1-33 所示，它由送杆机构、盛杆机构和抱杆器等组成。

送杆机构是一个由上连杆 2、下连杆 9、架体 5 和钻架构成的平行四连杆机构。通过送杆油缸 8 推动下连杆，带动架体 5 实现钻杆的推送或收回，并由挂钩装置 3 将钻杆架锁在存放位置。

盛杆装置（图 1-34）的下部是一个杯状的盛杆座 5。用以盛放钻杆。为了防止钻杆向外倾斜，在盛杆装置上部设有抱杆器，它由两个抱爪 1 和连板 2、3 组成。盛杆座和抱杆器之间由拉杆 4 连接起来。当钻杆放入盛杆座内时，钻杆把弯杆 6、弹簧 7 压下，通过拉杆带动连板使抱爪抱住钻杆。卸杆时，盛杆座侧面的两个卡块 8 在扭力弹簧带动下，卡在钻杆接头槽内，当回转电动机反转时，钻杆即被卸下。当钻杆吊离钻杆架时，被压缩的弹簧复位，将拉杆升起，通过连板使抱爪松开钻杆，此时即可收回钻架杆，钻杆可被取出。

1.2.3.6　行走机构

如图 1-27 所示，钻杆行走时，加压离合器 6 处于放气状态，主制动器 9 和辅助卷扬制动器 13 处于制动状态，主离合器 10 则处于中间位置。在行走离合器 7 充气的同时，闸带自动松开。钻杆行走的传动线路是：提升行走电动机 4→减速器齿轮 $Z_5 \sim Z_8$→行走离合器 7→行走主动链轮 L_4→链轮 $L_5 \sim L_{10}$，使履带运行。

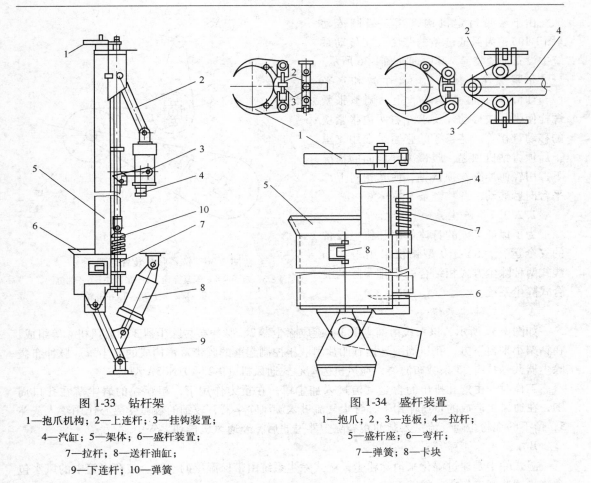

图 1-33 钻杆架

1—抱爪机构；2—上连杆；3—挂钩装置；

4—汽缸；5—架体；6—盛杆装置；

7—拉杆；8—送杆油缸；

9—下连杆；10—弹簧

图 1-34 盛杆装置

1—抱爪；2，3—连板；4—拉杆；

5—盛杆座；6—弯杆；

7—弹簧；8—卡块

KY-310 型钻机履带行走装置的构造如图 1-35 所示，它由履带 1、履带架 2、主动轮 3、张紧轮（导向轮）4、支重轮 5、托带轮 6、前梁（均衡梁）7、后梁 8 及履带张紧装置 9 等组成。钻机的平台以三点支承在履带装置的前后梁上，即前梁两端铰接着履带架，中间一点与平台铰接；后梁两点铰接在平台上。当路面不平时，前梁浮动，两履带以后梁为轴上下摆动，因而减轻小平台的偏斜。

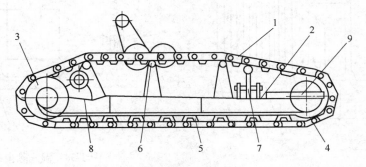

图 1-35 履带行走装置

1—履带；2—履带架；3—主动轮；4—张紧轮；5—支重轮；

6—托带轮；7—前梁；8—后梁；9—履带张紧装置

由于履带行走机构采用三级链传动（图1-19），为保证链条的张紧，在传动系统中设有张紧装置，其原理如图1-36所示。

张紧螺栓4从垂直（2个）和水平（1个）方向顶在张紧块5上，调整张紧螺栓使张紧块移动，要求左右两边张紧块的移动量相等。链条3的张紧是在用支承千斤顶将钻机顶起、履带离开地面的情况下，用轻便油缸6顶Ⅸ轴，使其相对上部平台向后移动，调整链条3的松紧。

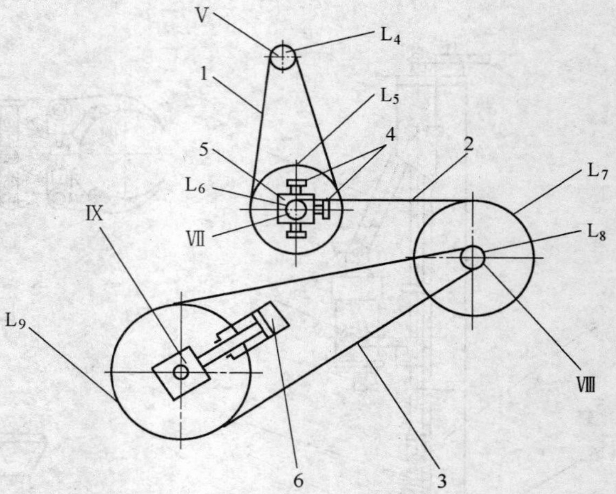

1.2.3.7　除尘系统

为了保证工人的身体健康和机电设备的安全运行，KY-310型钻机采用干式和湿式两种除尘方式相结合的干排湿除的混合式除尘系统。

图 1-36　链条张紧装置原理
1～3—链条；4—张紧螺栓；5—张紧块；6—油缸
Ⅴ、Ⅶ、Ⅷ、Ⅸ—轴；L_4～L_9—链轮

A　干式除尘系统

如图1-37所示，该系统由捕尘罩1、旋风除尘器2、脉冲布袋除尘器3和通风机4等组成。在钻架小平台下方，孔口周围悬挂有四片由液压控制起落的胶带罩帘构成的捕尘罩。脉冲布袋除尘器共悬挂有36条绒布滤袋，通风机为离心式通风机（9-27-101N05A型）。

工作时，由炮孔排出的含尘气流进入捕尘罩，在重力作用下，粗颗粒的岩尘落在孔口周围，在通风机造成的负压作用下，含尘气流进入旋风除尘器，较细的颗粒受离心作用落入灰斗5；留下的细粉尘随气流进入脉冲布袋除尘器过滤后，经通风机排到大气中。

B　湿式除尘系统

湿式除尘是通过湿化来消除粉尘。湿式除尘系统由带保湿层的水箱、装在水箱中的风水包和流量调节阀等组成，如图1-38所示。

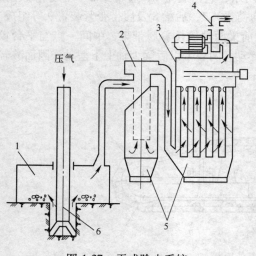

图 1-37　干式除尘系统
1—捕尘罩；2—旋风除尘器；3—脉冲布袋除尘器；
4—通风机；5—灰斗；6—钻杆

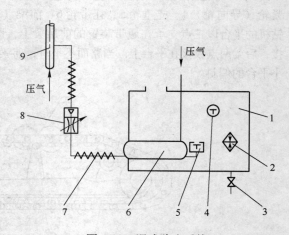

图 1-38　湿式除尘系统
1—水箱；2—加热器；3—截止阀；4—温度计；
5—进水单向阀；6—风水包；7—电阻丝；
8—流量调节阀；9—主风管

该系统采用压气式供水。钻孔时，在压气的压力作用下，水箱1中的水通过进水单向阀5进入风包，被雾化形成的汽水混合物经管路送入主风管9。破碎下来的岩粉在孔底及沿孔壁上升的过程中被湿润，凝成湿的岩粉球团排出孔口。汽水混合物的流量大小可通过流量调节阀8调整。为了防止水箱和管路冻结，在水箱和管路上分别设有加热器2和电阻丝7加热。

这种除尘方式利用钻机空压机的压力进行压气加压供水，节省了一套水泵动力系统，是一种简单、经济的供水形式。

1.2.3.8　司机室和机棚的增压净化装置

A　司机室

司机室布置在钻机后部右侧平台上。为了防寒，外壳采用双层结构。司机室内布置有电控柜、操纵台和司机坐椅等，如图1-39所示。

由风机1、除尘器2、过滤器3组成的增压净化装置向司机室输送具有一定压力的清洁空气，而管状电热元件4和空调器5用来改变和控制司机室内温度。

B　机棚

机棚是焊接结构，顶棚是可拆卸的，用专用的螺栓压板与侧壁相连，便于检修。为隔热和减少棚内的噪声，顶棚为双层结构。

为了保持机棚内清洁和合适的温度，机棚装有增压净化装置和热风器，如图1-40所示。

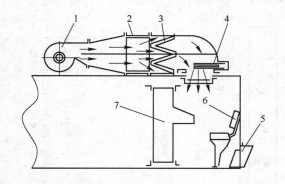

图1-39　司机室空调净化示意图
1—电动风机；2—轴流式多管旋风除尘器；
3—化纤滤料过滤箱；4—管状电热元件；
5—空调器；6—司机座椅；7—操纵台

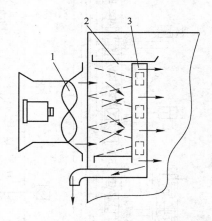

图1-40　机棚增压净化示意图
1—轴流式风机；2—单风除尘器；3—热风器

1.2.3.9　液压系统

KY-310型钻机的液压系统如图1-41所示，它采用单电动机拖动、双泵并联驱动13个油缸的开式液压系统。钻机工作时，油泵从油缸中吸油并供给各工作油缸，然后再排出油箱。根据每个油缸的工作特点，在各油缸回路中安装了不用的控制调节装置，其中六联阀组用来控制链条张紧、钻架起落、左右送杆机构、液压卡头、捕尘罩等油缸；两个二联阀组分别用来控制前部左、右千斤顶和底部左、右千斤顶。

A　系统的压力和流量控制

系统的压力控制包括限压、保压和卸压。

当油泵启动或油泵空转而液压系统暂不工作时，为了减少动力消耗和系统发热、延长油泵的使用寿命和保护电动机，需要油泵卸荷。为此，在主油泵13和副油泵11的回路中分别装有卸荷阀3、电磁换向阀5、电磁溢流阀6和溢流阀21。在启动或非工作循环时，使电磁换向阀5

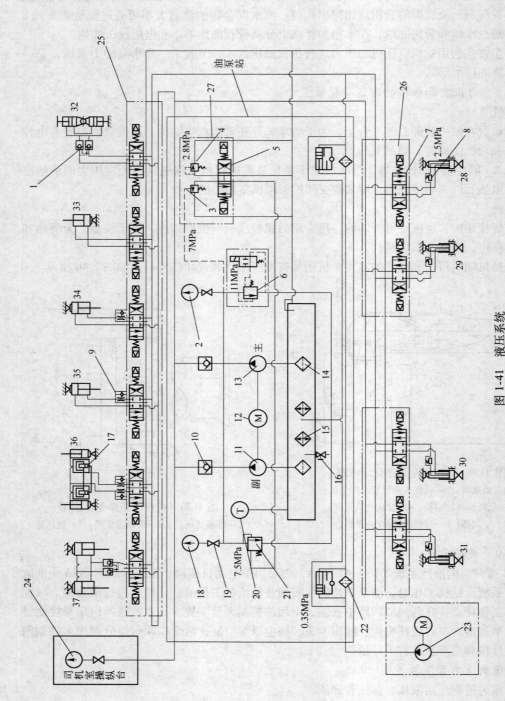

图 1-41　液压系统

1—双向液压锁；2, 18, 24—压力表；3—卸荷阀；4—远程调压阀；5—电磁换向阀；6—电磁溢流阀；7—电液换向阀；8—远程平衡阀；9—单向节流阀；
10—直角单向阀；11, 13, 23—齿轮油泵；12—电动机；14—粗滤器；15—加热器；16—截止阀；17—平衡阀；19—压力表开关；20—双金属温度计；
21—溢流阀；22—精滤油器；25—六联底板；26—二联底板；27—集成块；28, 29—后左，前右千斤顶；30, 31—前右千顶，后左，前右千斤顶；
32—双向液压锁；33—捕尘罩油缸；34, 35—左，右送杆机构油缸；36—钻架起落油缸；37—链条平衡米紧油缸；
液压卡头油缸；

呈通路，油泵输出的油液经电磁溢流阀 6、溢流阀 21 直接回油箱卸荷。

溢流阀 6 装在系统回油路上，起限压保护作用，防止系统过载。当油泵启动完毕，换向阀 5 呈断路，截断了溢流阀遥控口与油箱的通路，溢流阀恢复正常状态。当工作压力高于溢流阀的调定压力时，溢流阀开始溢流，从而使系统压力保持在一定的范围内。

当油泵停止工作时，为了防止管路中的油回流冲击油泵，在油泵的排油口设有直角单向阀 10，用以锁紧油路保护油泵。

系统采用低压大流量和高（低）压小流量的供油方式，通过改变油泵 11 和 13 的连接方式调节系统供油量，实现调速。当钻机稳车时，千斤顶 28、29、30、31 需要同时起落。这时，溢流阀 6 和换向阀 5 处于左位，使主油泵 13 和副油泵 11 同时工作，系统的流量为两泵流量之和，使四个千斤顶的动作加快。当四个千斤顶同时着地或收回到极限位置时，系统压力上升；当压力达到卸荷阀 3 的调整值（7MPa）时，副油泵空转，由主油泵单独供油，使压力继续升到溢流阀 6 的调整值（14MPa）。这时也可操纵单个千斤顶或其他油缸单独工作，当换向阀 5 右位工作时，副油泵投入负荷运转，而主油泵通过溢流阀 6 卸荷，处于空转状态。当系统压力达到远程调压阀 4 的调定值（2.8MPa）时，副油泵卸荷。所以，低压张紧链条时只有副油泵工作。

B 工作油缸的控制

根据各工作部件的工作要求，系统对工作油缸分设了稳车回路、起落钻架回路、钻杆架回路、接卸钻具回路、起落捕尘罩回路和加压链条张紧回路等十个基本回路。各回路都设有独立的电磁换向阀和其他控制阀。在钻孔过程中，为了防止千斤顶下腔回油而造成钻机偏斜，以及起落钻架油缸下腔油管破裂使钻架急速跌落。在各自回油路上设置了由平衡阀与单向阀组成的液压锁。为了控制钻架及钻杆架的起落速度，分别用液控单向阀锁住油缸。为使收回的捕尘罩不因钻机行走颠簸而下落，在其油缸下腔回路中设可调节溢流阀锁紧回路。

1.2.3.10 压力控制系统

压气控制系统为钻机各汽缸、气囊离合器、干式和湿式除尘系统和干油集中润滑站等提供控制风源，其工作原理如图 1-42 所示。

该系统由空压机、防冻器、辅助风包以及各种阀和气动附件组成。手动气阀 8、10、11 装在司机室操纵台上，电磁阀 14、15 安装在机棚内。辅助空压机 1 设在钻机平台下方，起除水、稳压和提高执行元件速度的作用。防冻器 2 内注入工业酒精，雾化后混入压气，用以防止系统内部的积水冻结。压气经过分水滤气器 5 将水分滤掉，再经油雾器 6 喷入雾状润滑油，然后通过气阀进入汽缸或气囊。为了使主制动器和回转小车防坠制动器制动迅速，在这两个汽缸的入口处装有快速放气阀 13。在气囊离合器的进气口加设了分水滤气器，可对压气进行一次干燥处理，避免气囊内积存水分，以防冬季结冰而损坏气囊。通过电磁气阀 I ~ Ⅷ 控制干油润滑系统和脉冲控制仪的供气，以及主制动器的汽缸、断链制动汽缸、辅助卷扬汽缸、行走制动汽缸和气囊离合器的动作。操纵手控换向阀可以实现对离合器汽缸、加压离合器汽缸和两个钻杆锁销汽缸的控制。

当辅助空压机处于事故状态而不能工作时，可临时将主空压机（向排渣主气路供气）压气接入。

1.2.4 钻头

钻头是牙轮钻机直接破碎岩石的工具，其质量的好坏直接影响钻机的生产率和钻孔成本。从 1907 年美国第一次使用牙轮钻头以来，出现了各种类型的牙轮钻头。由于三牙轮钻头的轴

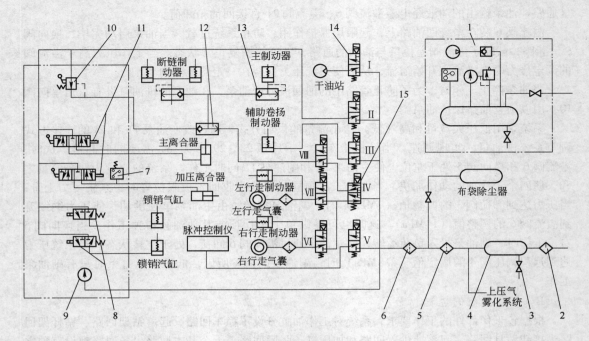

图 1-42 压气控制系统

1—辅助空压机；2—防冻器；3—截止阀；4—辅助风包；5—分水滤气器；6—油雾器；
7—压力电器；8—按钮阀；9—压力表；10—手控压力阀；11—手控三位五通阀；
12—梭形阀；13—快速放气阀；14—二位三通电磁阀；15—二位五通电磁阀

承能承受较大的载荷，钻进时受载均匀，所以目前在露天矿中得到普遍使用。

1.2.4.1 三牙轮钻头的结构

图 1-43 所示为 KC_1-10JY 型三牙轮钻头的结构，它由牙爪、牙轮和轴承等部分组成。三个牙爪 12 合并在一起焊接成一个整体，然后车出与钻杆连接的端部螺纹。三个牙轮 1 分别套在三个牙爪下端的轴颈 10 上。滚珠 6 从牙爪背上的塞销孔送入滚珠的轴承跑道内。当滚珠装满后，将塞销 11 插入塞销孔内，并将塞销尾部堵焊在牙爪背上。滚柱则将牙轮限定在牙爪的轴颈上。为了防止轴承过热和被异物堵塞，矿用牙轮钻头采用压气或汽水混合物冷却并吹洗轴承。由中空钻杆通入钻头的压缩空气或汽水混合物，大部分经中央喷雾喷出，用于排渣；少部分由轴承风道 13 进入滚珠轴承跑道和小轴端部，用以冷却和吹洗轴承。为了防止突然停风时岩渣倒流进入轴承风道，在钻头内腔设有逆止阀。

A 牙爪

牙爪是一个形体复杂的异形体（图 1-44），主要由爪尖 1、螺纹 8、爪背 9、轴颈 2～4 等部分组成。轴颈的轴线与钻头轴线的夹角 β 称为轴倾角，一般为 50°～55°。牙爪与孔壁接触部分称为爪背，为了减少爪背的磨损，在爪背和孔壁之间有 1°30′～5° 的夹角。为了增强爪尖 1 的抗磨损能力，在爪尖外表堆焊一层硬质合金，并镶嵌一些平头合金柱（图 1-43）。钻机施加给钻头上的轴压，通过轴颈及轴承传给牙轮。为了增强轴颈的耐磨性，在滑动轴承轴颈 4 和小轴端面 10 上堆焊有耐磨合金。

B 牙轮

国产矿用牙轮钻头多为柱齿钻头，其牙轮是一个不完整的复合圆锥体，结构如图 1-43 所

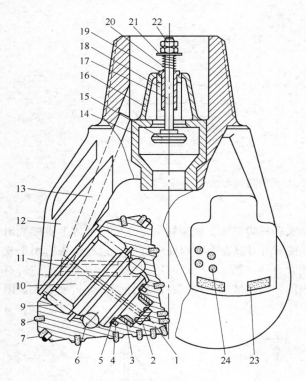 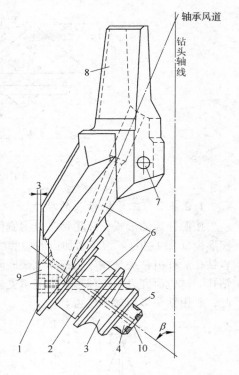

图 1-43 牙轮钻头的结构

1—牙轮；2—止推板；3—衬套；4—耐磨合金止推圆柱；
5—轴承二道止推台肩耐磨合金堆焊层；6—滚珠；7—硬质
合金柱；8—平头合金柱；9—滚柱；10—轴颈；11—塞销；
12—牙爪；13—轴承风道；14—逆止阀座；15—阀片；
16—阀盖；17—阀杆；18—阀盖窗孔；19—导向套；
20—弹簧；21—垫圈；22—螺母；23—爪尖
硬质合金堆焊层；24—爪背合金柱

图 1-44 牙爪

1—爪尖；2—滚柱轴承轴颈；3—滚珠轴承
轴颈；4—滑动轴承轴颈；5—耐磨合金
堆焊层；6—轴承冷却风道；7—定位
销孔；8—螺纹；9—爪背；
10—小轴端面

示。在它的外表面上钻有若干排齿孔，并用冷压方法将硬质合金柱压入孔内。每一排柱齿构成一个齿圈。考虑到各牙齿之间的啮合以及排渣的需要，各齿圈间都车有一定宽度的沟槽（称为齿槽）。牙轮内部设有滚柱跑道、滚珠跑道、滑套和止推块空腔，滑套和止推块是用冷压方法压入空腔的。与牙轮钻头的止推轴承相对应，在牙轮内腔没有止推轴承面。

为了保护牙轮的背锥，防止被孔壁岩石过分磨损，在背锥上镶嵌有平头硬质合金柱，其数量一般与该牙轮的边圈齿数相等，并与边圈齿相间排列。

牙轮的几何形状有复锥牙轮和单锥牙轮两种。复锥牙轮（图 1-45b）的外部形状主要由主锥角 2φ、副锥角 2θ 及背锥角 2γ 决定。单锥角牙轮（图 1-45a）没有副锥角 2θ。

C 轴承

轴承是牙轮钻头的重要部件，其作用是保证牙轮转动灵活，并把钻机施加在钻头上的轴压和扭矩传给牙轮。矿用牙轮钻头通常采用滚柱—滚珠—滑动衬套组成的轴承组，滚动轴承和滑动衬套轴承只承受径向载荷，牙轮上的轴向载荷则由牙爪小轴端面与止推块所构成的一道止推轴承来承受。为了提高轴向载荷能力，有些钻头在牙爪轴颈的小台肩处增设止推轴承。滚珠轴承的作用是锁固牙轮，使其不致脱落。

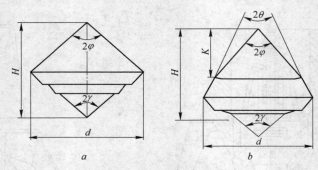

图 1-45　牙轮的几何形状

1.2.4.2　三牙轮钻头的类型

按照牙齿的形式，牙轮钻头分为铣齿钻头和柱齿钻头。铣齿钻头是在牙轮锥体上直接铣出楔形齿（图 1-46）。为了增加齿的耐磨性，在铣齿刃部表面堆焊硬质合金，这种钻头适用于软岩钻孔。柱齿钻头是在牙轮锥体上镶嵌硬质合金柱（图 1-47），可用于中硬和中硬以上的岩石钻孔。试验研究表明，球形柱齿能承受较大的轴压，破岩量大，且耐磨性强、抗折强度大。因此，矿用钻头多用球形柱齿。

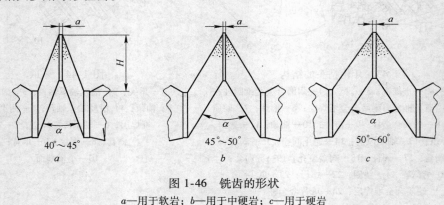

图 1-46　铣齿的形状

a—用于软岩；b—用于中硬岩；c—用于硬岩

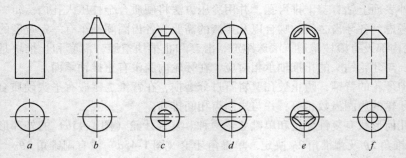

图 1-47　柱齿齿状

a—球形；b—锥形；c—凿形；d—楔形；e—棱柱形；f—短锥形

按照排渣时吹风方式不同，牙轮钻头分有中心吹风排渣式和旁侧吹风排渣式两种形式。中心吹风排渣式钻头是把压气或汽水混合物从钻头的中心孔道直接喷射到孔底，用于排渣（图1-43）。工作时，大部分压气经牙爪之间的较大空间进入钻杆与孔壁构成的环形空间，只有一小部分气流从牙轮之间的缝隙吹向孔底，会造成滞留于孔底的岩渣重复破碎，增加能量消耗，降低钻进速度。而牙轮受到由孔底中央吹向周围的岩渣的腐蚀和磨损将使钻头的使用寿命降低。但由于它的内腔较大，可以比较容易地安排各种形式的逆止阀。三牙轮旁侧吹风排渣式钻头如图1-48所示，压气或气水混合物从布置在钻头周边上的三个喷嘴喷出，并通过两相邻牙轮的间隙喷向孔底，从而将岩渣从牙轮上吹走。这种排渣方式效果好，钻进速度较高，牙轮的寿命较长。目前，国产矿用牙轮钻头一般都采用旁侧吹风排渣式钻头。

1.2.4.3 三牙轮钻头的主要结构参数

牙轮钻头的主要结构参数（图1-49）有钻头直径、轴倾角、孔底角；应用于中硬以下软岩的牙轮钻头还有轴线偏移量。

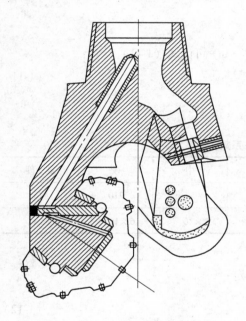

图 1-48 旁侧吹风排渣式牙轮钻头

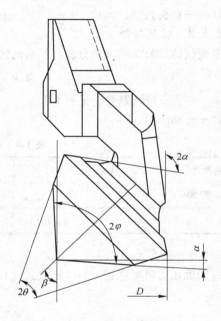

图 1-49 牙轮钻头结构参数

D—牙轮直径；β—轴倾角；α—孔底角；2φ—牙轮主锥角；

2θ—牙轮副锥角；2α—牙轮背锥角

钻头直径取决于采矿作业对炮孔的要求。轴倾角 β、孔底角 α 和牙轮主锥角 2φ 有如下关系：

$$\alpha = \varphi + \beta - 90°$$

轴倾角的大小直接影响牙轮轴承的受力状况和轴承的强度。减小轴倾角，能降低轴承的径向载荷。在较硬的岩石中钻孔时，必须增大轴压力，使钻头有效地破碎岩石。这时，适当地减小轴倾角，可以降低轴承的径向载荷，延长钻头的寿命。但轴倾角减小后，相邻两牙轮间的轴间角减少，轴承的结构尺寸随之减小，从而削弱了轴承的强度。从加大轴承尺寸来提高其强度的观点来看，增大轴倾角是有利的。通常，矿用牙轮钻头的轴倾角为54°。

1.2.5 主要参数计算

1.2.5.1 钻具转速

钻具的转速对钻孔速度有直接影响，在一定范围内，转速越高钻孔速度越快，但转速太高将造成回转机构强烈振动，不仅降低钻头的使用寿命，也降低钻孔速度。目前，国内外牙轮钻机的钻具转速多为 0 ~ 150r/min，低转速用于接卸钻杆、大孔径和硬岩的钻孔，高转速则用于小孔径和软岩钻孔。

对于不超顶不移轴布置的牙轮钻头，其钻具转速 $n(\text{r/min})$ 可按式（1-10）确定：

$$n = \frac{60d}{\lambda t Z D} \qquad (1\text{-}10)$$

式中 d ——牙轮大端直径，mm；

　　　λ ——速度损失系数，$\lambda = 0.95$；

　　　t ——牙轮与岩石接触时间，s，应使 $t \geqslant 0.02 \sim 0.03\text{s}$；

　　　Z ——牙轮大端齿圈上的牙齿数；

　　　D ——钻头直径，mm。

1.2.5.2　钻具转矩

根据美国休斯公司的试验分析，钻具的转矩 $M(\text{N·m})$ 可由式（1-11）计算：

$$M = 29.6 k D P^{1.5} \qquad (1\text{-}11)$$

式中 k ——岩石特性系数，见表 1-8；

　　　P ——轴压力，kN。

表 1-8　岩石特性系数

岩石种类	最　软	软	中　软	中	硬	最　硬
抗压强度/MPa	—	—	17.5	56	210	475
k	14×10^{-5}	12×10^{-5}	10×10^{-5}	8×10^{-5}	6×10^{-5}	4×10^{-5}

1.2.5.3　轴压力

合理的轴压力可根据式（1-12）或式（1-13）确定：

$$P = f k \frac{D}{D_0} \qquad (1\text{-}12)$$

$$P = (0.06 \sim 0.07) f D \qquad (1\text{-}13)$$

式中 f ——岩石的坚固性系数；

　　　k ——试验系数，$k = 1.3 \sim 1.5$；

　　　D_0 ——试验用钻头的直径，$D_0 = 214\text{mm}$。

如果牙轮的牙齿较钝，所需的轴压力应加大；如果岩石有裂隙或夹块，应适当减小轴压，以减轻钻机的振动。

1.2.5.4　排渣风量

牙轮钻机所需排渣风量的分析与计算和潜孔钻机相同，可按式（1-7）确定牙轮钻机合理的排渣风量。目前，牙轮钻机多采用低压（0.35 ~ 0.4MPa）大风量的压气排渣。

1.2.5.5　钻孔速度

钻孔速度是反映牙轮钻机先进性和工作制度合理性的主要指标，其大小与钻孔参数、排渣介质、排渣风量、钻头形式及其新旧程度、岩石的可钻性等有关。

牙轮钻机的钻进速度 $v(\text{cm/min})$ 可按式（1-14）估算：

$$v = 3.75\frac{pn}{fD} \tag{1-14}$$

1.2.5.6 回转功率

回转功率 $N(kW)$ 推荐经验公式：

$$N = 0.096knD\left(\frac{P}{10}\right)^{1.5} \tag{1-15}$$

式中 k——岩石特性系数，按表 1-8 选取。

1.2.6 选型原则与设备匹配

1.2.6.1 选型原则

（1）牙轮钻机是露天矿技术先进的钻孔设备，适用于各种硬度矿岩的钻孔作业，设计大中型矿山钻孔设备首先要考虑选用牙轮钻机。

（2）中硬以上硬度的矿岩采用牙轮钻机钻孔优于其他钻孔设备。

（3）在满足矿山年钻孔量的同时，牙轮钻机选型还要保证设计生产要求的钻孔直径、孔深、倾角及其他参数。

（4）根据矿区自然地理条件选择设备及配套部件。如高海拔、高寒、炎热气候地区对主要设备配套部件、空压机、变压器、除尘、液压及电控系统等都有特殊要求。

（5）动力条件。动力源往往决定选用钻机的类型，大中型矿山一般选用电动。

（6）工作可靠，寿命长，价格适宜，零部件供货周期长，应进行综合分析对比。

1.2.6.2 设备匹配

为加快露天矿的建设速度，扩大开采规模和提升经济效果，需要依靠和应用增大规格、不断改进性能的各种大型设备。

大型和特大型金属露天矿现今所用的主要生产设备是孔径 310～380mm、甚至 440mm 的牙轮钻机；斗容 9～11.5m³，乃至 20～23m³ 的电动挖掘机，斗容 22m³ 以内的液压挖掘机；斗容 13～18 以至 22m³ 的前端式装载机；载重量 108～154t、甚至 180～230t 的自卸汽车（还制造出了载重 315t 的汽车），黏重 360t 的牵引机组；载重 80～165t 的自卸翻斗车，高强度带式输送机等。在辅助设备方面，按不同开采工艺方式，对工作面的辅助作业、道路维修、移道、现场维修、起重运搬，以及其他工程与生产供应等方面，都应用了相应的成套设备，其中应用较普遍的是斗容 5～10m³ 的前端式装载机、功率 224～373kW 的推土机、大型平地机、振动式压路机、高效率多功能的炸药混装设备、液压碎石机等。

我国的露天矿，特别是大中型露天矿采装运主要作业工序和部分辅助作业都实现了机械化。露天矿山设备研制的发展，不仅能成批生产中小型设备，装备中小型露天矿山，而且试制出了大型露天矿主要作业设备及多数辅助作业设备，这些设备可以装备几百万吨至 1000 万吨级的大型和特大型露天矿。

我国金属露天矿今后的发展方向是，以 16～23m³ 挖掘机为主，配用 250～380mm 大型、特大型牙轮钻机、100～180t 自卸汽车、373～746kW 推土机、10～18m³ 前端式装载机等。

露天设备的分级主要以矿山规模为基础，矿山产量大小决定了设备等级大小。我国露天矿主要由金属矿（铁矿、有色金属矿）、煤矿、化工原料矿、建材原料矿等，各种露天矿山的规格划分方法不同，如金属露天矿（铁矿）按年采剥总量计算，分四种规模。金属露天矿、有色金属露天矿、露天煤矿的设备匹配方案分别见表 1-9～表 1-11。

表 1-9　金属露天矿设备匹配方案

设备名称		小型露天矿	中型露天矿	大型露天矿	特大型露天矿
穿孔设备	潜孔钻机(孔径)/mm	≤150	150~200	150~200	
	牙轮钻机(孔径)/mm	150	250	250~310	310~380(硬岩);250~310(软岩)
挖掘设备	单斗挖掘机(斗容)/m³	1~2	1~4	4~10	≥10
	前端式装载机(斗容)/m³	≤3	3~5	5~8	8~13
运输设备	自卸设备(载重)/t	≤15	<50	50~100	>100
	电机车载重/t	<14	10~20	100~150	150
	翻斗车	<4m³	4~6m³	60~100t	100t
	钢绳芯带式输送机(带宽)/mm	800~1000	1000~2000	1400~1600	1800~2000
辅助设备	履带推土机/kW	75	135~165	165~240	240~308
	轮胎推土机/kW			75~120	120~165
	炸药混装设备/t	8	8	12,15	15,24
	平地机/kW		75~135	75~150	165~240
	振动式压路机/t			14~19	14~19
	汽车吊/t	<25	25	40	100
	洒水车/t	4~8	8~10	8~10,20~30	10,20~30
	破碎机(旋回移动)/mm			1200~1500	1200~1500
	液压碎石器/N·m	$(1.5~3)×10^4$	$(1.5~3)×10^4$	$(1.5~3)×10^4$	

表 1-10　有色金属露天矿设备匹配方案

设备名称	采矿规模/t·a⁻¹		
	$>100×10^4$	$30×10^4~100×10^4$	$<30×10^4$
穿孔设备	≥φ250mm 牙轮钻机,≥φ150~200mm 潜孔钻机	φ150~250mm 牙轮钻机,φ150~200mm 潜孔钻机	≤φ1500mm 潜孔钻机,凿岩台车,手持式凿岩机
装载设备	≥4m³ 挖掘机,≥5m³ 前端式装载机	2~4m³ 挖掘机,3~5m³ 前端式装载机	≤2m³ 挖掘机,≤3m³ 前端式装载机,装岩机
运输设备	≥30t 汽车,100~150t 电机车,60~100t 矿车,带式输送机	20~30t 汽车,14~20t 电机车,6~10m³ 矿车	20t 汽车,≤14t 电机车,≤6m³ 矿车

表 1-11　露天煤矿设备匹配方案

设备名称		中型矿(年产 $3×10^5$~$9×10^5$t)	大型矿(年产 $9×10^5$~$30×10^5$t)	特大型矿(年产 $30×10^5$t 以上)
穿孔设备	牙轮钻机直径/mm	120,150	150,200	150,200
	回转钻机直径/mm	120,150	150,200	150,200
挖掘设备	斗轮挖掘机/m³·d⁻¹	$1.6×10^4$	$2×10^4$	$4.6×10^4$
	单斗挖掘机斗容/m³	1.6	4.8	12,16,20
	索斗铲、液压铲斗容/m³	1.6	4	8

设备名称		中型矿 （年产 $3\times10^5\sim9\times10^5$t）	大型矿 （年产 $9\times10^5\sim30\times10^5$t）	特大型矿 （年产 30×10^5t 以上）
运输设备	钢绳芯胶带机带宽/mm	800,100	1000,1200,1400	1600,1800,2000, 2200,2400
	自卸汽车/t	32	32,60	60,100,150
	自翻车/t	60	60	60,100
	电机车（黏重）/t	100	100,150	100,150
	排土机/m³·d⁻¹	1.5×10^4	2.4×10^4	6×10^4,12×10^4
	堆料机/m³·d⁻¹	1.5×10^4	2.4×10^4	4×10^4,6×10^4,12×10^4
	取料机/t·h⁻¹	1500	2000	4000
辅助设备	推土机/kW	73.5,88.2	132.3,235.2	132.3,253.2,301.4
	平路机/kW	132.3	132.3,183.75	183.75
	推土犁/t	15	15	15
	装药车/t	8,10	8,10,12	15
	洒水车/m³	8,10	8,10,12	10,12,20
	汽车吊/t	20,40	20,40,75	20,40,75

设计和生产中，可按矿山采剥总量及开采规模与钻孔直径的关系，并结合挖掘机斗容与钻孔直径的关系选择钻机。采剥总量与钻孔直径关系见表 1-12，钻孔直径与挖掘机关系见表 1-13。

表 1-12　采剥总量与钻孔直径关系

采剥总量/t·a⁻¹	$400\times10^4\sim500\times10^4$	$600\times10^4\sim1000\times10^4$	$1500\times10^4\sim2000\times10^4$	$3000\times10^4\sim4000\times10^4$
钻孔直径/mm	200~250	250~310	310~380	380~450

表 1-13　钻孔直径与挖掘机斗容关系

钻孔直径/mm	150~230	200~250	250~310	310~380	380~450
挖掘机斗容/m³	3~5	6~8	10~12	13~16	19~23
台年产量/t·a⁻¹	$150\times10^4\sim$ 180×10^4	$200\times10^4\sim$ 500×10^4	$700\times10^4\sim$ 900×10^4	$900\times10^4\sim$ 1100×10^4	$1500\times10^4\sim$ 2000×10^4

1.2.6.3　露天矿所需牙轮钻机数量的确定

露天矿所需牙轮钻机数量 N（台）可按式（1-16）确定：

$$N = \frac{Q}{Q_1 q(1-e)} \tag{1-16}$$

式中　Q ——设计的矿山年采剥总量，t；

Q_1 ——每台牙轮钻机的年穿孔效率。m/a；

q ——每米炮孔的爆破量，t/m；

e ——费孔率，%。

计算钻孔设备数量时，每米炮孔爆破的矿（岩）量，一般应按设计的矿（岩）石爆破孔网参数分别进行计算，有时也可参照表 1-14 选取。

表 1-14　每米孔爆破量参考指标

炮孔直径/mm	矿岩种类	每米孔爆破量/t	炮孔直径/mm	矿岩种类	每米孔爆破量/t
250	矿　石	100～140	310	矿　石	120～150
	岩　石	90～130		岩　石	100～130

1.3　露天凿岩钻车

1.3.1　概述

露天凿岩钻车是指露天使用的顶撞冲击式钻孔设备，20 世纪中后期开始在建材、采石场及中小型露天矿钻孔作业中使用，随后逐步推广。20 世纪 80 年代，随着液压技术的发展，全液压凿岩钻车开始在国外的露天矿应用。全液压凿岩钻车作为一种集机电液为一体的技术密集型产品，虽然造价高，对操作和维修的技术要求高，但它具有气动钻机无法比拟的优势，成为露天钻机的发展趋势。

20 世纪 60 年代初期，我国就开始研制露天凿岩钻车。70 年代开始研制液压凿岩设备（大都以引进技术的方式或仿制的形式），到目前为止，共研制生产了 20 多个型号的液压凿岩机和钻车。

1.3.1.1　分类

A　国家行业标准

根据中华人民共和国机械行业标准（JB/T 1590—1996）《凿岩机械与气动工具产品型号编制方法》，露天钻车（代号 C）分为履带式、轮胎式和轨轮式，见表 1-15。

表 1-15　露天钻车的型号及代号

组　别	型　别	特性代号	产品名称及型号
露天钻车	轨轮式 G（轨）		轨轮式露天钻车 CG
			轨轮式表土钻车 CG
	履带式 L（履）		履带式露天钻车 CL
			履带式表土钻车 CL
		Q（潜）	履带式露天钻车 CLQ
	轮胎式 T（胎）		轮胎式露天钻车 CT
			轮胎式表土钻 CT

B　按工作动力分类

（1）气动露天凿岩钻车：钻车的凿岩钻孔以及炮孔的定位定向等动作都是靠气压传动完成。

（2）气液联合式露天凿岩钻车：除了凿岩机是气动之外，钻车的其余动作靠液压传动完成。

（3）全液压露天凿岩钻车：凿岩机是全液压凿岩机，钻车的其余动作也都是靠液压传动完成。

C 按钻车是否能够行走分类

(1) 自行式露天凿岩钻车。

(2) 非自行式露天凿岩钻车，又称为台架钻机。

1.3.1.2 特点

露天凿岩钻车与牙轮钻机、潜孔钻机相比，具有以下特点：（1）整机重量轻，装机功率小，机动性强；（2）能够钻凿多种方位的钻孔，调整钻机位置迅速准确；（3）爬坡能力强，国产钻车最大爬坡能力可达25°，进口钻车可达30°；（4）具有多用途的露天钻孔设备；（5）液压凿岩钻车的能耗仅为潜孔钻的1/4，钻孔速度却为潜孔钻机的2.3~3倍。

1.3.1.3 适用范围

(1) 在采石场、土建工程、道路工程及小型矿山钻孔中，凿岩钻车可作为主要的钻孔设备。

(2) 在二次破碎、边坡处理、清除根底中作为辅助钻孔设备；在中小型露天矿，液压凿岩钻车可取代气动潜孔钻机。

(3) 凿岩钻车钻孔方位多，最小的钻车方位可以达到横向各45°，纵向0°~105°，是其他钻机无法达到的。所以，凿岩钻车可用于钻凿各种方位的预裂爆破孔、修理边坡和锚索孔及灌浆孔等。

(4) 凿岩钻车爬坡能力强，机动灵活，可在复杂地形上进行钻孔作业。

(5) 露天凿岩钻车主要用于硬或中硬矿岩的钻孔作业，钻孔直径一般为40~100mm，最大孔径可达150mm。气动露天凿岩钻车与气液联合式露天凿岩钻车，因为其采用的气动凿岩机功率较小，一般适用于钻凿孔径小于80mm，孔深小于20m的炮孔。全液压露天凿岩钻车，因为其采用的全液压凿岩机功率较大，钻孔孔径可以达到150mm，孔深可达30m，最深可达50m。

1.3.2 Ranger700型液压凿岩钻车

Ranger700型液压凿岩钻车由凿岩机、推进器、钻臂、底盘、液压系统、供气系统、电缆绞盘、水管绞盘、电气系统和供水系统等组成（图1-50），其主要技术参数见表1-16。

表1-16 Ranger700型液压钻车技术特征

名 称	特征参数	名 称	特征参数
钻孔直径/mm	64~115	凿岩机工作高度/mm	7700
凿岩机型号	HL710	钻臂回转半径/mm	4830
凿岩机功率/kW	19.5	司机室顶面到地面高度/mm	2700
空压机压力/MPa	0.4~1.0	行走方式	双履带
空压机排量/m³·min⁻¹	8.1	履带接地长度/mm	2590
发动机功率/kW	149	整车重量/t	14.8
发动机额定转速/r·min⁻¹	2100		

1.3.2.1 凿岩机

凿岩机是凿岩钻车的核心部件。冲击活塞的高频往复运动，将液压能转换成动能传递到钻

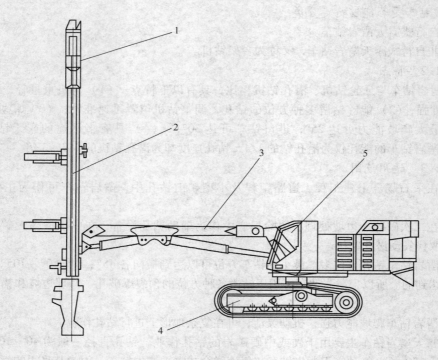

图 1-50　Ranger700 型露天凿岩钻车
1—凿岩机；2—推进器；3—钻臂；4—底盘；5—司机室

头上，由于钻头与岩石紧密接触，冲击动能最终传到岩石上并使其破碎，同时为了不使硬质合金柱齿（刃）重复冲击同一位置致使岩石过分破碎，凿岩机还配备转钎机构。钻头的旋转速度取决于钻头直径及种类，直径越大转速越低；柱齿钻头比十字钻头转速高 $40 \sim 50 r/min$，比一字钻头高 $80 \sim 100 r/min$，用直径 45mm 的柱齿钻头时转速大约为 200r/min。

　　液压凿岩机按系统压力分有中高压（$17 \sim 27 MPa$）和中低压（$10 \sim 17 MPa$）两种。中高压凿岩机要求精密的配合精度以减少内泄损失，所以其零件的制造精度要求相当高，对油品的黏度特性及杂质含量较敏感。中低压凿岩机制造精度要求相对来说低一些，对油品的黏度特性及杂质含量的敏感性也略低于前者。瑞典阿特拉斯·科普柯公司生产的液压凿岩机为中高压系统，芬兰汤姆洛克公司和日本古柯公司生产的液压凿岩机采用中低压系统。

1.3.2.2　推进器

　　推进器是为凿岩机和钻杆导向，并使钻头在凿岩过程中与岩石保持良好接触的部件。由于推进器必须承受巨大的压力、弯矩、扭矩和高频振动，而且容易受到诸如落石的撞击，因此推进器应具有足够的强度和修复性能。

　　为使钻头在凿岩过程中与岩石保持良好的接触，推进器必须提供一定的压力，该推进力由油马达和油缸将液压能转换为机械能，以拉力的方式出现，其大小与油缸的压力呈正比，一般为 $15 \sim 20 kN$，岩石越硬，推进力应越大。

　　推进力与钻进速度在一定条件下成正比，但当推进力达到某一数值后，钻进速度不再上升反而下降。推进力过低时，钻头与岩石接触不好，凿岩机可能会产生空打现象，使钻具和凿岩机的零部件过度磨损，钻头过早消耗而使钻进过程变得不稳定。

现在液压凿岩钻车上使用的推进器主要是链式推进器和油缸-钢丝绳式推进器。

1.3.2.3 大臂

A 大臂种类

按大臂的运动方式可分为直角坐标式和极坐标式两种。直角坐标式大臂在找孔时，操作程序多，时间长，但操作程序和操作精度都不严格，便于掌握和使用；极坐标式大臂在找孔时，操作程序少，时间短，但操作的程序和精度都要求严格，需要有相当熟练的技术。

按旋转机构的位置，大臂可分为无旋转式、根部旋转式和头部旋转式三种。无旋转式大臂仅在小巷道掘进和矿山的崩落法采矿时选用；根部旋转式大臂特别适用于马蹄形断面的隧道开挖，可钻锚杆孔和石门孔；头部旋转式大臂运动性能最好，可用于所有种类的爆破孔，可在过推进器轴线的平面内实现全断面的液压自动持平，但结构相对复杂，质量大且重心前移，影响整机的稳定性。

大臂的断面形状有矩形、多边形和圆形等。矩形断面大臂的内外套之间形成线接触，摩擦块磨损极不均匀，但结构简单，调整和维修容易。日本古河公司生产的台车大臂属于矩形断面大臂。多边形断面的大臂很少，目前仅有芬兰汤姆洛克公司台车上配置的大臂断面为六边形，它的内外套管之间始终是面接触，克服了矩形断面大臂的弱点，强度大，可用作承载较大的锚杆臂，调整和维修也很容易。圆形断面的大臂内外套管之间用三个长键导向定位并承受扭矩，一旦形成间隙必须更换新键。结构较轻巧，不能用作强度大的锚杆臂。这种大臂使用两个对称安装的油缸完成过推进器轴线的平面内的运动，自动持平精确可靠。

芬兰汤姆洛克公司凿岩台车的 ZRU 系列大臂是利用相似三角形完成自动持平的。大臂提升油缸与推进器的对应油缸断面尺寸相等，大臂刚伸缩一定的长度，推进器的相应油缸同时伸缩一定长度，使两个三角形保持相似来保证推进器平行运动。

B 大臂自动持平机构的工作原理

瑞典阿特拉斯科普柯公司凿岩台车的 BUT 系列大臂的自动持平也是应用相似三角形原理（图1-51）。大臂的 1 号油缸和 2 号油缸分别与推进器的 3 号油缸和 4 号油缸串联在一起，来保证推进器的平行运动。

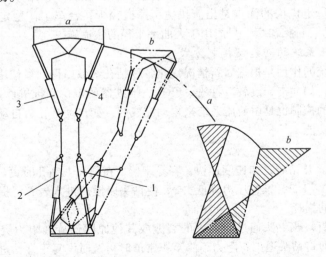

图 1-51 大臂自动持平的三角形原理
1—1 号油缸；2—2 号油缸；3—3 号油缸；4—4 号油缸

1.3.2.4 底盘

台车底盘行走速度一般为 10~15km/h，它取决于发动机的功率和质量，质量每减少 5%，速度增加 5%；台车的转弯半径主要与底盘的形式有关，且受制于稳定性。铰接式底盘一般较整体式底盘转弯半径小；台车的爬坡能力取决于路面情况、发动机功率和底盘形式。一般来说，轮胎式底盘爬坡能力小于 18°，履带式底盘小于 25°，轨行式底盘小于 4°；台车的越野性能取决于底盘的离地间隙（一般应大于 250mm）、轮胎与地面的接触情况、轮胎尺寸、形式和材料以及驱动方式，全轮驱动台车的越野性能最好。底盘有轮胎式、履带式、轨行式和步进式四种结构，其特点及适用范围如下：

（1）轮胎式底盘分为铰接式和整体式两种。铰接式底盘车体较小，操作灵活，由于铰接区的影响，不易布置，价格较整体式低。整体式底盘稳定性好，易于布置。虽然内角转弯半径小，但外角转弯半径大，转向时需较大的空间，这两种底盘都广泛地应用于各种尺寸的台车。

（2）履带式底盘行走机构比较灵活，爬坡能力强，但速度较慢。由于接地比压小，可在松软的地面上作业，且整机工作稳定性较好，一般情况下可不另设支腿，特别适用于煤矿巷道和一些矿山的坡道掘进。

（3）轨行式台车用于有轨运输的隧道掘进，质量轻，结构简单，易于布置，适用于极大和极小的台车，如大型门架式凿岩台车多用轨行式底盘。但由于使用轨道的原因，活动范围受限制。

（4）步进式行走机构又分为滑行轨道和滑行底板两种，仅用于大型门架台车。芬兰汤姆洛克公司生产的 PPV HS315T 型门架台车采用的就是滑动轨道式底盘行走机构，日本古河公司的门架式凿岩台车多数也采用这种行走机构。滑动轨道式行走机构由带驱动链的钢轨、驱动装置和链轮组成，行走时先用支腿将台车连同滑轨一起提升离开地面，然后将滑轨伸出，再收回支腿将台车放下，驱动装置使台车沿滑轮行走到端部，如此循环，一步一步行走。这种机构对地面的平整度要求很高，而且保持轨距也相当重要。

滑动底板式行走机构是由三段以上由油缸连接在一起的上面铺有轨道和道岔的钢结构组成，每段 30~50m。行走时，顺序操作缸使第一段相对于第二、第三段向前伸出，再使第二段相对于第三段伸到第一段末部，然后再使第三段伸到第二段的原来位置，这样就完成了一个行程。滑动底板式行走机构的优点是出渣快捷，掉道较少，台车工作稳定。缺点是非常笨重（每段重约 40~50t），价格昂贵，只能用于大曲率半径的隧道施工。

1.3.2.5 液压系统的功能及控制方式

台车上液压系统的作用是根据岩石情况优化各种钻孔参数以得到最佳凿岩效率，主要控制凿岩机的各种功能，如冲击、旋转、冲洗、开孔、推进器的定位和推进以及大臂的所有动作，还有一些自动功能的控制也是由液压系统来自动完成的，如自动开孔、自动防卡钎、自动停钻退钻和自动冲洗等功能。

A 控制功能

（1）自动开孔。开钻时，如速度过快，容易跑偏，在斜面上钻孔时更是如此。为此开孔时将冲击压力降低 1/3~1/2，推进压力降低 1/3，使钻头以慢速进入岩石，提高钻孔的精确度和速度，并减小钻具的损耗。

（2）自动防卡钎。当钻头通过岩石中的裂隙或其他原因使旋转阻力突然升高以致有可能引起卡钎时，应立即将钻头退出；阻力下降至正常值时再及时恢复正常钻进。该功能可减少钻具的消耗，并且允许一人操作多台大臂。

（3）自动停钻退钻。当孔钻好后，凿岩机的旋转、冲击和冲洗停止，凿岩机高速退回到推进器末端。该过程完全程序化，可减轻劳动强度，增加钻孔工时。

（4）自动冲洗。凿岩过程一开始，冲洗随即开始。

　　B　控制方式

液压系统的控制方式有液压直控、液压先导控制、气动先导控制和电磁控制等几种。

（1）液压直控。各个工作由方向控制阀直接控制，结构简单，故障处理容易，经济。但尺寸较大，不易布置，设置自动功能时布管较复杂。

（2）液压先导控制。由液压先导阀控制主阀，从而操纵各个动作，尺寸较小，易于布置，容易增加功能，调节点可集中，布管容易。

（3）气动先导控制。由气控先导阀控制主阀。需要一套独立的气路系统，结构较复杂，不易处理故障，现已很少使用。

（4）电磁先导控制。由电磁先导阀控制主阀。需要一套独立的电路系统，尺寸较小，易于布置和增加各种功能，可实现遥控。但结构复杂，不易处理故障，对操作和维修要求较高。随着电器元件可靠性的提高，这种控制方式将越来越多地被采用，目前引进的计算机控制液压凿岩台车就是采用这种控制方式。

1.3.2.6　气路系统

气路系统由空压机、油水分离器、汽缸和油雾器等组成。空压机在凿岩机头部（即钎尾部位），为油雾润滑提供压缩气源，也为冲洗和水雾冲洗的凿岩机提供压缩气源。主要有活塞式和螺杆式两种，工作压力一般在 0.3～1.0MPa。随着凿岩技术的不断提高，大多数凿岩机将实现润滑脂润滑，在仅需要水冲洗的情况下，就可免去整个气路系统以降低成本，减少维修保养工作量。

1.3.2.7　电缆绞盘

电缆绞盘有自动和手动两种。自动绞盘由液压马达卷缆，重力放缆，并配有限位开关防止电缆过拉。当电缆放到仅剩 2～3 圈时，限位开关动作将发动机熄灭，以防止因台车继续前行将电缆拉出，此时压下旁通限位开关将限位开关旁通，仍可启动发动机将电缆放出 1 圈，限位开关再次动作将发动机熄火，此时只有人工将电缆卷回 3 圈才能发动机启动。电缆绞盘的宽度超过电缆外径 4～6 倍时，应配盘缆机构，以防电缆扭曲，电缆绞盘至少应该容纳 100m 的电缆。

另外，水管绞盘、配电箱、电气系统、增压水泵及供水系统也是液压凿岩台车上的重要系统。

复习思考题

1-1　画图并说明潜孔钻机的穿孔原理。

1-2　试述潜孔钻机钻具的组成及各部类型特点。

1-3　说明 KQ-200 型潜孔钻机的主要组成部分、作用及动作原理。

1-4　试述 KQ-200 型潜孔钻机的除尘方式及系统工作原理。

1-5　说明 KQ-200 型潜孔钻机的净化装置的作用，正压送风的方法。

1-6　潜孔钻机的工作参数有哪些，如何确定？

1-7　试述牙轮钻机的特点与工作原理。

1-8　说明牙轮钻机的穿孔原理。

1-9　试述三牙轮钻头的结构、组成、类型、特点与主要工作参数。

1-10　说明 KY-310 型牙轮钻机的主要组成、各部作用及工作原理。

1-11　试述 KY-310 型牙轮钻机加压机构的作用及加压方式的选择。

1-12　说明 KY-310 型牙轮钻机的钻具稳定器的作用、结构与布置。

1-13　画图并说明 KY-310 型牙轮钻机回转小车的组成、作用及动作原理。

1-14　画图说明 KY-310 型牙轮钻机履带行走机构的张紧方法。

1-15　试述 KY-310 型牙轮钻机液压系统的原理。

1-16　试述牙轮钻机的主要参数及其确定方法。

1-17　试述潜孔钻机与牙轮钻机的区别。

1-18　试述凿岩钻车的用途、类型。

1-19　试述凿岩钻车的特点与适用范围。

1-20　说明凿岩钻车的基本组成、各部作用及工作原理。

2 挖掘机械

挖掘机械是露天采矿的重要设备，主要用于铲挖土壤、矿岩、煤炭等物料，并实现装卸。据统计，在土方工程中，约有60%以上的工作量是由挖掘机完成的。因此，挖掘机对露天矿的生产规模、进度、效益等有直接的影响。

露天挖掘机械按工作机构数量分有单斗挖掘机和多斗挖掘机；根据驱动方式不同，单斗挖掘机又分有机械式单斗挖掘机和液压单斗挖掘机；按照工作机构的工作方式，单斗挖掘机又分为正铲、反铲与拉铲等形式；多斗式挖掘机还分为轮斗式和链斗式几种。

近年来，国内外的挖掘机械在品种、数量和技术上都有了较快的发展。本章主要介绍机械式单斗挖掘机、液压单斗挖掘机和轮斗挖掘机的结构、原理及主要参数计算。

2.1 机械式单斗挖掘机

2.1.1 概述

机械式单斗正铲挖掘机械是一种最重要的挖掘机械，是露天矿中的主要采装和剥离设备，是露天采矿和剥离作业机械化的主要部分。它具有挖掘力大、生产率高、适应性强、作业安全及采矿成本低等优点。据统计，一台 $1m^3$ 的机械式单斗正铲挖掘 I ～ IV 级土壤时，8h 生产能力大约相当于 300 ～ 400 名工人一天的工作量。因此在露天采矿中广泛应用机械式单斗正铲。

单斗挖掘机的工作过程由多次重复的工作循环和移动机体所组成。它的每一工作循环是由挖掘（装斗）、装满铲斗、回转至卸载地点、卸载、空斗转至原来地点等动作组成。一个作业循环的时间，采矿型正铲为 24 ～ 34s，剥离型正铲为 50 ～ 60s，履带式拉铲为 40 ～ 50s，迈步式拉铲为 55 ～ 65s。当挖掘完成其工作半径范围内土岩时，挖掘机向前移动，在新的位置继续挖掘。一般移动距离为斗杆行程的 0.5 ～ 0.75 倍。因此用单斗挖掘机只能组成间歇式的采掘工艺，而不能进行连续开采。

2.1.1.1 分类

我国单斗挖掘机产品型号按"工程机械产品型号编制方法"（ZB/J 85019—1989）规定见表 2-1。

表 2-1 单斗挖掘机产品型号编制规定

类	组		型		特性	产　品		主参数	
名称	名称	代号	名称	代号	代号	名　称	代号	名称	单位表示法
挖掘机械	单斗挖掘机	W（挖）	履带式	—	—	履带式机械挖掘机	W	整机质量	t
					Y（液）	履带式液压挖掘机	WY		
					D（电）	履带式电动挖掘机	WD		
			轮胎式	L（轮）	—	轮胎式机械挖掘机	WL		
					Y（液）	轮胎式液压挖掘机	WLY		
					D（电）	轮胎式电动挖掘机	WLD		
			汽车式	Q（汽）	—	汽车式机械挖掘机	WQ		
					Y（液）	汽车式液压挖掘机	WQY		
			步履式	B（步）	—	步履式机械挖掘机	WB		
					Y（液）	步履式液压挖掘机	WB		

按照单斗挖掘机的用途及结构特征可分为：

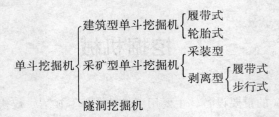

（1）建筑型单斗挖掘机。这种挖掘机可换装几种不同用途的工作装置，如正铲、反铲、拉铲、起重等。这类挖掘机以反铲为主，斗容量较小为 $0.25 \sim 2m^3$，目前已向全液压化发展，形成液压单斗挖掘机系列，主要用于土方工程和矿山的辅助作业。

（2）采装型单斗挖掘机。这种挖掘机只装有一种正铲工作装置。因机器多采用电力驱动、机械传动故又称电铲和机械正铲。目前我国已能生产标准斗容 $5 \sim 35m^3$ 的机械正铲。国外采装型单斗挖掘机斗容范围是 $8 \sim 53m^3$，常用的斗容为 $11 \sim 27m^3$。这类挖掘机挖掘力大，一般不经爆破可直接挖掘坚固系数 $f < 3$ 的矿物，当 $f > 3$ 时爆破后才能进行挖掘。最大挖掘高度为 $10 \sim 22m$，最大卸载高度为 $6 \sim 16m$，总功率为 $700 \sim 2400kW$，双履带行走，接地比压为 $100 \sim 371kPa$，行走速度低（小于 $1.7km/h$），自行距离短，机器质量大（$220 \sim 1500t$），服务年限长，可达 20 年，但其初期投资较大。

（3）剥离型单斗挖掘机。剥离型正铲是在采装型正铲的基础上，减小铲斗容积、增加动臂长度演变来的，主要用于露天矿剥离或采掘有用矿物的上装车。国外也有一些大型剥离正铲是专门设计的。

剥离型正铲剥离能力强，工作范围大，允许工作面高度比较大，但下挖深度较小。

我国生产的剥离型单斗挖掘机斗容有 $3m^3$、$4m^3$ 和 $6m^3$ 三种，动臂长度为 $10.5m$、$23.3m$ 和 $37.5m$，国外剥离型单斗挖掘机斗容的范围是 $4 \sim 152.9m^3$，动臂长度最大可达 $67m$。

拉铲（图 2-1）是另一种常用的剥离型挖掘机。按行走装置的不同可分为履带式和步行式

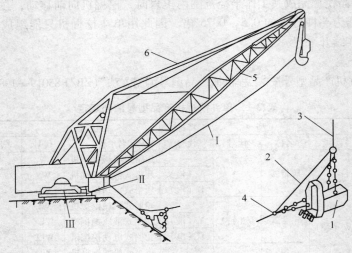

图 2-1　拉铲

Ⅰ—工作装置；Ⅱ—回转装置；Ⅲ—行走装置；

1—铲斗；2—卸载绳；3—提升绳；4—牵引绳；5—悬架；6—悬挂绳

两种，履带式拉铲斗容量小（6～13m³）。露天矿主要用步行式拉铲。

步行式拉铲斗容量在4～168m³之间，常用的是40～90m³。由于其切削力受铲斗自重的限制，只能挖掘较松软的土壤。挖掘时，铲斗由工作面下部向上方移动，因此拉铲只宜于挖掘低于停机平面的土壤，挖掘深度约为悬架长度的0.5～0.6倍。

拉铲的悬架长度约为同样斗容量正铲的190%～230%（47～122m），所以挖掘半径和卸载高度大。拉铲由于铲斗的摆动，不便将物料装车，故多用于倒堆。一般拉铲均采用电力驱动，功率为880～17600kW。

（4）超前铲。1967年美国马里昂公司在机械式单斗挖掘机的基础上，制造出具有独特工作装置的超前式采装型挖掘机，它的行走装置和回转装置与一般单斗挖掘机相似。采用钢丝绳推压和油缸推压的两种不同推压方式的超前铲分别如图2-2a、图2-2b所示。

超前式挖掘机的工作装置能使铲斗实现三种动作：铲斗本身可以旋转，从而改变斗齿的切削角以及铲斗的提升和推压运动。

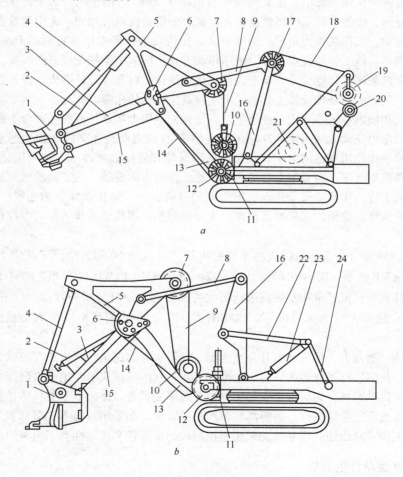

图2-2 超前铲

a—钢丝绳推压；b—油缸推压

1—铲斗；2—止动绳（器）；3—斗杆；4—提升绳；5—三脚架；6—半滑轮；
7，10，12，17—滑轮；8，16，22，24—连杆；9，14，15，18—钢绳；
11，23—油缸；13—动臂；19，21—卷筒；20—电动机

2.1.1.2　国内外发展概况

自从 1836～1837 年在美国首先出现 $1m^3$ 铲斗容量蒸汽机驱动的机械式单斗挖掘机至今，全世界已有 250 多家公司制造约 600 种不同规格和用途的挖掘机。

目前铲斗容量从 $0.1m^3$ 的建筑型挖掘机到 $168m^3$ 的剥离型拉铲，斗容变化范围很大，品种繁多，十几年来国外挖掘机品种增加约 10～15 倍，$2m^3$ 以下的挖掘机基本采用液压传动，以反铲为主。

国外生产机械式单斗挖掘机数量最多的国家是美国、俄罗斯和日本。美国生产的大型挖掘机，代表世界先进技术水平，其产品结构合理，工作可靠，整机寿命长，适应性强。目前斗容量最大的采装型正铲是 5700 型挖掘机，斗容量允许到 $53m^3$（标准斗容量为 $40m^3$）。俄罗斯生产的机械式单斗挖掘机总数世界第一。日本以生产中小型挖掘机为主，数量较大，大型产品多引进美国技术。

目前世界上露天矿使用的单斗挖掘机以斗容量小于 $25m^3$ 的机械正铲为主，从生产率、配套设备、维护检修、机器更新及经济效益诸方面综合分析是比较合理的。大中型挖掘机多采用电力驱动机械传动，工作装置为正铲。柴油驱动液压传动的反铲工作装置适用于小型挖掘机，一般都有可更换的其他工作装置供选择。液压传动方式正向大中型挖掘机方向发展。

目前各厂家已采用等强度设计、动态设计、优化设计、可靠性设计等先进设计手段。采用各种优质材料，先进的热处理及加工方法，不断提高挖掘机的质量。铲斗、斗齿、履带、电气系统、润滑系统和操纵系统等采用专业化生产，使得挖掘机上零部件性能和寿命不断提高。

大型挖掘机电力拖动方面采用大功率可控硅整流-直流电动机和交流变频调速系统代替直流发电机。电控系统使用先进的电子计算机、遥测遥控和故障诊断技术，从而优化作业工序，节省能耗，提高机器效率，努力向半自动化和自动化控制方向发展，这方面的研究成果已在中小型液压挖掘机上进入实用阶段。各种机电方面的过载保护，防止误操作的连锁、闭锁装置，以及自动润滑油系统，完美的司机室及机棚，先导控制和伺服控制等技术在大型挖掘机上也已推广使用。

我国是从 1954 年开始生产机械式单斗挖掘机的。20 世纪 60 年代生产了斗容为 $4～4.6m^3$ 的 WD-400 型和 WK-4 型，70 年代研制了 $10～12m^3$ 的 WK-10 和 WD-1200 型，80 年代开始我国不仅对上述各种型号机械式单斗挖掘机进行了完善和提高，而且与国外合作生产了 $10m^3$ 斗容的 195 型、$16m^3$ 的 2300XP 型和 $23m^3$ 的 2800XP 型，以及 $35m^3$ 的 WK-35 等大型机械式单斗挖掘机。

在挖掘轨迹、挖掘力、推压和提升合理匹配、机器参数的优化、结构的有限元分析以及模拟实验等方面，我国进行了许多的研究。在电控方面，我国机械式单斗挖掘机已能采用可控硅直流和交流变频供电系统。司机室内安装了空调及电采暖设备，使用了干油和稀油集中自动润滑系统，显著地改善了劳动条件。为提高我国产品的质量，在采用新技术、新材料、新工艺方面做了大量的工作，从而使我国制造的采装型挖掘机的可靠性和先进性有了明显的提高。

2.1.2　WK-10 型单斗挖掘机

WK-10 型单斗挖掘机是一种履带行走的电动矿用机械正铲式挖掘机，属较大型的露天采掘设备，可用于千万吨级的露天矿，也可用于建筑、水电等土石方工程。

WK-10 型挖掘机经过 10 年的使用和改进，目前已生产出第三代产品 WK-10B 型。该机配有三种斗容量的铲斗，以适应挖掘不同密度的矿石需要，其对应关系如下：

矿岩松散密度/t·m^{-3}	铲斗容量/m^3
≤1.2	14
1.3~1.8	12
1.9~2.4	10

WK-10 型挖掘机的外形如图 2-3 所示，主要由工作装置 1、回转装置 2、行走装置 3、动力和控制系统及辅助装置等组成，其主要技术参数见表 2-2。

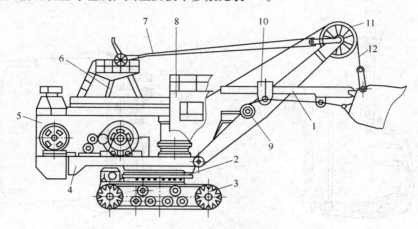

图 2-3　WK-10 型挖掘机

1—工作装置；2—回转装置；3—行走装置；4—机架；5—机棚；6—A 形架；7—变幅钢丝绳；
8—司机室；9—开斗电机；10—鞍性座；11—天轮；12—提升钢丝绳；13—牵引钢丝绳

表 2-2　WK-10 型机械式单斗挖掘机技术特征

名　称	特征参数	名　称	特征参数
铲斗容积/m^3	10	机棚至地面高度/m	7.22
理论生产率/m^3·h^{-1}	1230	司机水平视线至地面高度/m	7.1
动臂长度/m	13.0	配重箱底面至地面高度/m	2.16
最大挖掘半径/m	18.9	履带长度/m	8.4
最大挖掘高度/m	13.6	履带宽度/m	7.1
停机地面上最大挖掘半径/m	13.1	底架下部至地面最小高度/mm	510
最大卸载半径/m	16.4	回转 90°时工作循环时间/s	29
最大卸载高度/m	8.6	最大提升力/kN	1029
挖掘深度/m	3.4	提升速度/m·s^{-1}	1.0
起重臂对停机平面的倾角/(°)	45	最大推压力/kN	617
顶部滑轮上缘至停机平面的距离/m	13.5	推压速度/m·s^{-1}	0.65
顶部滑轮外缘至回转中心的距离/m	13.5	接地比压/MPa	0.23
起重臂支角中心至回转中心的距离/m	3.08	最大爬坡能力/(°)	13
起重臂支角中心高度/m	3.43	行走速度/km·h^{-1}	0.69
机棚尾部回转半径/m	7.35	主电动机功率/kW	750
机棚宽度/m	6.6	整机重量/t	440
双脚支架顶部至停机平面的高度/m	10.57		

2.1.2.1　工作装置

WK-10 型挖掘机工作装置包括铲斗、斗杆、动臂、"A"字架、推压机构、开斗门机构及绷绳装置等。

WK-10 型挖掘机采用底卸式铲斗。铲斗如图 2-4 所示，由斗齿、提梁、均衡轮、斗前壁、斗后壁和斗底装置等组成。

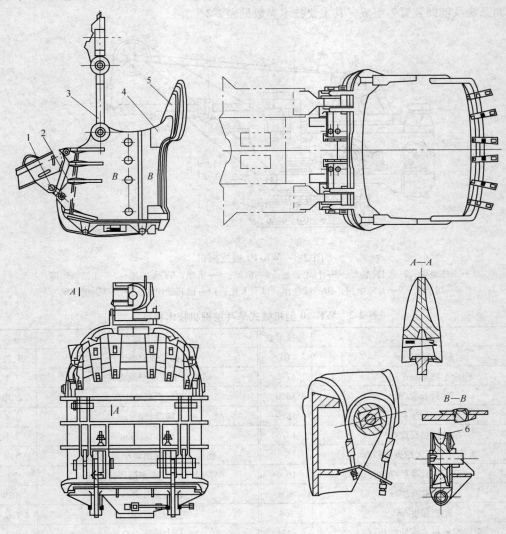

图 2-4　铲斗
1—斗底；2—后壁；3—提梁；4—前壁；5—斗齿；6—均衡轮

斗齿为整体式，在每个铲斗的斗前壁上安装六只，材质为 ZGMn13。斗齿与斗前壁用两块楔铁构成可拆式连接。作业中，斗齿一面磨损后可翻转 180°，重新安装使用，当磨短 250mm 后应更换新齿。

斗前壁为高锰钢铸件，斗后壁为 35 钢铸件，两者采用铆焊连接，形成近似方形四框，前壁较高，后壁矮；上口小，下口大。四对铰链均装在后壁上（与斗杆连接两对，与提梁及斗底连接各一对）。各销轴都可通过油嘴注润滑脂润滑。

斗底装置如图 2-5 所示，主要由斗底板、横梁、斗栓、杠杆、牵引绳等组成。斗底板为整体高锰钢铸件。斗底板通过横梁铰接在铲斗后壁上，在横梁的铰接处还有一对小制动轮，通过装在后壁上弹簧拉紧的闸带，将制动轮抱住起阻尼作用，从而减少打开斗底时，斗底板过多的摆动。调整时，拧动螺母（图 2-4）改变弹簧预紧力，使得斗底板打开后，摆动两次即可。闸带磨损 50% 时应予更换。

斗栓是靠安装在动臂中部小平台上的电动机带动卷筒牵引钢丝绳，经过斗杆和斗底上的三个滑轮拉动杠杆，将斗栓从铲斗后壁的栓孔中拉出来（图 2-3 及图 2-5），斗底板再靠自重打开。鞍座及斗杆的滑轮为定滑轮，斗底上的滑轮为动滑轮，钢丝绳用楔块固定在斗底上，这种结构调整钢丝绳长度方便，又使牵引力提高一倍。关闭斗底板是将铲斗下放后由于斗底板自重靠在铲斗底面，司机操作开斗底电动机，先拉紧再放松牵引绳，斗栓靠自重落入栓孔中，关上斗底。斗栓孔内的长度为 25 ~ 35mm，可以通过杠杆铰接点位置的调整（有三个位置）来实现。斗栓端部磨损后应及时堆焊。开斗底的电动机是通过一对开式圆柱直齿轮驱动钢丝绳卷筒的，该电动机产生的力矩与电动机的电流成比例。挖掘机作业时，电动机中电流产生的力矩仅能使钢丝绳张紧；当开斗底时，需加大电流，即加大力矩才能将斗栓拉出。

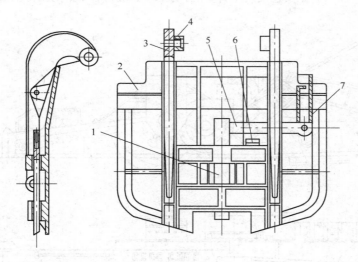

图 2-5 斗底

1—斗栓；2—斗底板；3—横梁；4—制动轮；5—杠杆；6—缓冲垫；7—牵引绳

斗杆（图 2-6）为变断面矩形双梁门式结构。主要由斗杆体 2、中间体 5、齿条 1、滑轮 3 和压杆 4 等组成。

斗杆体 2 有两根，为矩形断面长杆，由于头部与中间体 5 连接处应力最大，故其断面积增大，内肋增多。斗杆体头部与铲斗通过压杆 4 及销孔进行连接。中间体 5 断面为长圆形，它与斗杆体均采用高强度低合金钢板 15MnV 焊接而成。斗杆体下部为推压齿条 1，它由前齿条、中间齿条、后部齿条及挡块组成。各部分均为调质合金钢铸件，改进后的结构是中间齿条由三段变为整体一段，可提高推压力的平稳性，改善工作机构受力条件。

斗杆下部的滑轮 3 为引导开斗钢丝绳用的。中间体 5 上面焊接的两个圆弧形挡块，防止斗杆回收时中间体碰撞动臂。

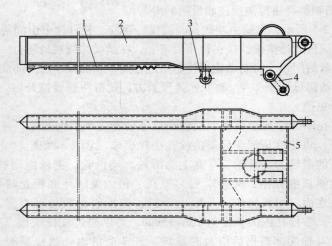

图 2-6 斗杆

1—齿条；2—斗杆体；3—滑轮；4—压杆；5—中间体

动臂如图 2-7 所示，主要包括起重臂 1、小平台 2、缓冲器 3、推压传动装置 4、鞍座 5 及头部滑轮 6 等。

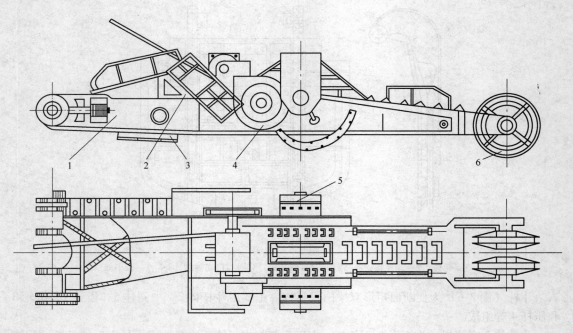

图 2-7 动臂

1—起重臂；2—小平台；3—缓冲器；4—推压传动装置；5—鞍座；6—头部滑轮

起重臂 1 为箱形焊接构件，箱体内焊有肋板，头部分叉支承一对滑轮 6，根部分叉形成大跨距根脚，通过四根销轴把动臂铰接在挖掘机平台前端。外侧的两个主支承虽然相距达 2.5m，其根脚由于采用球面柱窝，保证其受力均匀，连接性能良好。跟脚外侧为一对弹性短拉杆，通过一串硬橡胶弹性垫连接。

动臂的两侧面各焊有一弧形工字形架，动臂下部还装有缓冲器，防止铲斗下降时撞击动臂。动臂上部焊有人梯及扶手，供检修及润滑人员行走。

动臂中部小平台2上除装有开斗底的电动机和卷筒外，主要安装推压电动机及传动装置。推压传动系统（图2-8），电动机2为175kW，转速740r/min，通过三级直齿圆柱齿轮驱动一对推压小齿轮转动，与斗杆上的推压齿条啮合，总传动比为30。电动机的另一端出轴上装有双闸瓦式制动器1。该制动器为常闭式，当司机接通推压电动机电源时，通过压气自动打开该制动器。

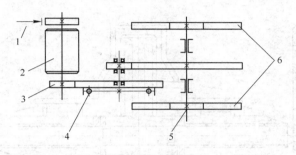

图 2-8　推压传动系统
1—制动器；2—电动机；3—齿轮；4—力矩限制器；5—推压轴；6—齿条

推压传动的中间轴端装有气囊式力矩限制器，其结构件如图2-9所示，电动机的动力通过齿轮7传入，经过中间轴8、支重轮5、气囊3，传到摩擦瓦2，再通过摩擦力驱动摩擦轮1，从齿轮6传出。当气压从气管接头4送入气囊3时，气囊膨胀使摩擦瓦2压在摩擦轮1的内侧才能传递力矩。压气是通过减压阀保持在0.55MPa下进行工作的。摩擦轮1停止转动，与摩擦瓦2之间打滑，起到安全保护工作装置的作用。推压过程遇到冲击载荷时，气囊力矩限制器还能起到缓冲作用，使推压平稳。当摩擦瓦2少量磨损时，该结构自补偿能力较强，但磨损达到

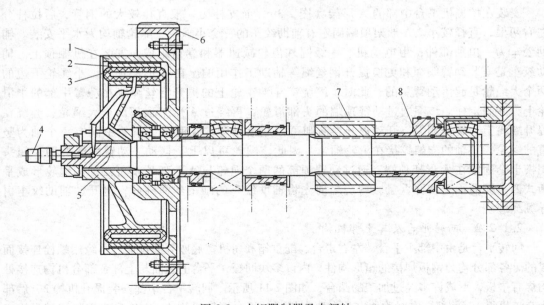

图 2-9　力矩限制器及中间轴
1—摩擦轮；2—摩擦瓦；3—气囊；4—气管接头；5—支重轮；6，7—齿轮；8—中间轴

50%时应及时更换摩擦瓦，以免损坏气囊。长期工作后，气囊橡胶老化出现龟裂，当裂痕超过夹布层时即应更换。

　　推压轴的结构如图2-10所示，动力由传动齿轮4传入，经推压轴2，由两个推压齿轮3驱动齿条使斗杆5移动。斗杆通过推压齿轮3支承在推压轴2上。鞍座1起导向定位作用，鞍座上的滑板与斗杆的上平面之间的间隙一般为6mm，磨损后间隙大于10mm时，应及时加垫片调整。

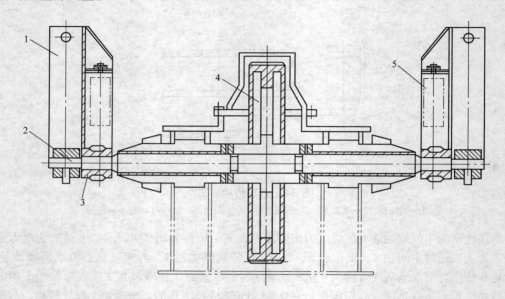

图2-10　推压轴的结构
1—鞍座；2—推压轴；3—推压齿轮；4—传动齿轮；5—斗杆

　　安装在挖掘机平台中部的A形架（图2-3），前支柱为一根直径较大的钢管，后拉杆分左右两根，直径较小。A形架顶端固定有辅助绞车的三个小绳轮，绳轮轴均为水平安装。辅助绞车为一单独部件，由电动机、一级圆柱齿轮减速器和卷筒组成，安装在机棚顶上。辅助绞车是安装动臂绷绳和更换提升钢丝绳等辅助工作用的。在A形架顶部，小绳轮下边的两个大绳轮是起落动臂用的，此时，缠绕铲斗均衡轮上的提升钢丝绳绕在动臂中部的半滑轮上，并固定住。该绳通过动臂顶端的头部滑轮，再绕过A形架顶部两个大绳轮，缠绕在提升卷筒上。解开绷绳，开动提升卷筒则可以起落动臂。在两个大滑轮中间有一个轴为竖直的绳轮，其轴的支架铰接在滑轮轴上，因此该绳轮可以上下摆动。动臂绷绳的两个绳头用楔卡套固定在A形架顶端，通过动臂顶部的两个绳轮与A形架顶端可摆动的绳轮形成平衡式四条绷绳承受动臂重量。缠绕之前先将辅助绞车的细钢丝绳缠好，再开动辅助绞车引导绷绳缠绕。·

2.1.2.2　回转平台及其上部机构

　　回转平台是由中部主平台、左右走台、配重箱和司机室底座等部件通过凸缘用螺栓连接而成的。各部分均为钢板焊接的箱形构件，内设多块肋板，平台上表面与上部各部分机构连接处均焊有垫板，形成许多经过加工的凸台，如图2-11所示。回转平台中部安装提升机构2，后部为交流机组1，前部左右对称地安放有两套相同的平台回转机构4，在提升机构与回转机构之间装有中央枢轴8，为平台的回转中心。

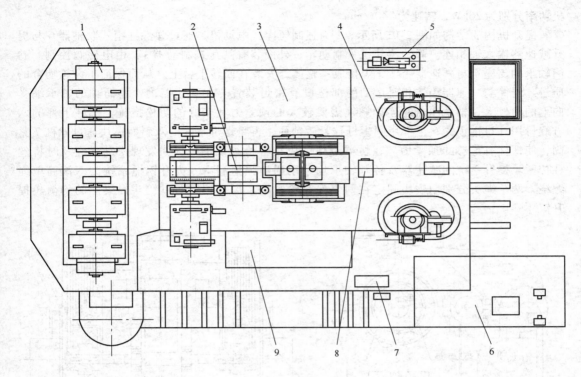

图 2-11　回转平台
1—交流机组；2—提升机构；3—高压电器；4—回转机构；5—空压机组；
6—司机室；7—钳工台；8—中央枢轴；9—磁力站

　　铲斗的提升机构传动系统如图 2-12 所示。该装置采用双电动机 1 拖动二级减速器 2，传到分别固定在两个提升卷筒 3 侧面的大齿轮，带动各自卷筒转动，两个卷筒轴是同心的。减速器的第一级为一对斜齿圆柱齿轮，第二级为两对斜齿圆柱齿轮，总传动比为 62。两台提升电动

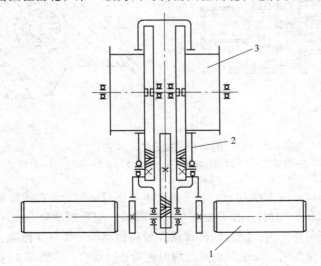

图 2-12　提升传动系统
1—电动机；2—减速器；3—提升卷筒

机功率分别为 26kW，转速为 740r/min。

　　提升机构的结构如图 2-13 所示，2 为强制风冷式电动机，通过弹性柱销式联轴器 6 与提升减速器输入轴相连。联轴器外缘为制动轮，外面装有闸瓦式制动器 1，由电磁阀控制。卷筒轴承的支座 4 与减速器箱体 3 焊接成一整体，安装在回转平台上，从而保证了齿轮啮合的质量。卷筒与减速器箱体相对运动的部位设有密封装置。在减速器内，卷筒轴的轴承端受向上的力较大，轴承压盖的连接螺柱需要较大的预紧力和较好的防松措施。螺柱下部的六方螺母用开口销锁紧；上部用圆螺母拧紧后锁住，再将螺母下面的双斜面楔块通过丝杠 7 紧固，使螺柱有足够的预紧力。在机器工作中应经常检查该螺柱，如发现松动，应及时将丝杠拧紧。提升系统的减速器及各轴轴承均采用稀油强迫润滑。提升钢绳系统为双滚筒单绳缠绕，两个绳头分别用楔块固定在两个卷筒轮毂上，提升钢绳通过铲斗提梁上的均衡轮提升铲斗。

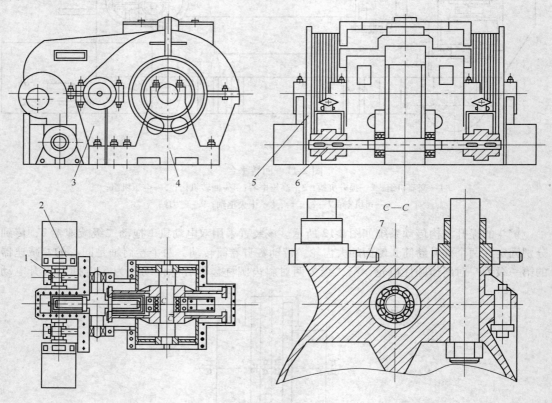

图 2-13　提升传动装置
1—制动器；2—电动机；3—减速器箱体；4—轴承支座；5—卷筒；6—联轴器；7—丝杠

　　提升制动器的结构如图 2-14 所示，提升机构不工作时，制动器在弹簧 2 的作用下，使汽缸 1 的活塞杆缩回，带动两个杠杆 5 使双闸瓦 7 向内移动，抱紧制动轮。反之，当向汽缸 1 送入压缩空气时，活塞杆向外伸出，闸瓦向外移动，脱离制动轮。螺杆 3 限制活塞杆外伸的距离，两边的螺栓 6 起到定位作用，保证两块闸瓦均匀地离开制动轮，调整器 4 保证闸瓦上部和下部与制动轮间的间隙均匀。双闸瓦 7 外边装有闸带，闸带磨损后，应调整弹簧 2 的工作长度，闸带严重磨损后应该更换。

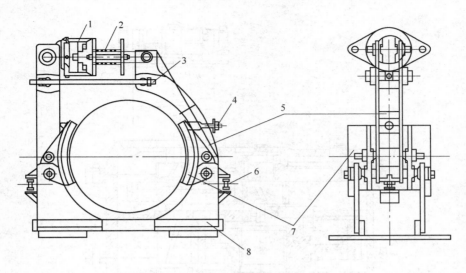

图 2-14 提升制动器

1—汽缸；2—弹簧；3—螺杆；4—调整器；5—杠杆；6—螺栓；7—双闸瓦；8—底座

回转驱动装置的传动系统如图 2-15 所示，由安装在回转平台上两套相同的减速器 3 传动，其输出小齿轮与固定在行走底座的大齿圈 4 啮合。减速器 3 为三级圆柱斜齿轮传动（图2-16），总传动比为 26.77，采用集中稀油强迫润滑。电动机功率 130kW，转速 700r/min，立式布置，上端出轴装有制动器，其结构及工作原理与提升制动器相同，也是常闭的弹簧制动，为汽缸操作双闸瓦式，通过电磁阀控制。

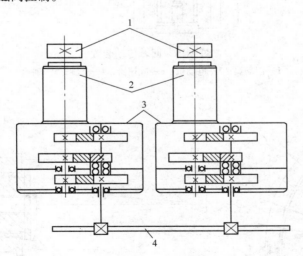

图 2-15 回转传动系统

1—制动器；2—电动机；3—减速器；4—大齿圈

回转减速器的输出立轴下端装有一个轴承，提高了立轴的刚度，保证立轴端小齿轮与大齿圈的啮合精度。

整个平台由辊盘支承在行走底座上，如图 2-17 所示。辊盘由 40 个锥形滚子 1、外圈 2、内圈 4 和轴 3 等零件组成。内外圈分为八段，用连接板及螺栓连接。轴 3 和滚子 1 之间为含二硫

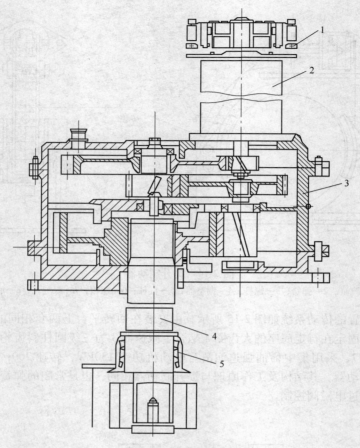

图 2-16　回转传动装置
1—制动器；2—电动机；3—减速器；4—立轴；5—轴承

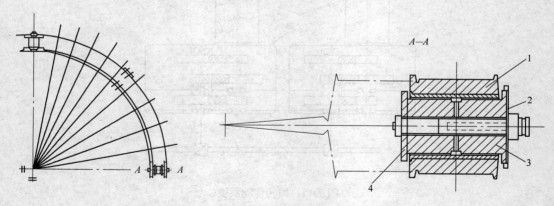

图 2-17　辊盘结构
1—滚子；2—外圈；3—轴；4—内圈

化钼的尼龙套，具有自润滑特点，安装时注油一次即可。但在风沙较大地区，工作一段时间后需通过轴 3 的中心孔加注黄油，并清除进入的尘土，防止辗伤尼龙套。与滚子接触的上下锥面滚道用压板、楔铁和螺栓分别固定在平台和大齿圈上。

中央枢轴的结构如图 2-18 所示，枢轴 4 与螺母 2 把平台 7 和行走底座 8 连接起来，集电环管 6 通过上下轴承套 1 支承在枢轴 4 中。手把 9 插入枢轴螺母 2 中，转动平台 7 可以调整枢轴螺母 2 与球面垫圈 3 的间隙，保证在 1.5～3mm 之间。

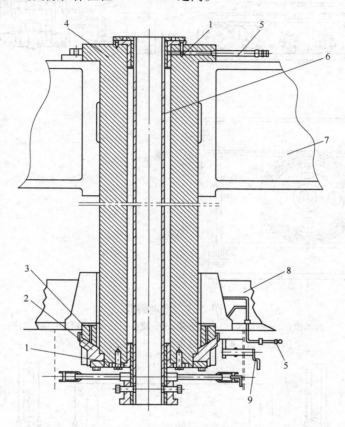

图 2-18　中央枢轴结构

1—上下轴承套；2—枢轴螺母；3—球面垫圈；4—枢轴；5—润滑油管；
6—集电环管；7—平台；8—行走底座；9—手把

润滑油管 5 连接在枢轴 4 上，压气管、高低压电缆均从枢轴 4 中心孔通过，高低压集电环及旋转气接头固定在枢轴上部。主低压集电环为一密封单独部件固定在平台上，运转安全可靠，维修方便。

2.1.2.3　行走装置

行走装置如图 2-19 所示，主要可分为底座、履带装置和传动系统三部分。履带装置由主动轮 2、张紧轮 6、托带轮 5、支重轮 3、履带 4 和履带架 7 组成。底座为箱形焊接件，上面装有大齿圈 9，中心镶焊着中央枢轴座。底座两侧通过凸缘及螺栓与左右履带架连接。履带架为箱形整体铸钢件，其后部箱体内有一对人字齿轮。底座的后部安装行走减速器 8、电动机 1 和离合器等传动装置。履带板为双凸块式箱形高锰钢铸件。履带主动轮采用双腹板结构的铸钢件。

图 2-20 所示为行走传动系统，由电动机 1 通过带制动轮的链式联轴器 2 驱动减速器 3，其输出轴经过牙嵌式离合器 4 带动履带减速箱 5 内的齿轮传动，驱动履带主动轮 6。离合器与

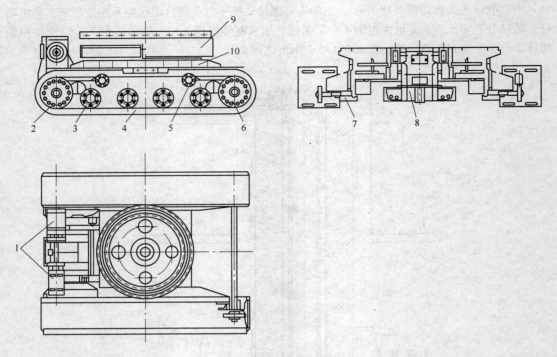

图 2-19　行走装置

1—电动机；2—主动轮；3—支重轮；4—履带；5—托带轮；6—张紧轮；
7—履带架；8—行走减速器；9—大齿圈；10—底座

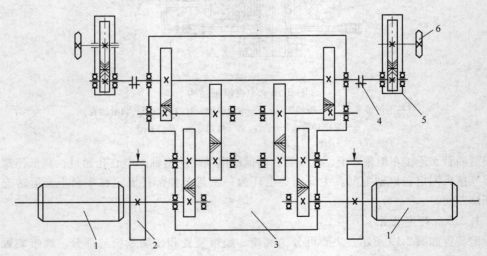

图 2-20　行走传动系统

1—电动机；2—带制动轮的链式联轴器；3—减速器；4—离合器；5—履带减速箱；6—履带主动轮

制动器均为电磁阀操纵、汽缸控制动作。

　　行走减速器为三级圆柱人字齿轮传动（图2-21），箱体分为上箱1、中箱2和下箱3三部分。在下箱内装有两个电加热器4，供冬天加热减速箱内润滑油用。该减速器采用独立的齿轮油泵强迫润滑。

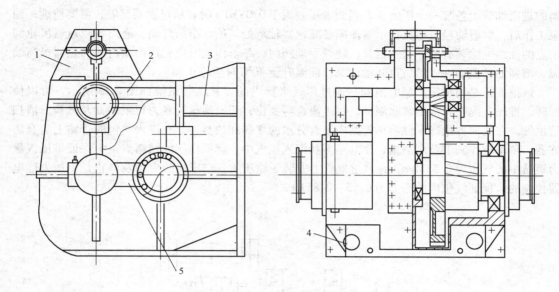

图 2-21　行走减速器
1—上箱；2—中箱；3—下箱；4—加热器；5—油箱

2.1.2.4　司机室、机棚及空调除尘装置

司机室采用隔热密封结构，两级除尘净化空气和室内温度调节系统改善了司机的工作环境。

机棚采用密封结构，尾部屋顶装有三个轴流式风机将空气抽入，经过三个叶片式除尘器，除尘效率达 60%。净化的空气在机棚内形成约 59Pa 的正压，可以防止机棚外的粉尘进入，同时也加强了对电动机等的散热效果。

司机室内装有一台空调器，从机棚内吸入空气，具有制冷、制热和产生负离子功能。其主要性能指标如下：

制冷量/kJ·h^{-1}　　　　　　12.552
　制热量/kW　　　　　　　　3
负离子浓度/个·cm^{-3}　　　3×100000（距出风口 0.5m）
风量/m^3·h^{-1}　　　　　　400～500
噪声/dB(A)　　　　　　　　60

2.1.2.5　润滑及压气系统

该挖掘机采用四种润滑方式，即油池润滑、自润滑、稀油集中润滑和人工注油润滑。

履带架后端减速箱采用油池稀油润滑。绷绳滑轮、托带轮、辊盘的滚子等处采用含二硫化钼尼龙套自润滑。推压齿条、推压鞍座，辊盘与上下滚道、天轮、履带张紧轮、支重轮、平台回转立轴轴承等处采用注油器注油润滑。

在左走台下部装有稀油集中润滑站，向提升、回转及推压减速器供润滑油，润滑系统如图 2-22 所示。过滤

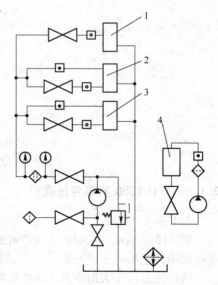

图 2-22　润滑系统
1—推压减速器；2—回转减速器；
3—提升减速器；4—行走减速器

器的进出油管上各装一个压力表，当两表压差大于 0.05MPa 时表示过滤器已脏，需要清洗。油泵工作后，润滑油经过油流指示器流向各减速器轴承处，油流指示灯亮。通向各减速器齿轮润滑点的油路上除装有给油指示器外，还设手动阀门，冬季作业时应先用油箱内的加热器提高油温，增强油的流动性，然后再开动油泵，油温升至 40℃ 时应停止加热。

该挖掘机是用按钮控制电磁阀、通过压气来操纵的，其压气系统如图 2-23 所示，可以使回转、推压、提升和行走解除制动，行走离合器换位，还向推压气囊力矩限制器及汽笛、清扫管供气。在通向各执行元件前，管路中装有分水滤气器和油雾器。在进入气包的管路上装有防冻器，冬季应注满工业用酒精，使其呈雾状混入压气中，降低压气的结露点。为保证推压气囊力矩器中的气压为 0.55MPa，在其进气管上安装了稳压阀。空压机的启动及停止是由压力继电器控制的，保证气包内的压力为 0.55～0.85MPa。

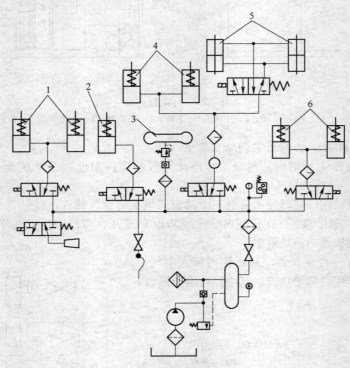

图 2-23　压气系统
1—回转制动缸；2—推压制动缸；3—气囊力矩限制器；
4—行走制动缸；5—行走离合器；6—提升制动缸

2.1.3　WD-1200 型单斗挖掘机

2.1.3.1　概述

WD-1200 型单斗挖掘机为可控硅励磁控制、发电机-电动机组供电的直流多电动机驱动的履带式钢绳推压的正铲挖掘机。

该机主要用于大型露天矿采挖已爆破的铁矿石、岩石和煤炭等矿物以及剥离土岩之用，也可用于大型水利建设等工地挖掘土石方工程。该机配有三种斗型，即：10m³ 铲斗主要用于铁矿石开采，采掘爆破的并夹有大块铁矿石及重砾石；12m³ 铲斗主要用于矿山剥离工作，采掘爆破好的夹泥土的重砾石；15m³ 铲斗则主要用于煤炭和土石方工程采掘。

该机是以美国 B-E 公司生产的 280-B 电铲为基础改进的产品。280-B 挖掘机的标准斗容为 11.5m³，挖掘铁矿石的斗容为 9.1m³。为满足我国矿山需求，适应我国矿岩物理性能，适当提高了提升力、推压力、电动机容量以及机械强度等参数。

该机于 1977 年试制投产，并于 1981 年试制它的长臂 6m³ 挖掘机 WD-600 型于 1982 年投入生产。

该机采用了空气滤清装置、自动集中润滑装置、恒温装置、稀油自动滴油装置、暖风装置和作业设备的结构形式，使其特别适应北方寒冷地带矿山要求。

2.1.3.2 工作装置

WD-1200 型挖掘机工作装置如图 2-24 所示，是由铲斗 1、悬架 2、斗杆 3、推压机构 4、开斗机构 5 所组成，主要技术参数见表 2-3。

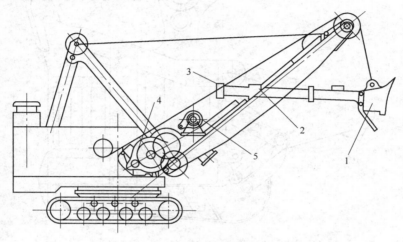

图 2-24 WD-1200 型挖掘机工作装置
1—铲斗；2—悬架；3—斗杆；4—推压机构；5—开斗机构

表 2-3 WD-1200 型机械式单斗挖掘机技术特征

名　　称	特征参数	名　　称	特征参数
铲斗容积/m³	10, 12, 15	机棚至地面高度/m	6.33
理论生产率/m³·h⁻¹	1290	司机水平视线至地面高度/m	5.86
动臂长度/m	15.3	配重箱底面至地面高度/m	2.0
最大挖掘半径/m	19.1	履带长度/m	8.025
最大挖掘高度/m	13.5	履带宽度/m	6.74
停机地面上最大挖掘半径/m	13.0	底架下部至地面最小高度/mm	450
最大卸载半径/m	17.0	回转90°时工作循环时间/s	28
最大卸载高度/m	8.3	最大提升力/kN	1150
挖掘深度/m	2.6	提升速度/m·s⁻¹	1.08
起重臂对停机平面的倾角/(°)	45	最大推压力/kN	690
顶部滑轮上缘至停机平面的距离/m	15.0	推压速度/m·s⁻¹	0.69
顶部滑轮外缘至回转中心的距离/m	14.45	接地比压/MPa	0.28
起重臂支角中心至回转中心的距离/m	2.905	最大爬坡能力/(°)	20
起重臂支角中心高度/m	3.36	行走速度/km·h⁻¹	1.22
机棚尾部回转半径/m	6.6	主电动机功率/kW	760
机棚宽度/m	6.48	整机重量/t	465
双脚支架顶部至停机平面的高度/m	11.15		

　　该机采用钢丝绳推压机构，斗杆为内插免扭圆斗杆。悬架为双梁整体的结构形式，铲斗与WD-400型挖掘机类似，为前后两个独立铸件用焊柱塞联结成斗体1（图2-25），斗体前缘装有6个可更换斗尖的斗齿2。斗体上方装有防过卷装置3，斗体下方有斗底4。防过卷装置用来悬吊铲斗，它与铲斗连接处采用万向铰，可随意转动以防止斗耳扭断。在斗底安装有开斗缓冲装置，以减少斗底开闭的冲击。

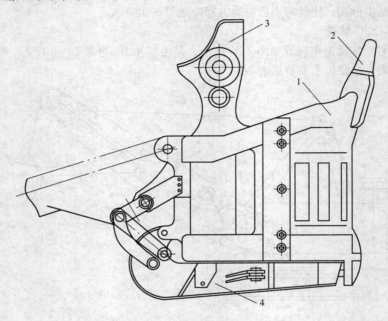

图 2-25　WD-1200 型挖掘机铲斗
1—斗体；2—斗齿；3—防过卷装置；4—斗底

　　斗杆如图2-26所示，斗杆2为空心圆截面锻件，它的前端焊有铲斗座5，铲斗座采用圆柱销和铲斗连接，斗杆后端装有推压缓冲器1，推压钢丝绳绕过缓冲器，通过缓冲垫推压斗杆缓冲器，承受和传递推压力。正常工作时，推压力小于缓冲垫预压力，缓冲垫不起作用，呈刚性推压。当大于额定推压力时，缓冲垫被压缩，大大缓冲了推压时的尖峰负荷，提高了元件寿命。扩张器3用来导向回拉钢丝绳和控制斗杆行程。回拉钢丝绳调整装置4用于承受回拉力和调整回拉绳。

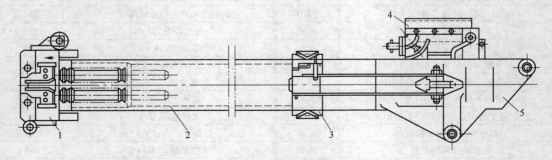

图 2-26　WD-1200 型挖掘机斗杆
1—推压缓冲器；2—斗杆；3—扩张器；4—调整装置；5—铲斗座

悬架如图 2-27 所示，悬架为整体一节，中间为空档，供斗杆伸缩之用，两侧为人行梯子及扶手，上部装有绕过提升钢丝绳的滑轮 1，下部与回转盘铰接，5 为防止铲斗碰击的缓冲器，中部装有推压轴和鞍座 2，斗杆在鞍座内可以前后移动，支架滑轮 3、4 用来导向推压、回拉钢丝绳。

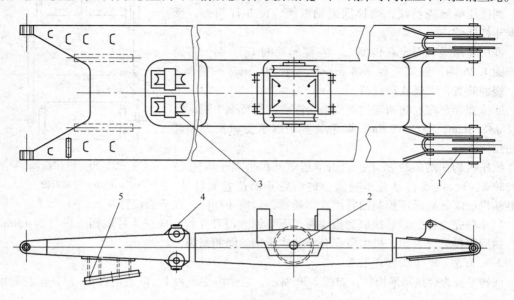

图 2-27　WD-1200 型挖掘机悬架
1—滑轮；2—推压轴和鞍座；3，4—支架滑轮；5—缓冲器

斗杆为中空锻件，前端装有铲斗，它的移动原理如图 2-28 所示，由推压系统传递动力，

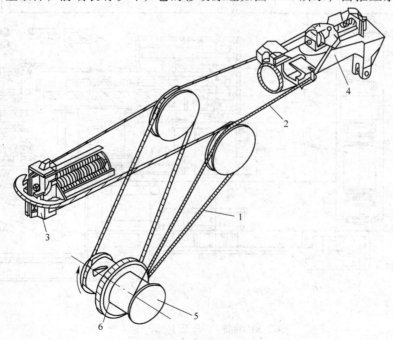

图 2-28　钢绳拉压系统
1—推压绳；2—拉回绳；3—平衡器；4—调整器；5—推压卷筒；6—大齿轮

经大齿轮 6 带动推压卷筒 5 转动，卷筒 5 上固定有推压绳 1 及拉回绳 2，推压绳绕经悬架滑轮及斗杆后端平衡器 3。拉回绳绕经悬架滑轮与斗杆前端调整器 4 相连，卷筒若顺时针方向转动，则推压绳缠绕卷筒，而拉回绳则放绳，使斗杆前伸，反转则斗杆回缩。

推压绳用绳卡固定在齿圈上，左侧缠死圈 1.77 圈，右侧缠死圈 1.26 圈，钢绳直径 ϕ48.5mm，绳长 40.5m。平衡器 3 为一缓冲装置，可吸收动载荷。

回拉绳固定在卷筒两端的绳楔上，固定端绕死圈 1 圈，绳直径 ϕ48.5mm，绳长 42.5m。调整装置用以承受回拉力和调整回拉钢绳。

推压机构如图 2-29 所示，它由推压电动机带动小齿轮 1，经齿轮 2、3、4、5 传动置于卷筒上的齿轮 6 而使卷筒转动。在电动机后端装有风压控制的常闭式制动器，以使斗杆停止在所需位置。

当斗杆完全推出紧靠扶柄套挡块时，不要继续提升斗杆，应使斗杆退回一段（约 150mm）后，然后再提升。否则，极大负荷会导致推压钢丝绳的断裂。

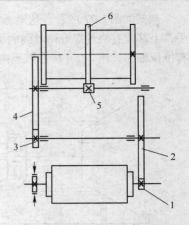

图 2-29　推压机构
1～6—传动齿轮

2.1.3.3　回转及行走装置

回转平台为焊接箱形构件，如图 2-30 所示，它是由主平台 1，两侧走台 4、14，左右配重箱

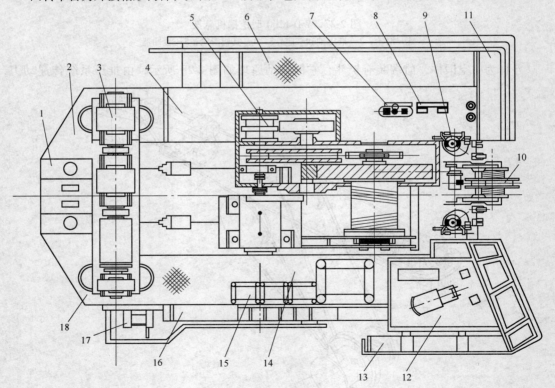

图 2-30　回转平台及上部行走装置
1—主平台；2，18—配重箱；3—发电机组；4，11，13，14—走台；5—提升与行走机构；6，16—梯；
7—空压机；8—自动集中润滑装置；9—回转机构；10—推压机构；12—司机室；15—电控箱；17—梯子

2、16 组成一个长约 10m，宽 6.48m 的平台。在平台前部安装有推压机构 10，前部两侧对称布置左右回转机构 9，平台中部为提升机构和行走机构，平台上部有提升与行走机构传动装置 5，平台后部为发动机组 3。在左走台 4 的前方为自动集中润滑装置 8 和供给风压的空压机 7。右走台 14 上并排布置四个电控箱 15，双脚支架立于主平台前后支座上。独立司机室 12 位于主平台右前端，在司机室四周均有人行走台 11，供上悬架和观察四周用，梯子 17 用于人员上下，其上端有一个电气行程开关，只有梯子拉上时机器才能工作，梯子在下边时机器不能工作。

在回转平台底部为圆弧形锥面轨道与圆锥形滚子，在行走装置上部也为圆弧形锥面轨道，这种机构可使滚子做纯滚动以提高回转效率。

该机的回转机构如图 2-31 所示，有两组相同的驱动装置，每组有 1 台立式电动机，通过斜齿轮 1、2、3、4、5、6 传动回转机构的小齿轮 7，围绕齿圈 8 回转，即实现回转平台的回转动作。在电动机上边有常闭式制动器。

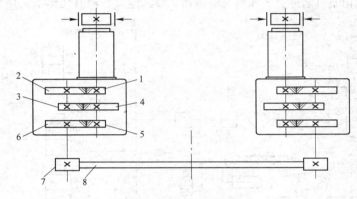

图 2-31 回转机构
1~7—齿轮；8—齿圈

提升机构和行走机构共用一台电动机，如图 2-32 所示，分别用两个气囊离合器传递动力，

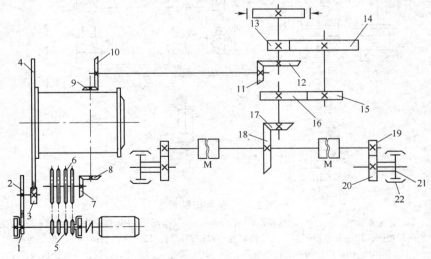

图 2-32 提升行走机构
1—带气囊离合器的人字小齿轮；2—人字大齿轮；3—小斜齿轮；4—大斜齿轮；5—带气囊
离合器的链轮；6—链轮；7~20—传动齿轮；21—主动链轮；22—履带；M—离合器

当提升机构工作时，提升气囊离合器结合，行走气囊离合器打开。由电动机经过提升气囊离合器、人字齿轮 1、2、斜齿轮 3、4 带动提升卷筒回转，完成提升和下放铲斗动作。提升制动器为常闭式带式制动器。

当行走气囊离合器结合时，提升气囊离合器打开。由电动机经行走气囊离合器，链轮 5、6，圆锥齿轮 7、8、9、10、11、12，直齿轮 13、14、15、16，圆锥齿轮 17、18，直齿轮 19、20，主动链轮 21 带动履带 22 运行。

离合器 M 由气动拨叉控制，它可使挖掘机在左右转弯，同时结合离合器 M 可使机器前进或后退（改变电动机转向）。

2.1.3.4　操纵系统及自动润滑装置

WD-1200 型挖掘机所有制动器用电磁阀控制，通过压缩空气打开，从而使各机构运转。压缩空气的操作系统如图 2-33 所示。由 7.5kW 电动机带动额定压力为 1.6MPa、排气量为 0.6m³/min 的双缸气泵，由空气防冻器 3 和空气滤清器 2 吸入空气，经其压缩后，压气经单向阀 4 送

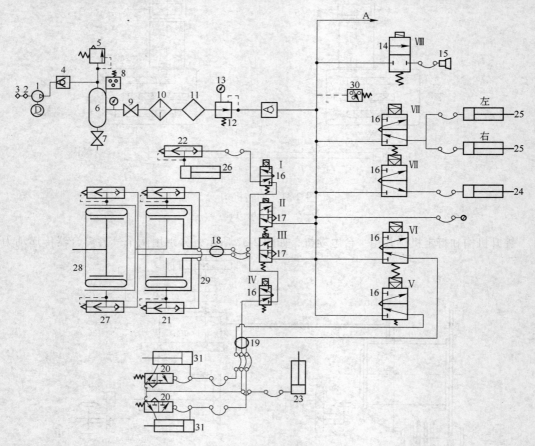

图 2-33　压气操纵系统

1—气压泵；2—空气滤清器；3—空气防冻器；4—单向阀；5—安全阀；6—风包；7—放水阀；8—压力继电器；
9—开关阀；10—分水滤气器；11—油雾器；12—调压阀；13—压力表；14—二位二通阀；
15—喇叭；16，17，20—二位三通阀；18，19—管路铰结点；21，22，27—快放阀；
23—行走制动缸；24—推压制动缸；25—回转制动缸；26—提升制动缸；28—行走
气囊离合器；29—提升气囊离合器；30—压力继电器；31—离合器；
Ⅰ～Ⅷ—二位三通电磁换向阀

入风包6，必须经常打开放水阀7泄放风包中的积水。安全阀5的调定压力为1.4MPa，压力继电器8使风包压力稳定在1.05~1.23MPa，若低于此范围启动空压机电动机，若高于此压力范围则关闭空压机电动机。空压机经分水滤气器10将压气中的水分及油污分离出来，再经油雾器11使压缩空气混入油雾，以使各个进风元件油润滑，调压阀12的调整压力为1.02MPa（即系统工作压力）。压力继电器30是系统安全操纵继电器，当系统压力调在0.92MPa时，将操纵电源接通，高于调整压力时将操纵电源切断。压气由二位三通常闭式和常开式电磁阀控制，可以分别送入提升、行走气囊离合器28、29和行走推压回转及提升机构制动器23、24、25、26。阀20为控制行走机构转弯离合器之用。阀21、22及27为快放阀，放气时使废气迅速排入大气，使动作准确迅速。二位二通阀14控制汽笛。

　　另有一路压气至集中润滑装置A。该装置如图2-34所示。控制盘1是由电源开关、时间继电器及润滑系统控制线路等组成。控制盘中的时间继电器，通过控制线路定时自动打开气动油泵电磁阀2。使压缩空气经气路组合件3进入气动油泵4，它将干油从贮油器10中吸出，经压力阀5一路进入行走润滑系统给油器7，将干油注入各润滑点，另一路经过工作装置润滑系统电磁阀6，然后进入给油器7，将干油注入各润滑点。当机器单独行走时，关闭阀6，只润滑行走系统。

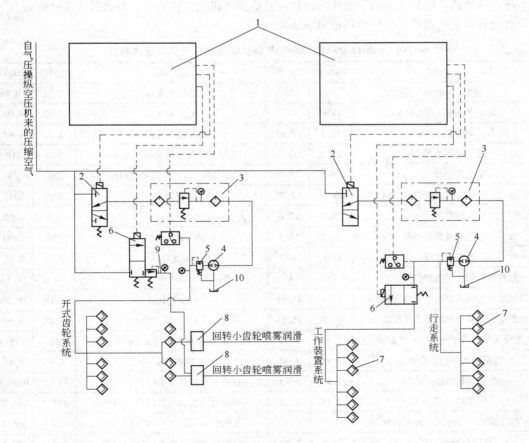

图2-34　WD-1200型挖掘机自动集中润滑系统原理图

1—控制盘；2—气动油泵电磁阀；3—气路组合件（分水滤气器、压力阀和油雾器）；4—气动油泵；
5，9—压力阀；6—工作装置润滑系统电磁阀；7—给油器；8—喷嘴；10—贮存器

开式齿轮润滑系统与工作装置的系统基本相同，所不同的是回转小齿轮采用油雾润滑，在喷嘴 8 中通入压气，将干油变成雾状吹到回转小齿轮的表面，这样，就需要增加一套压气管路，以得到满意的润滑效果。

由于挖掘机工作装置和行走机构使用情况不同，它们所需注油量也不同。因此装有时间继电器，控制注油时间。

主供电路中有一定的油压限制，当油压超过额定油压时，压力阀 5 就要回油，卸掉油路中一部分压力，而使油路中压力基本保持定值。天气寒冷时，油流阻力大，可以调节压力阀改变油路中压力，使油流畅无阻。系统中装有安全装置，如时间继电器在调定时间内不起作用，油路中压力不足、无润滑油等，均可发出警告信号。

2.1.4　P&H2300XP 与 2800XP 型单斗挖掘机

2.1.4.1　概述

美国 P&H 公司生产的齿条推压式单斗挖掘机，以 2300 型和 2800 型挖掘机具有代表性，前者额定斗容为 17m³，与 136.08～154.224t 卡车配合使用，后者为 23m³，与 181.44～226.80t 卡车配合使用，它们都是由可控制系统把交流电变成直流电，以直流电动机驱动提升、回转、推压、行走机构的。这样就取消了交流电动机和直流发电机组，使效率、寿命和可靠性提高。

这两种形式挖掘机主要技术特征见表 2-4。

表 2-4　P&H2300XP、2800XP 型机械式单斗挖掘机技术特征

名　称	2300XP	2800XP	名　称	2300XP	2800XP
铲斗容积/m³	16	23	履带长度/m	8.71	10.16
理论生产率/m³·h⁻¹	1800	3200	履带宽度/m	7.92	9.04
动臂长度/m	15.2	17.68	标准履带板宽/m	1.22	1.43
最大挖掘半径/m	20.7	23.7	底架下部至地面最小高度/mm	640	710
最大挖掘高度/m	15.5	18.2	回转90°时工作循环时间/s	28	28
停机地面上最大挖掘半径/m	15.27	14.99	最大提升力/kN	1580	2080
最大卸载半径/m	18.0	20.6	提升速度/m·s⁻¹	1.0	0.95
最大卸载高度/m	10.3	11.3	最大推压力/kN	950	1300
挖掘深度/m	3.5	4.0	推压速度/m·s⁻¹	0.70	0.65
起重臂对停机平面的倾角/(°)	45	45	停机面上最大清底半径/m	14.6	14.45
顶部滑轮上缘至停机平面的距离/m	15.9	16.84	斗杆有效长度/m	9.19	10.36
顶部滑轮外缘至回转中心的距离/m	15.27	15.93	接地比压/MPa	0.29	0.29
起重臂支角中心到回转中心的距离/m	3.35	3.91	最大爬坡能力/km·h⁻¹	16	16
起重臂支角中心高度/m	3.99	4.44	行走速度/km·h⁻¹	1.45	1.43
机棚尾部回转半径/m	7.92	8.43	提升电动机总功率(475V)/kW	847.5	1059.3
机棚宽度/m	8.53	8.53	回转电动机总功率(475V)/kW	332.7	514.7
双脚支架顶部至停机平面的高度/m	11.25	12.01	推压电动机总功率(475V)/kW	196.9	266.3
机棚至地面高度/m	7.34	7.84	行走电动机总功率(475V)/kW	272.3	359.5
司机水平视线至地面高度/m	7.85	7.8	主电动机功率/kW	700	2×700
配重箱底面至地面高度/m	2.24	2.46	整机重量/t	621	851

　　1981年以后该机型改为2800XP和2300XP，其主要变动为将单电动机行走驱动改为双电动机行走驱动；将电枢可控硅用油冷却改为用空气冷却，这样可避免油管连接处的漏油，其他尚有许多改进。2800XP型挖掘机分为三部分，即工作装置1、回转装置2和行走装置3，如图2-35所示。

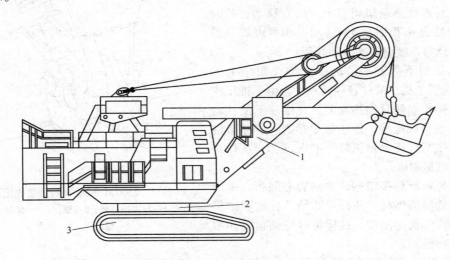

图 2-35　2300XP 型挖掘机
1—工作装置；2—回转装置；3—行走装置

2.1.4.2　工作装置

　　工作装置是由悬架、斗杆、铲斗、传动机构所组成。固定于悬架上的四根钢丝绳与能在水平垂直面转动的平衡器相连，该平衡器与置于回转盘上的支承架连接。这样可使四根钢丝绳受力均衡（图2-35）。

　　悬架如图2-36所示，全部为焊接结构。它具有大的断面模数和良好的抗扭刚度。有足够大的质量，以免铲斗插入土岩挖掘时，使悬架抬起。悬架外壳板使用高强度合金钢板。沿悬架全长用许多隔板增强抗弯能力。

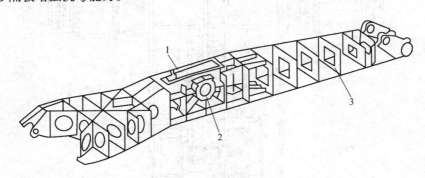

图 2-36　悬架结构
1—推压齿轮减速器壳；2—推压轴套；3—隔板

　　另外在悬架侧边角焊的耐磨肋（合金钢），它沿悬架边长置放，既增加了悬架断面模数也降低了结构质量；它还使斗杆侧面受到支承，减少推压轴的边负荷，还可以代替悬架外壳承受斗杆的磨损，并便于更换。

悬架与回转盘的联结如图 2-37 所示。悬架根部为内凹形与球面滚柱轴 1 相接触，用螺钉 2、螺母 3 经相间的钢盘 5 与橡胶盘 4 将悬架与回转盘耳座相连。

这种装置可使悬架朝前上方略有移动，并同时压缩橡胶盘 4 和钢盘 5。移动大小可由螺母预紧。这样就可以吸收悬架的动载荷。

在悬架的下部有一凸起的托架（图中未标出），它和置于机房的柱塞相接触，当由于推压或提升错误操作而使悬架抬起时，托架压下使柱塞关闭推压电动机电源，停止悬架抬起；若悬架继续上抬，柱塞可使挖掘机停车开关动作，从而避免悬架与机房相碰。

斗杆为箱形焊接结构，中间置有隔板，采用高强度耐低温的钢板。斗杆及联结斗杆的联结梁部具有很大的抗扭刚度，这样可以挖掘很硬和偏心放置的物料。

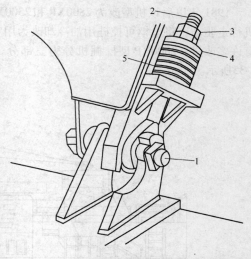

图 2-37　2300XP 型挖掘机悬架固定装置
1—球面滚柱轴；2—螺钉；3—螺母；
4—橡胶盘；5—钢盘

推压机构的传动如图 2-38 所示。电动机 1 经三角皮带 2 传动至减速器齿轮 3、4、5、6；然后传动推压齿轮 7，与斗杆上齿条啮合带动斗杆动作。减速器内的三个大齿轮 4、6 都安装在具

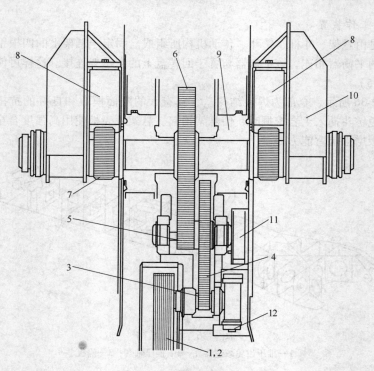

图 2-38　2300XP 型挖掘机推压机构
1—电动机；2—三角皮带；3～6—齿轮；7—推压齿轮；8—斗杆；9—推压轴；
10—扶柄；11—斗杆行程限位开关；12—风动推压制动器

有渐开线齿形的花键轴上。所有齿轮的齿经过表面硬化处理，齿内部韧性好，齿形经过精密整形研磨。减速器内齿轮为稀油润滑。在第一级减速齿轮轴上，装有电磁阀操纵的风动推压制动器12，在第二级减速齿轮轴上装有斗杆行程限位开关11，以防斗杆过位。

皮带驱动装置可以保护电动机过载，并使传动机件减少动载荷，以增强机件的使用寿命。

推压机构的电动机置于悬架铰链基础上，可用液压手动泵使其移动，借以调整皮带拉力，保持电动机有适当的功率传至斗杆，调整完后用锁紧螺钉将电动机固定。

推压机构制动器如图2-39所示，当汽缸4进气时，通过螺杆6将弹簧5压缩，并同时使杠杆2的闸瓦3打开而松闸，杠杆2另一端以支架1为支点。当汽缸不进气时，弹簧力使两杠杆收紧而抱紧制动轮。"A"处的调节螺母可使弹簧预压力改变，即可调节制动闸瓦。

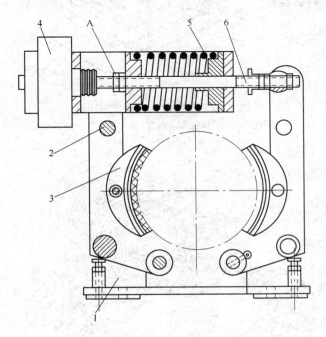

图 2-39　2300XP 型挖掘机推压制动器

1—支架；2—杠杆；3—闸瓦；4—汽缸；5—弹簧；6—螺杆

2.1.4.3　回转装置

如图2-40所示，在焊接的箱形结构的回转盘上装有双电动机驱动的提升机构、单电动机驱动的回转传动机构、空压机、司机室、悬架、支承悬架的双腿立柱及电气装置等。

提升机构传动装置如图2-41所示，由双直流电动机传动轴1分别经减速斜齿轮2、3及正齿轮4传动提升卷筒的大齿轮5，带动提升卷筒转动，使提升钢绳曳引铲斗提升或下放。所有传动齿轮都经过齿面硬化处理、齿面研磨，齿侧间隙小，这样可以减少啮合齿的冲击载荷，更好地适应提升铲斗时快速地加、减速度，反向运行。

卷筒上的大齿轮5为一大齿圈，固定在卷筒上，齿圈磨损后可以反向使用。

减速箱体为焊接壳体，并用焊接肋加强刚度，箱体用定位销和螺钉与铣切过的底座（回转盘）相连。

各齿轮及滚动轴承皆由专门油泵将稀油过滤后强迫润滑，这样可以增加齿轮和轴承的寿命。

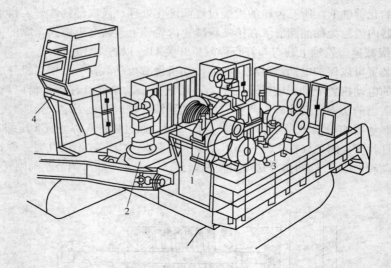

图 2-40 2300XP 型挖掘机回转盘

1—提升机构；2—回转传动机构；3—空压机；4—司机室

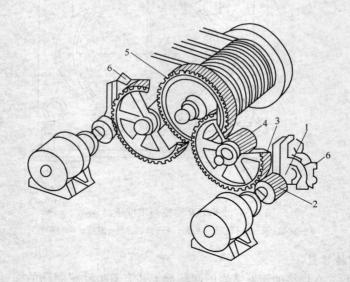

图 2-41 2300XP 型挖掘机提升机构

1—电动机轴；2，3—斜齿轮；4—正齿轮；5—大齿轮；6—提升机构制动器

采用双电动机驱动可比相同功率单电动机驱动有较小的飞轮惯性矩，有很好的快速反应特征，这样可以减少机械的启动加速和减速时间，缩短循环时间，使铲斗有较好的满斗率。

提升机构制动器安装在提升电动机轴上，其结构如图 2-42 所示，其动作原理同推压制动器。

回转盘转动的传动装置如图 2-43 所示。在转盘的前部和后部各安装一套完全相同的传动，这样转矩大，减少加速和减速时间。在每个电动机上有压气释放、弹簧制动的制动器 7。

电动机经减速齿轮 1~5 与底座齿圈 6 啮合。

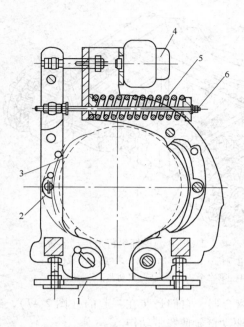

图 2-42 2300XP 型挖掘机提升制动器

1—支架；2—杠杆；3—闸瓦；

4—汽缸；5—弹簧；6—螺杆

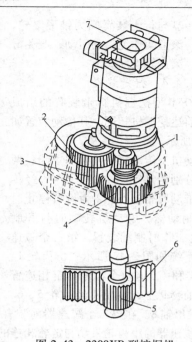

图 2-43 2300XP 型挖掘机

回转机构传动装置

1—电动机轴齿轮；2~5—大齿轮；6—齿圈；7—制动器

这种回转传动装置的一个特点（图 2-44），就是与大齿圈相啮合的齿轮 2 的轴 1 不是通常的悬臂机构，而是在回转盘的外伸端装有轴承 3，这样减少了轴的悬臂变形，并使啮合齿面有良好的接触。回转轴和小齿轮做成一体，可以从转盘下部取下，这样可以不必拆卸减速箱和放油，便于维修。

回转制动器如图 2-45 所示，其结构与推压制动器相似，工作原理同推压制动器。

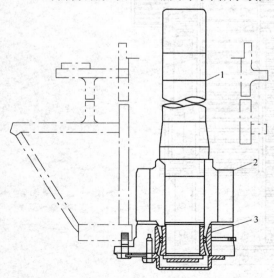

图 2-44 2300XP 型挖掘机回转机构传动轴

1—回转小齿轮的轴；2—小齿轮；3—支承轴承

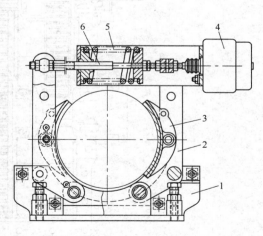

图 2-45 2300XP 型挖掘机回转制动器

1—支架；2—杠杆；3—闸瓦；

4—汽缸；5—弹簧；6—螺杆

　　回转盘与行走装置间为锥形滚轮，使滚轮与滚道间作纯滚动运动，避免滑动摩擦。滚盘靠喷油润滑。

2.1.4.4　行走装置

　　2300XP 型挖掘机行走装置的组成部分与前述挖掘机相同。其传动装置如图 2-46 所示。

　　电动机 1 传动第一个减速器 3；两边出轴分别传动第二个减速器 4，经传动链轮带动履带运行。2 为机器停止时常闭式制动器，电动机转动时打开制动，5 为工作时制动装置。第一个减速器传动系统如图 2-47 所示，由齿轮 1、2 传至 3 和 4，这两个齿轮固定相连置于一个轴套 9 上，齿轮 4 经齿轮 5、6、7 传至输出轴 8。在第二个减速器前装有制动器和离合器，它们是装在一起的（图 2-47），经第二个减速器的小齿轮带动与链轮相连的大齿轮，驱动链轮使履带动作。

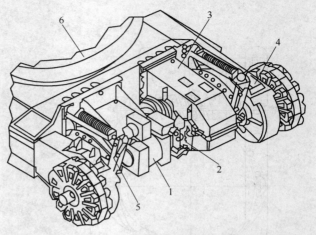

图 2-46　2300XP 型挖掘机行走传动装置
1—电动机；2—停车制动器；3—第一个减速器；
4—第二个减速器；5—制动器；6—机体

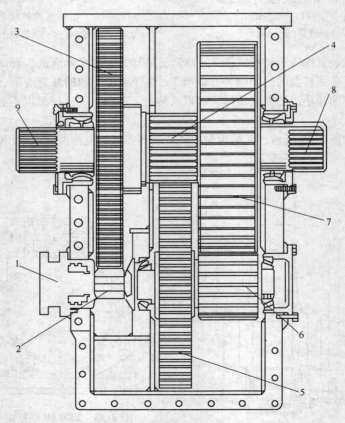

图 2-47　2300XP 型挖掘机行走机构减速器
1—动力输入轴；2~7—齿轮；8—动力输出轴；9—轴套

图 2-48 所示为接合第一个减速器输出轴 1 的
位置，拨爪 3 滑装于 V 形槽轮 2 上，使第一和第
二个减速器相连。V 形槽轮亦为制动闸轮，借气
压传动松闸，靠弹簧制动，由螺母 4 调节弹簧
力。螺母 5 调节闸瓦间隙。这种制动器闸轮宽度
小，接触面积大，制动力矩大，对中性好，工作
可靠。

离合器与制动器的操纵系统如图 2-49 所示，
气缸 1 的活塞回缩，压缩弹簧 2，杠杆使拨爪 3
处于接合位置。此时，制动器松闸。若操纵一个
气缸活塞回缩，另一气缸活塞外伸，则使一条履
带传动装置接合，制动器松闸，而另一条履带传
动装置脱开，制动器制动，可使一条履带传动转
弯。但两条履带传动装置中的拨爪不能同时脱开
以免失去控制，这由机械杠杆 5 和电气闭锁装置
6 来保证。

2.1.4.5　控制装置

A　气动系统

气动系统用于控制提升、回转、推压、行走
制动器和行走转向机构，同时也用来操纵自动润
滑系统，如图 2-50 所示。

由电动机驱动的空气压缩机 2，将经过滤器
1 的空气压入风包 3，另有一管子接回到空压机
的调节器，当储气罐中压力达到 1.2MPa 时，调
节器将空压机的出口关闭。当储气罐中压力降到
1MPa 时，调节器使空压机工作，以保持所要求的压力。

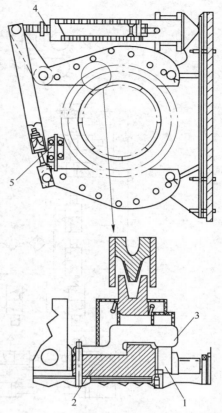

图 2-48　2300XP 型挖掘机行走
机构离合器与制动器

1—第一个减速器输出轴；2—V 形槽轮；
3—拨爪；4，5—螺母

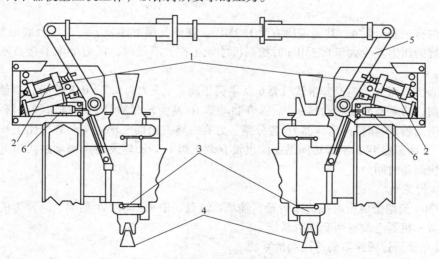

图 2-49　2300XP 型挖掘机行走装置离合器操纵系统

1—气缸；2—弹簧；3—拨爪；4—制动闸瓦；5—杠杆；6—电气闭锁

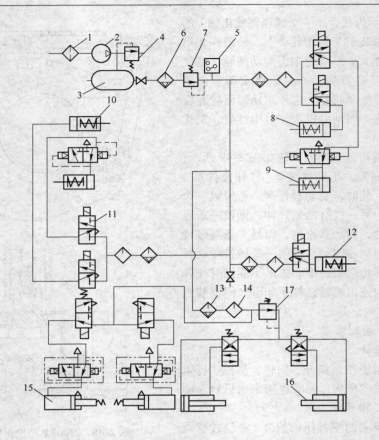

图 2-50　2300XP 型挖掘机气动系统示意图

1—过滤器；2—空气压缩机；3—风包；4—安全阀；5—压力继电器；6, 13—分水滤气器；7—主调压阀；
8—前提升制动器；9—前提升回转制动器；10—后提升制动器；11—后提升回转制动器；
12—推压制动器；14—油雾器；15—行走制动器；16—转向离合器；17—调压器

　　系统内有一安全阀 4，其调定压力为 1.9MPa。在储气罐上还装了一个压力继电器 5，以保证气动系统的压力至少大于 0.7MPa 时挖掘机才能工作。不足时，压力继电器接点断开，机器不能工作。

　　储气罐出口压气，先经分水滤气器 6 及主调压阀 7（压力为 0.7~0.8MPa），供给上部平台上的前提制动器 8 及回转制动器 9、后提升制动器 10 及回转制动器 11、推压制动器 12 以及下部的行走制动器 15 和转向离合器 16 各分路。另有一路去辅助气动绞车。各分路上均设有分水滤气器 13 及油雾器 14，下部转向系统前也设有调压阀 17。回转及行走制动缸入口处装有快泄阀，以加快制动时间。

　　B　润滑系统

　　P&H2300 型挖掘机所有减速箱齿轮、轴承、滚盘、中央枢轴、A 型架、悬臂等的润滑都采用集中润滑。机器上设有两套润滑系统。

　　a　提升及回转减速器的稀油润滑系统

　　如图 2-51 所示，由电动机带动的油泵 1（排量 151L/min）从油箱 2 吸油，分别供提升减速器 3 及回转减速器 4 进行喷油润滑。回转减速器中设有压力继电器，当系统压力低于 34.5kPa 时，

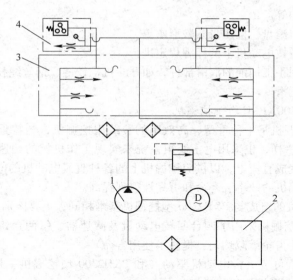

图 2-51　2300XP 型挖掘机提升、回转减速器润滑系统
1—油泵；2—油箱；3—提升减速器；4—回转减速器

靠压力继电器切断电源并在 30s 后停机。系统压力由安全阀调定（调定压力为 0.7MPa）。

　　b　自动集中润滑系统

　　挖掘机前左侧装了一套自动集中润滑系统，供上机架、下机架以及挖掘机工作装置大部分润滑脂部位润滑；同时也向推压齿轮、齿条、回转齿轮及滚盘提供稀油润滑。挖掘时，由定时器控制每隔 45～60min，所有润滑部位润滑一次。当挖掘机行走时，对下机架的润滑脂加油次数要增加，但对上机架及工作装置的加油次数仍和挖掘时相同。具体加油时间间隔，应根据工作条件及气候条件而定。

　　自动集中润滑系统的组成原理如图 2-52 所示。利用气动系统的压气机来控制及驱动上机架油脂泵、下机架油脂泵及润滑油泵。加油时间间隔由定时器控制。

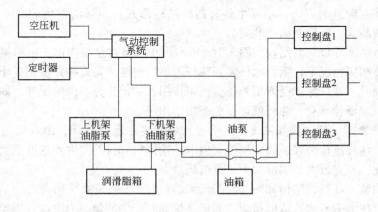

图 2-52　2300XP 型挖掘机自动集中润滑系统

　　上机架润滑脂经控制盘 1 分配润滑的部位有中央枢轴、提升、回装、推压减速器轴承、悬架支承架的销轴和均衡轮等。

　　下机架润滑脂经控制盘 2 分配润滑的部位有履带行走装置传动部的轴承、履带架上导轮、支重轮轴承、转向机构等。

稀油泵润滑部位有滚盘、推压齿条鞍形座等。

各电动机的润滑应按电动机上的标牌规定进行。

此外，尚有一些用手工加油的润滑部件，如开斗机构铰链、钢丝绳托滚、钢丝绳等，应按机器说明书规定进行润滑。

2.1.4.6　P&H2800XP 型单斗挖掘机

P&H2800XP 型挖掘机是一种重型、高效率的装载用挖掘机，与特重型卡车配套使用。和P&H2300XP 型挖掘机一样，也采用电子变矩系统来实现工作机械的调速和控制。即采用可控硅固态电路把交流电变成直流电，以供应挖掘机上的各种直流电动机的电枢和磁场，从而来控制其速度。因此，挖掘机的效率、寿命和可靠性得到提高。

P&H2800 型挖掘机的组成与 P&H2300 型挖掘机基本相同，主要区别是：

（1）P&H2800 型挖掘机采用了四台回转电动机及减速器，每两台组成一套，分别布置在回转平台的前后侧，使齿轮承载均匀，提高了使用寿命。

（2）履带行走装置可装一台电动机驱动（和 P&H2300 型挖掘机一样），也可以装两台电动机驱动（和 P&H5700 型挖掘机一样）。

（3）采用两台空气压缩机，气动系统及润滑系统基本相同，该挖掘机回转平台设备布置如图 2-53 所示。

2.1.5　主要机构分析

2.1.5.1　正铲挖掘工作装置

A　斗杆

斗杆是连接和支承铲斗，并将推压力传给铲斗，在推压和提升力的联合作用下完成挖掘土岩的动作。

现代挖掘机中，斗杆大多用钢板或型钢焊接而成，其断面形状多为矩形，斗杆截面内部每隔 1~1.5m 焊有隔板，也有用钢板焊成或无缝钢管制成的圆形断面。斗杆用钢板铆接或用螺钉连接或断面中间充填木料，目前已少见。

按与悬架相互配置的不同，斗杆主要有四种结构形式：矩形断面内装式、矩形断面外装式、圆形断面内装式、圆形断面外装式。

矩形断面内装式斗杆，其结构如图 2-54a 所示，斗杆装在悬架内部，由单梁组成，结构简单。在斗杆长度相同情况下，重力比外装式斗杆为小，但悬架要大些，多用于小型挖掘机。若铲斗为单滑轮提升，斗杆除承受弯矩外还受扭矩作用。若铲斗为双滑轮提升，如图 2-54c 所示，挖掘时的扭力由双滑轮承受，斗杆就可以免受扭矩作用。

矩形断面外装式，其结构如图 2-54b 所示，斗杆装在悬架外面，由双梁组成，斗杆刚度大，推压有力，斗杆抗扭力强，故多用于大型采矿挖掘机。目前国内外挖掘机大多采用。但与内装式斗杆相比，质量较大，相应加大了整机质量。

圆形断面内装式斗杆，结构如图 2-54c 所示，斗杆可在悬架的扶柄套内转动，因此不承受因铲斗挖掘时产生的偏心力造成的扭矩。而铲斗挖掘时产生的偏心力由提升钢丝绳承受，这样斗杆重力可以显著减轻，适用于大型挖掘机。

圆形断面外装式斗杆和矩形断面外装式特点相似，重力有所减小，但工艺要求复杂。目前使用得不多。

B　悬架

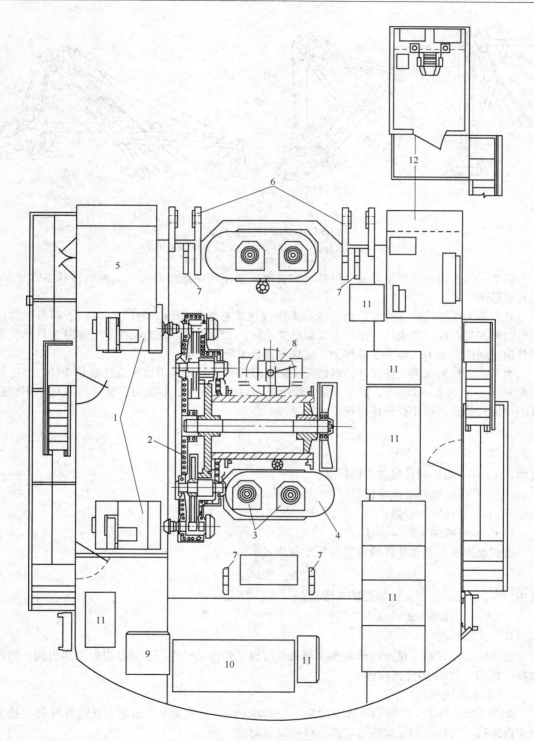

图 2-53 P&H2800XP 型挖掘机回转盘

1—提升电动机；2—提升减速器；3—回转电动机；4—回转减速器；5—空压机和润滑室；6—悬架支承座；
7—立柱耳座；8—回转枢轴；9—高压柜；10—主变压器；11—变配电柜箱；12—司机室

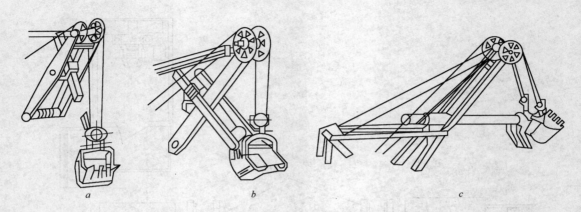

图 2-54　斗杆主要类型

a—矩形内装式；*b*—矩形外装式；*c*—圆形内装式

悬架一般由钢板或型钢焊成，材料可用普通碳素结构钢或低合金钢。截面形状多为矩形，也有圆形的。

悬架多为整体结构，大型挖掘机也有采用铰接式悬架（如图 2-54*c* 所示），下部悬架靠拉杆与两脚支架相连，形成一个刚性支架以承受斗杆及上悬架传下来的载荷。上部悬架只承受由提升钢丝绳传来的力，不承受推压力，这样可使悬架重力减小。

为了扩大挖掘机的工作尺寸，以适应上装车等需要，有时采用加长的悬架和斗杆。当加长不大时（小于 20% ~ 25%），铲斗容量一般可以不减少。如加长较大时，铲斗容量应作相应的减小，加长的动臂或斗杆长度，按下式计算

$$L_{长} = L \sqrt{\frac{V}{V_{小}}}$$

式中　　$L_{长}$——加长的悬架或斗杆长度；

　　　　L——标准悬架或斗杆长度；

　　　　V——标准斗容量；

　　　　$V_{小}$——减少了的斗容量。

正铲挖掘机悬架和斗杆的质量可按经验公式求出

$$G_{悬} = kG_{斗}$$

式中　　$G_{悬}$——带有提梁的标准铲斗质量；

　　　　k——经验系数，见表 2-5。

C　推压机构

现代矿用挖掘机，推压机构基本上都是采用独立式传动机构，主要有齿条推压机构、钢丝绳推压机构、曲柄-摇杆机构等。

a　齿条推压机构

如图 2-55*a* 所示，由传动系统经齿轮 1，带动斗杆 3 上的齿条 2 运动，此时斗杆插在扶柄套 4 内运行。齿轮 1 的正反转可驱动斗杆往复运动。

齿条推压机构为刚性运动，工作可靠，清根性好，维护比较容易。一般只要 3 级左右传动就可以从电动机传递动力至齿条，故其结构简单。齿轮、齿条寿命并不高，但其维修更换方便。但由于推压机构减速器和电动机多装在悬架中部，所以它们的重力和推压力都作用在悬架

上，要求悬架要有足够的强度，增加其重力并增加了挖掘机回转盘的转动惯量。又由于齿条推压机构为刚性推压，因此工作中动载荷比较大。

表 2-5　正铲悬架或斗杆质量的系数 k

挖掘机的类别	参数名称	斗杆形式				
		内斗杆				外斗杆
		单梁		双梁		双梁
		卸除扭矩（动臂由卸除弯矩的二节梁组成）	没有卸除扭矩	没有卸除扭矩	卸除扭矩	没有卸除扭矩
建筑型	斗柄	—	0.4～0.45	0.7～0.9	—	0.6～0.7
	动臂	—	1.35～1.4	1.45～1.5	—	1.25～1.3
	总量	—	1.75～1.85	2.15～2.4	—	1.85～2
采矿型	斗柄	0.4～0.45	0.45～0.50	0.8～1.0	—	0.6～0.8
	动臂	1.2～1.4	1.45～1.6	1.55～1.7	—	1.35～1.4
	总量	1.6～1.85	1.85～2.1	2.35～2.7	—	1.95～2.2
剥离型	斗柄	0.7～0.75	—	—	1～1.2	0.9～1.1
	动臂	2.7～2.9	—	—	4.1～4.3	3.8～4.1
	总量	3.4～3.65	—	—	5.1～5.5	4.7～5.2

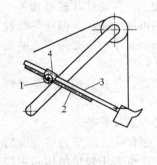 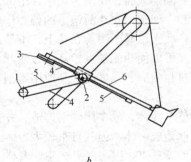 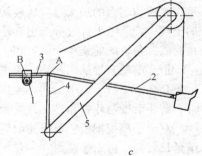

图 2-55　推压机构简图

a—齿条推压机构；b—钢绳推压机构；c—曲柄-摇杆推压机构

美国 P&H-2100BL 型挖掘机上采用在电动机轴上安装三角皮带，经三角皮带传动二级减速器，再经推压齿轮至齿条。传动皮带对推压电动机起保护作用（过载打滑），同时也减少推压机构的动载荷。取得了一定效果。由于这种推压机构的优点显著，因此广泛采用。国产 WD-400、WD-2000 型挖掘机都是采用这种机构。

　　b　钢丝绳推压机构

如图 2-55b 所示，其工作原理可见 WD-1200 型挖掘机的工作机构。

钢丝绳推压机构结构简单，传动部件可装在回转平台上，对悬架不产生惯性矩，故使悬架重力降低，并减小了回转盘的转动惯量，可以提高生产率。

由于钢丝绳是挠性件，可以吸收动载荷，起到缓冲作用，提高了机器使用寿命。

但这种机构操作较困难，推压钢丝绳价格较贵，若使用不当则其寿命短，更换钢丝绳费时，易降低机器使用率。

钢丝绳推压机构在剥离型挖掘机上应用较多，目前在采矿型挖掘机上也有广泛应用的趋势。

美国 B-E 公司是主要生产钢丝绳推压机构厂家。该公司的 295-B 挖掘机将斗杆后部固定的半滑轮改进成转动的整体滑轮，进一步提高了钢丝绳寿命。

前苏联 ЭКГ-12.5 型挖掘机在斗杆后部采用橡胶缓冲装置，亦取得较好的结果。

c　曲柄-摇杆推压机构

如图 2-55c 所示，推压齿轮 1 安装在回转平台的双脚支架上，与推杆 3 下部的齿条啮合，推杆置于扶柄套 B 中。斗杆 2、推杆 3、摇齿轮 1 转动时，使斗杆推压和返回。

由于悬架不承受推压机构的载荷，使悬架机构简化，重力减小，另外，推压机构安装在回转平台上，回转盘转动惯量小，可提高挖掘机生产率。

ЭВГ-15 型挖掘机就是采用这种结构，该机主要用于剥离。

D　铲斗

铲斗是直接用来挖掘、收集、搬移和卸出物料的。铲斗在工作中不但承受很大载荷而且还受到剧烈的磨损。所以铲斗结构和材料的选取对挖掘机的生产率和工作可靠性有很大影响。

对铲斗的要求是：尽量减小铲斗重力，但要保证有足够的刚度和强度，铲斗结构要使挖掘阻力小，卸载方便；尽量减小铲斗和斗齿的磨损，易于更换斗齿。

铲斗的结构可如图 2-4、图 2-25 所示，一般铲斗的形状接近正方体，具有敞开的上部和可开启的斗底。为便于卸载，铲斗内部常制成上小下大。斗壁四周有圆角，以免土壤黏结在斗上。斗的前壁向上和向前凸出，以便于装满斗和减少斗前壁和工作面的磨损。在切削硬土时，中部齿可比两旁齿多凸一些，以便在刚切入时，切削力集中在中部齿上，因而使斗较易切入土壤，并使切削力的加大过程比较缓和，切削力在斗前壁上的偏心作用可能性减小。但在黏结性的土壤中，前壁上部过分凸出会使一些土壤易于附着在斗上，不易卸出。斗的后壁与斗底的夹角要成钝角，既能避免无效容积，又可以使斗底铰点抬高，方便开斗。

铲斗前壁直接插入料堆，要求材料耐磨，强度高，一般用锰钢铸造，并在其切削部位堆焊硬质合金。

铲斗后壁与斗杆相连，并支承整个斗体，故多用碳钢铸造，并铸有加强筋条。

对于小型挖掘机，可以使前后壁铸成一体，但其自重较大。而大型铲斗，采用铸造的前后壁延长两侧，再用基柱焊在一起，如 WD-400 型挖掘机铲斗。大型铲斗也有用焊接结构和用轻金属（硬铝合金）的，外面包以合金钢板的铲斗，以减轻铲斗自重。

斗的前端有斗齿，它可以减少挖掘阻力。试验表明，装有斗齿时，挖掘黏土和岩石，挖掘阻力可减少 6% ~ 15%，个别情况可达 25%。

斗齿的形状是多种多样的，应根据挖掘物料的物理、机械性质正确选择，常用斗齿形状如图 2-56 所示。图 2-56a、图 2-56b 所示的斗齿尾部较长，可保护斗前壁，图 2-56a 只能单面使用而图 2-56b 齿体和齿帽用螺钉联结，齿帽可以单独更换并且磨损后可以翻转使用，可用于大型挖掘机的铲斗中。图 2-56c 所示为可更换的齿帽，磨损后亦可翻转使用，多用于小型挖掘机中。图 2-56d 所示的齿帽也可翻转使用，多用于铲取岩石。

斗齿是磨损严重的易损件，通常用耐磨材料铸造。磨损后用硬质合金焊条补焊。斗齿一般多采用高锰钢。

正铲斗与斗杆的固接如图 2-57 所示，其尺寸见本节所附两表。斗杆固定在斗后壁上缘，会使卸载高度和挖掘高度减小，但斗的受力情况较好，因为斗上的载荷差不多全部由斗的上缘承受。布置斗底开启机构比较方便。当斗与斗杆刚度较弱时，则斗杆多装在斗后壁的上缘，如

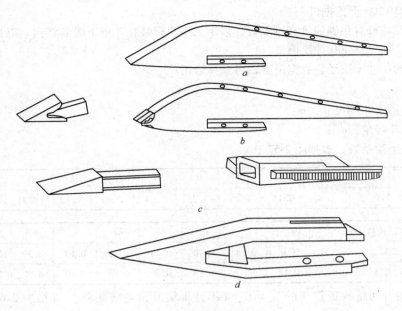

图 2-56 斗齿的形式

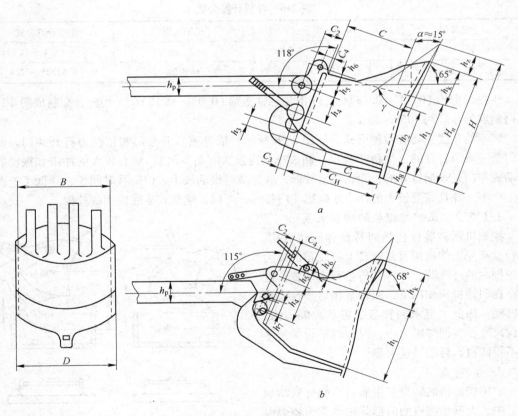

图 2-57 正铲斗的尺寸

a—斗柄固接在斗的上缘；b—斗柄固接在斗的下缘

WK-10 及 WD-1200 型挖掘机。

当铲斗与斗杆有足够强度和刚度时，多半采用斗杆装在斗壁下缘的结构，以提高挖掘高度和卸载高度，如 WD-400 等挖掘机。

正铲斗的尺寸 x 按经验数据确定，再验算修正。

$$x = k \sqrt[3]{V}$$

式中　x——所求斗的尺寸，m；

　　　V——斗容量，m^3；

　　　k——经验系数，根据图 2-57 选取。

B	C	C_H	C_1	D	H	H_n	h_1	h_2	h_3	h_z	h_k	h_8
1.1	0.88	0.95	0.4	1.15	1.46	1.25	0.88	0.66	0.12	0.21	0.37	0.15

斗杆和斗的固接方式	C_2	C_3	C_4	h_4	h_5	h_6	h_P	γ	h_7
图 2-57a	0.26	0.18	0.10	0.43	0.10	0.10	0.30	27.30	
图 2-57b	0.18		0.19	0.60	0.04	0.10	0.30	27.30	0.49

带头齿的普通结构正铲斗的重力 $G_斗$（不计提梁及滑轮等附件）可按表 2-6 经验式近似求得。

表 2-6　斗重计算公式

土壤级别	斗重计算公式	土壤级别	斗重计算公式
轻　级	$G_斗 = (0.7 \sim 1.2)q$	重　级	$G_斗 = (1.1 \sim 2.1)q$
中　级	$G_斗 = (0.9 \sim 1.7)q$	特重级	$G_斗 = (1.25 \sim 2.4)q$

斗提梁重约 $(0.14 \sim 0.15)G_斗$；斗滑轮悬件重约 $(0.09 \sim 0.12)G_斗$；用轻合金制成的斗，要比钢制成的斗轻约 40% ~ 50%。

铲斗的斗底主要有两种形式，如图 2-58 所示，依自重打开斗门和依拉力打开斗门。前者斗门是一下子打开的，物料卸载快，卸入车辆高度大（$h_1 > h_2$），故有较大的冲击和振动。而摆动式斗门是逐渐打开的，卸载高度较低，故卸载时振动较小，但卸载时间长，降低了挖掘机的生产率，并且需要较大的拉力才能把斗门打开，所以，摆动式斗底使用的较少。

2.1.5.2　正铲挖掘机的回转装置

挖掘机回转装置包括回转盘和回转机构。回转盘承受工作机构及回转盘上各设备的重力及挖掘时的外载荷，并将其传给行走装置；此外，在回转机构作用下，回转盘相对于行走装置转动。因此，要求回转盘装置承载能力大，结构尺寸小，回转阻力小，回转时平台保持平衡不得倾覆，转动迅速可靠。

　A　回转盘

矿用挖掘机的转盘多由前后两部分联结而成。中、大型挖掘机的前部分转盘常为铸焊混合件，后部分常为焊接件。转盘前部分安装有工作机构、回转机构等为主要承载

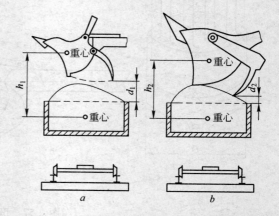

图 2-58　自重开斗和拉力开斗装车简图
a—自重开斗；b—拉力开斗

部件，并将转盘所受力传递给行走装置。
转盘后半部分装有动力设备和平衡重。前
后两部分之间的联结如图 2-59 所示，图 a
和 b 两部分用螺栓联结，并用凸台承担剪
切力。图 c 为 4 个大销子联结。图 d 为前
后两部分用销子铰接，并用拉杆把后部分
悬吊在双脚架上。

平台前部还装有侧向悬梁架，上敷垫
板，用以安装辅助设备、操纵设备、机棚
和行走通道。

转盘的结构如图 2-60 所示，图 2-60a
是由两个中间纵梁和两个边纵梁组成。纵
梁置于转盘上的底座。两个中间纵梁的前

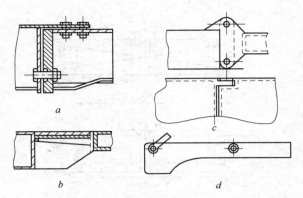

图 2-59　转盘前后部分的联结
a、b—螺栓联结；c—大直径销钉联结；
d—销子和拉杆联结

端耳座与悬架铰接，而两边纵梁前端耳座与悬架拉杆铰接。图 2-60b 中两个中间纵梁在前部分
开，通向转台两角，使之形成回转轨道的良好支承。图 2-60c 为采用全径向梁的转盘，在这种
结构上安装设备底座较为困难。

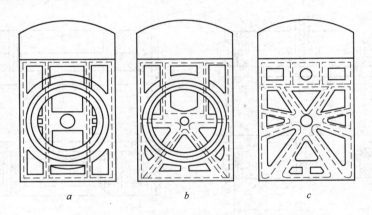

图 2-60　采矿型挖掘机转盘形式
a—直接连接的纵梁；b—有伸缩向前角的纵梁；c—辐射状梁

转盘的重力 $G_转 = (0.115 \sim 0.13)G$，G 为挖掘机重力。如用低合金制造转盘时，转盘重力
可减少 20% ~ 25%。

B　支承回转装置

挖掘机的支承回转装置有多种形式（图 2-61），其共同特点是：在转盘与行走装置间装有
滚动体（滚轮、滚子、滚珠、滚柱等）。

根据载荷传递方式的不同可分以下三种形式。

（1）滚轮支承装置（图 2-61a、图 2-61b、图 2-61c）。滚轮成对的配置（4 个、6 个、8
个）组成一组。滚轮支承在滚道上，并以中央枢轴为回转中心在滚道上滚动。

滚轮的形状分为圆柱形与圆锥形。圆柱形滚轮由于其内外端绕中央枢轴转动时的半径不
同，滚动起来有速度差，使滚轮与滚道间发生滑动，产生磨损，同时也增大了运行阻力。

锥形滚轮在锥形滚道上滚动，若设计合理可以无滑动，减少滚轮与滚道的磨损，并减少运

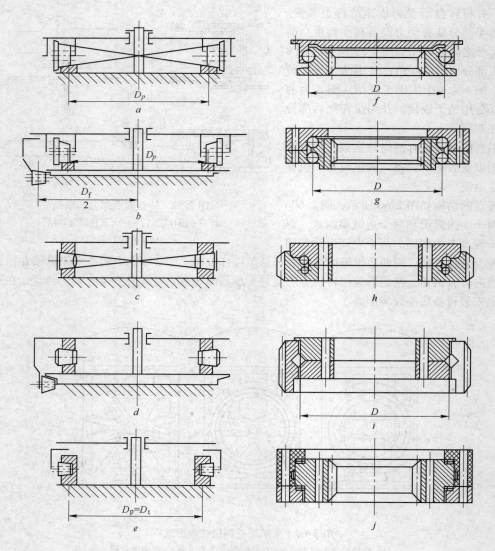

图 2-61　支承回转装置种类

行阻力。但由于锥形滚轮受有轴向力，必须在每个滚子内设止推轴承，且圆锥滚轮和滚道加工困难。

（2）滚子夹套式支承回转装置（如图 2-61d、图 2-61e 所示），它是由许多小直径滚柱排列于滚道上，每个滚子的轴固定于钢制的隔离圈上，以保证其间距不变。上、下滚道固定于转盘和行走装置上，滚子置于上、下滚道中间。转盘回转时，滚子在上、下滚道间滚动，隔离圈也随着转动。

滚子分圆柱形及圆锥形，其利弊如上所述。滚子和滚道都需用优质钢制造，并经热处理以增加硬度。但是，滚子是易损件，其硬度要低于滚道表面硬度，以免滚道过早磨损报废。

这两种装置也有在回转盘下部装有反滚子和中央枢轴，以克服倾覆力矩。反滚子通常装在偏心轴上，以便当磨损时调整间隙。

这两种装置中，滚轮轴绕中央枢轴的转动速度就是转盘回转速度，而滚子轴绕中央枢轴转动速度为转盘速度的一半。滚轮式回转装置机构简单，但尺寸大，承载能力低，而滚子夹套式回转装置尺寸小，承载能力较强。

这两种装置都只能传递垂直载荷。而传递水平力只有靠中央枢轴和反滚子，故其能力不大。两种装置都不防尘，故磨损快，动载荷也大。

（3）滚动轴承式支承回转装置（如图2-61f、图2-61j所示）。随着挖掘机生产能力的提高，为适应机重和工作的平稳性以及传递较大垂直和水平力，故采用这种装置。

这种支承回转装置实际上是一个滚动轴承，它与普通轴承的差别是：普通轴承内、外圈靠轴与孔的配合来保证刚度，而回转装置内、外圈刚度是靠联结的结构来保证，且内、外圈还是传动件或结构件。

这种装置承载能力大，结构紧凑，效率高，不用中央枢轴，密封性能好，运转阻力小，寿命长，能承受较大的倾覆力矩。缺点是制造困难。

滚柱可分为圆柱形、圆锥形和鼓形。滚柱可具有单排、双排或多排以及交叉滚柱支承。

图2-61f所示为单排滚珠支承，珠体与内外圈接触有较大接触角（$\alpha = 60° \sim 70°$）。在承载后由于接触点负荷与接触角 α 成正弦函数关系，所以外荷载加大时，接触角亦加大，这样珠体本身法向负荷较小。珠子和间隔体是从内圈或外圈侧面孔放入，然后封堵。这种装置质量小、成本低，安装时允许出现适度误差，是一种轻型支承装置，多用于小型挖掘机。

图2-61g、图2-61h由上、下双排滚珠支承，上排滚珠主要承受垂直负荷，可用大直径滚珠，下排滚珠主要承受倾覆力矩，可选用小滚珠，接触角可达90°，承载能力较大，可用于中型挖掘机。

图2-61i为交叉滚珠支承。短圆柱滚子相互垂直并交替向两侧倾斜45°。此种装置能承受较大的垂直力、径向力和倾覆力矩。由于滚道是平面加工，滚柱与滚道为线接触，其承载能力大，滚道磨损情况得到改善，结构紧凑，转台重心降低，机体稳定性好。但对支持连接件刚度要求较高，否则可能造成连接件变形，使滚柱与滚道出现点接触缩短滚道寿命。此外，工作中滚柱与滚道也会出现微小滑动，为此应适当选择滚柱直径 d 与滚道直径 D 之比（一般取 $d : D = 1 : 35$ 以上），这种支承方式适用于中型挖掘机。

图2-61j所示为多排滚柱支承装置。两排滚柱水平放置，用于承受垂直载荷。另一排滚柱垂直放置，用于承受径向载荷。此种装置能承受较大的轴向、径向和倾覆力矩，制造简单。但安装精度要求较高，支持构件要有足够刚度，可用于大型挖掘机。

C 回转机构的传动

目前矿用挖掘机回转机构的传动装置基本上都是由置于转盘上的单电动机传动。电动机经减速箱传至小齿轮与固定于行走部的大齿圈啮合，使转盘转动。至于减速箱内的传动系统，则根据电动机水平或垂直放置有所不同，根据电动机转速和转盘的转速需要，一般用 2～3 级减速。电动机水平放置时要有锥齿轮，电动机垂直放置则用直齿轮或斜齿轮传动。目前电动机垂直放置较多，这样可避免锥齿传动的缺点，但应有专门润滑装置，以润滑高速传动副齿轮传动及轴承，如 WD-400、WD-1200 等型国产挖掘机以及 ЭКГ-4、ЭКГ-8 以及美国 2100BL 等挖掘机。

回转传动机构可有 1～4 个传动系统。现代大型挖掘机多用四个传动系统，以提高传动能力；并且在启动和制动时转动惯量小，缩短回转周期时间；同时改善回转齿轮受力和磨损情况，使机器工作平稳，延长回转机构寿命。

D 自动集中润滑装置

露天矿用挖掘机在极恶劣的条件下进行连续作业，粉尘多，因此各润滑点要经常得到充分润滑，这对保证机器正常工作、延长机器使用寿命是极为重要的。大型挖掘机开式传动的润滑点有 20～100 个以上，过去采用人工润滑，劳动量大，且不能做到及时润滑。为了安全、不漏油、定时进行润滑，目前国外大型挖掘机多采用自动集中润滑系统。国内生产 2300XP 型挖掘机多为自动集中润滑系统。

自动集中润滑装置是由集中定量注油装置和自动控制注油时间的电路系统组成。在注油时间控制电路系统中，由于挖掘机工况不同，各润滑点的润滑次数和注油量亦不同，所以采用了双计时器控制回路。

挖掘时，所有轴承在 15～30min 内润滑一次。行走时，与行走有关的零件在 5～10min 润滑一次。所以，时间控制电路中有两个时间继电器分别进行控制。润滑剂按照润滑点的工作条件不同，采用干油和稀油两类，油路也分干油和稀油两支。如导向轮、轴承、套筒等用干油润滑，开式齿轮及滑动部分供机油润滑。

2.1.5.3　单斗挖掘机的行走装置

挖掘机的行走装置是整个机器的支承基座，用以支持所有机构和部件重力，承受在挖掘机工作过程中所产生的力，并且使挖掘机行走。

因此，行走装置应能承受挖掘机的自重及作用力，将其传递至地面，应能适合矿山道路的坡度、路面的情况等条件，结构要简单，自重要小，并且要有适应工作的运行速度。

目前单斗挖掘机行走装置主要有轮胎式、履带式和迈步式三种形式。轮胎式行走装置主要优点是：自重小，运行速度快（5～60km/h）、机动灵活。它的缺点是：挖掘工作时必须减除轮子和支承弹簧的负载，另设外伸支承器，而使挖掘机的生产率和机动性降低；轮胎对土壤最大比压 150～500kPa，不能承受大的负载，所以多用于自重小于 20～40t 小型挖掘机（相当斗容量为 0.25～1m³）；对路面要求较高，因此在矿山上应用受到限制。矿山主要应用履带式及迈步式行走装置。

A　履带式行走装置

这种装置在矿山上使用最为广泛。根据履带板对土壤的比压不同，可选用 2 条、4 条或 8 条履带。常用的运行速度为 0.7～1.5km/h，小型挖掘机运行速度可达 3.5～4.5km/h，而大型挖掘机只有 0.25km/h。履带对地表的平均比压一般为 60～250kPa，在松土工作的挖掘机为 35kPa，特大型挖掘机可达 350kPa。矿用挖掘机运行坡度约为 12%，而中、小型挖掘机可达 30%～40%。

履带行走装置优点是：履带对土壤有足够的附着力，对土壤的比压较小，能适应不平路面和松软地面，能够适应矿山地面情况，能够通过陡坡和急弯处，便于机器调动；由于履带附着力大，因此机器工作时稳定。

履带式挖掘机在运行和转弯时，功率消耗比轮胎行走装置大，因而效率低；结构比较复杂，制造费用高，有些零件易磨损，常需更换。由于，履带运行装置优点较多，故多采用这种形式。

履带行走装置的工作原理如图 2-62 所示，除履带装置外，整个挖掘机支持在履带架上，在其后布置有驱动轮 1，前端为导向轮 2，中部为支重轮 3。履带台车就通过这些轮子把载荷传给履带 4 的下分支。履带 4 的上分支是由托带轮 5 所支承。当驱动轮带动履带动作时，因为履带下分支与土壤间的附着力大于驱动轮、导向轮和支重轮的滚动阻力，所以履带不移动，而只是驱动轮、导向轮和支重轮沿履带下分支向前滚动，从而带动履带架而使挖掘机向前移动。

为减少履带在行走时所消耗的能量，一般都采用后轮驱动。

因矿用挖掘机行走速度低，载荷较重，所以支重轮的轴和履带架直接相铰接而不用弹簧

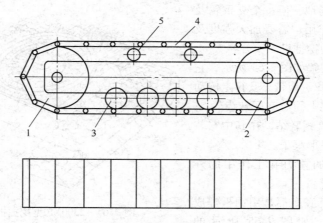

图 2-62　履带行走装置工作原理
1—驱动轮；2—导向轮；3—支重轮；4—履带；5—托带轮

等构件相连，这就是刚性联结。其优点是结构简单、强度和刚性较好，但不能吸收因地面不平而产生的冲击载荷。因此，这种装置运行速度不大于 5km/h。WD-400 型等挖掘机就是这种结构。

　　履带行走装置的转弯，是使两条履带以不同速度运行实现的。挖掘机上广泛采用使一侧履带的传动机构脱开并加以制动，另一侧履带运行，如 WD-400 型挖掘机。行走装置只要一个电动机即可，这种方法结构简单、可靠。但大型矿用挖掘机多采用电动机驱动。如 P&H2800XP每条履带用一个电动机，有单独的减速装置、制动装置以及操纵系统。这样转弯半径小，调动灵活，工作方便可靠。

　　根据履带支重轮传递压力的情况，可分为多支点和少支点的，如图 2-63 所示。

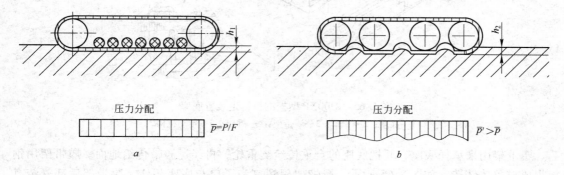

图 2-63　履带在松土上的压力
a—多支点式；b—少支点式

　　多支点的履带行走装置是指和地面接触的履带节数和其上支重轮数之比小于 2，即支重轮的直径小、数目多、相距较近。整条履带在支重轮间差不多是不弯的。因此，支重轮下的压力和支重轮间的压力接近相等。多支点的履带行走装置主要用于较软的土壤或小型挖掘机上。

　　少支点的履带行走装置情况正好相反。履带在支重轮间有很大的弯曲，而支重轮下的压力比支重轮间的压力大得多。在较软的土壤上，少支点的履带行走装置易于适应高低不平的地面形状，适合于岩石场地，但每个支重轮及其轴常受较大的力作用，需要加大强度及刚度，多用于采矿型挖掘机。

　　挖掘机的行走装置如图 2-64 所示，它是由底架 1、履带架 2、履带 3 及行走传动机构 4 组成。在底架上固定有回转齿轮 5；用中央枢轴 6 与转盘相联结，在其中安装有锥形滚子 7 或圆柱形滚子。

　　底座承受机体的重力和工作中的外力，并传给履带装置。

　　一般矿用挖掘机底座都是用钢板焊成封闭的箱形结构，如图 2-65 所示的2300XP 型挖掘机的结构。箱形底座 1 上方经过加工，作为安放齿轮的基础。其中部

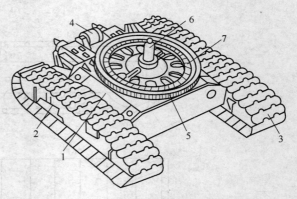

图 2-64　2300XP 型挖掘机行走装置
1—底架；2—履带架；3—履带；4—行走传动机构；
5—回转齿轮；6—中央枢轴；7—滚子

装有中央枢轴，在底座后部有传动装置；左右两侧面安装有承受剪力的子口 2 和履带架 3，底座和履带架用螺钉 4 相连，这样连接方便，螺钉不受剪力和挤压。

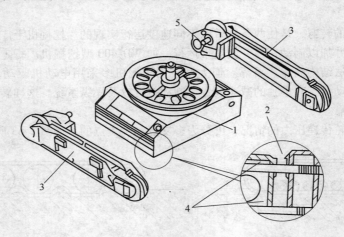

图 2-65　2300XP 型挖掘机行走装置底座
1—底座；2—子口；3—履带架；4—螺钉；5—传动机构

　　履带架用来承托底座，并把底座的自重传给支重轮，再经过履带传给地面。履带架用钢板焊成或整体铸造。如图 2-65 所示，履带架用螺钉和子口与底座相连，履带架后部安装有单独的传动机构、制动器、驱动轮。履带架前部安装有导向轮，如图 2-66 所示，用液压千斤顶 1 推导向轮 2 的轴前后移动，以调节履带 3 松紧，然后用增减导向轮轴处的垫片 4，加以固定。

　　履带架的中部安装有支重轮。一般履带板与支重轮多为平面接触。若履带受硬物侧向垫起，会使履带与支重轮呈局部接触，会损坏或加快履带板磨损。为此，如图 2-67 所示的2300XP 型挖掘机将支重轮 1 与履带 2 接触处做成圆弧面。并在履带的接触面做成沟槽 3，这样可以造成金属的初始变形，就形成冷硬层的抗磨表面。履带板做成中空铸件，以吸收冲击载荷。

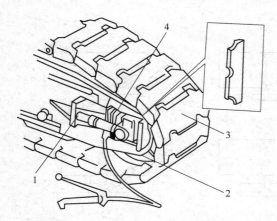

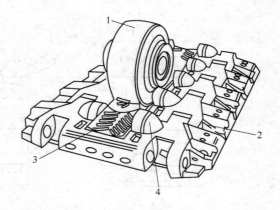

图 2-66 2300XP 型挖掘机履带调节装置
1—液压千斤顶；2—导向轮；3—履带；4—垫片

图 2-67 2300XP 型挖掘机支重轮和履带
1—支重轮；2—履带；3—沟槽；4—驱动块

B 迈步式行走装置

迈步式行走装置在挖掘工作时，机体支持在中心支座上；行走时，机体交替地支持在中心支座和两侧的履板上。所以迈步式挖掘机的行走是间歇重复的循环进行。每个循环中，挖掘机机体的重心都上升和下降一次。因此，挖掘机在运行时受到很大动载荷，尤其是在每一步的开始和终了时动载荷更大。迈步过程中所消耗的功率较大，因每迈步一次都要使机体上升，而下降又需消耗能量于制动系统；迈步速度小，能爬起小于 30% 的坡度；行走装置外形尺寸较大。

迈步行走装置对土壤的平均比压力小，约为履带行走装置的 30%；能够越过不大的垂直障碍物和水平障碍物（洼坑和沟等）；能在行走过程中转过任何角度。这些方面优于履带行走装置。因此，这种装置多用于拉铲的行走装置中。

各种迈步式行走装置其动作原理如图 2-68 所示。

图 2-68 I 为偏心轮式迈步装置。迈步装置对称于机体左右。图 2-68 I a 为挖掘机工作位置。机体由支座 6 支承在地面上；导销 3 在驱动轴的最上面，且在同一垂线上；履板 5 抬起，不影响回转盘转动。

开始迈步时，驱动轴 1 带动与其固定在一起的偏心轮 2，顺时针方向旋转过 90° 时，履板和地面接触如图 2-68 I b 所示。

当驱动轴和偏心轮由 90° 转至 180°（图 2-68 I c），偏心轮支持在导向架上，驱动轴位置不断提高，直到和导销成一垂线位置，也就是迈了半步。在这个过程中，机体随驱动轴向上而不断上升和移动。大部分重力通过驱动轴、偏心轮、导向架和履板传给地面，小部分重力通过支座的拖地边缘传给地面。

当驱动轴和偏心轮从 180° 转到 270°（图 2-68 I d），机体和支座一面下降，一面继续移动，逐渐使支座与地面全部接触，此时又移动了半步。为了避免大的动载荷，支座下降时，须用制动器控制驱动轴的回转。

当驱动轴偏心轮从 270° 转动到 360°（图 2-68 I e），履板抬至原始（图 2-68 I a）位置，移动一个循环。

这种装置移动步距是不变的，等于导销和驱动轴中心线距离的 2 倍。

转盘转到所需行走方向，开动驱动轴如上所示的行走工作循环，挖掘机就可转弯了。

这种行走装置销轴与偏心轮在导向架内有滑动和滚动，磨损较大。

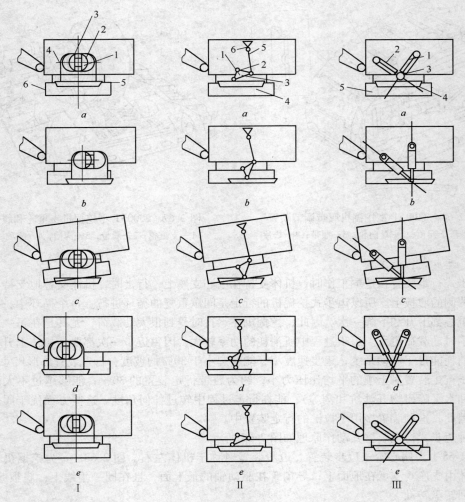

图 2-68 挖掘机迈步式行走机构

Ⅰ—偏心轮式；Ⅱ—铰式；Ⅲ—液力驱动式

Ⅰ：1—驱动轴；2—偏心轮；3—导销；4—导向架；5—履板；6—支座

Ⅱ：1—驱动轴；2—曲柄；3—刚性的三脚架；4—履板；5—连杆；6—铰

Ⅲ：1—提升油缸；2—推拉油缸；3—铰；4—履板；5—支座

图 2-68Ⅱ为铰式行走装置。行走装置对称于机体。这种行走装置工作原理和偏心轮式相似。它用驱动轴 1 带动曲柄 2 转动（多以偏心轮形式），曲柄和刚性三脚架 3 铰接。三脚架分别与履板 4 和摇杆 5 铰接，摇杆 5 和机体用铰 6 相接（铰 6 置于机体下部，图中仅为示意图）。

这种装置步行长度也是不变的，但每步长度要比 2 倍曲柄长度大，取决于履板的轨迹。这种装置较前者摩擦损失和磨损小，效率较高，约为 0.85。但其余的缺点都相同，即运动轨迹不能改变；机体上升消耗功率大，下降时功率消耗于制动器；机器运行时，动载荷大等。

图 2-68Ⅲ为液力驱动式迈步装置，机体两边各装两个双向作用的提升油缸 1 和推拉油缸 2。缸体上端分别用铰固定在机体上，而活塞下端用共同的铰 3 固定在履板 4 上，支座 5 支承于地表面，此时提升油缸和推拉油缸的活塞都是缩回位置，如图 2-68Ⅲa 所示。在开始行走

时，推拉油缸活塞上面进油使活塞伸出（图2-68Ⅲb），提升油缸的活塞上面进油，使履板与地面接触，机体后端上翘（图2-68Ⅲc）。当机体上翘一定高度时，推拉油缸的活塞下面进油，使机体如箭头方向后移，当机体重心越过提升缸垂直地面的垂直位置后，机体重力的分力促使机体移动，使支座与地面全部接触（图2-68Ⅲd）。然后使提升油缸活塞下面进油，履带回复起始位置（图2-68Ⅲe），这样就迈出了一步。

这种迈步装置的步长取决于两个油缸活塞伸出长度的相互配合，运行轨迹可以使机器运动相当平稳，并具有液压传动的特点，当油缸一面进油时，另一面的液体起着缓冲制动作用，因此动载荷小。目前这种装置有逐渐扩大应用的趋势。

2.1.6 主要参数计算

单斗挖掘机的技术参数较多，生产能力及液压部分的参数计算可参考液压挖掘机部分。本节仅介绍挖掘机提升能力和功率匹配计算。

挖掘机在工作时，各部分（特别是工作装置）受力非常复杂，各力组成多维力系，求解很烦琐。为了满足一般工程需要，常简化平面力系计算（图2-69）。

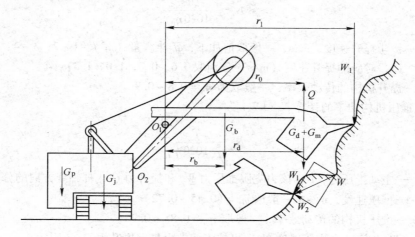

图 2-69 单斗挖掘机力学计算示意图

由图2-69可知，当挖掘机正常进行挖掘时，铲斗滑轮上的提升力 $Q(\text{N})$

$$Q = \frac{1}{r_0}[W_1 r_1 + G_b r_b + (G_d + G_m)r_d] \tag{2-1}$$

式中　W_1——铲斗的铲取阻力，N；

　　　G_b——斗杆重力，N；

　　　G_d——铲斗重力，N；

　　　G_m——铲斗中物料的重力，N；

　　r_0、r_1、r_b 和 r_d 分别为各力作用线至推压小齿轮回转中心 O_1 的水平距离，m。

铲斗的铲取阻力

$$W_1 = \sigma_w b C_{max} \tag{2-2}$$

式中　σ_w——被挖掘物料的挖掘比阻力，Pa，其值见表2-7；

　　　b——铲斗的铲取宽度，m；

　　　C_{max}——最大铲取厚度，m。

表 2-7　铲斗挖掘比阻力 σ_w 值　　　　　　　　　　（Pa）

被挖掘物料特征	沙土、黏土、细小砾石	重质黏土、胶结的砾石	重质砾石、爆破不好的泥灰山岩、页岩	爆破不好的(铜、铁等)矿(岩)石
单斗挖掘机	$5 \times 10^4 \sim 13 \times 10^4$	$20 \times 10^4 \sim 30 \times 10^4$	$28 \times 10^4 \sim 32 \times 10^4$	$38 \times 10^4 \sim 43 \times 10^4$
轮斗挖掘机	$5 \times 10^4 \sim 13 \times 10^4$	$20 \times 10^4 \sim 35 \times 10^4$	$35 \times 10^4 \sim 40 \times 10^4$	$40 \times 10^4 \sim 45 \times 10^4$

对于一般爆破后的矿岩，挖掘机铲斗的推压力 W_2（N）

$$W_2 = (0.35 \sim 0.6)W_1 \tag{2-3}$$

所以，挖掘总阻力应为 W（N）

$$W = \sqrt{W_1^2 + W_2^2} \tag{2-4}$$

挖掘机提升机构功率 N_{ti}（kW）

$$N_{ti} = \frac{Qv_{ti}}{1020\eta_{ti}} \tag{2-5}$$

式中　v_{ti}——铲斗提升速度，m/s，一般取值如下；铲斗容量（m³）：$1 \sim 2$，$3 \sim 4$，$5 \sim 8$，$10 \sim 15$，对应的提升速度（m/s）分别取 0.6，0.7，1.0，1.3；

　　　η_{ti}——提升机构的传动效率，一般取为 $\eta_{ti} = 0.8 \sim 0.9$。

挖掘机推压机构功率的计算 N_{tu}（kW）

$$N_{tu} = \frac{T_1 v_{tu}}{1020\eta_{tu}} \tag{2-6}$$

式中　T_1——主动推压力，N，该力克服推压力 W_2 和提升力 Q 斗杆轴线方向的分力；

　　　v_{tu}——推压速度，m/s，一般取 $v_{tu} = (0.45 \sim 0.72)v_{ti}$；

　　　η_{tu}——推压机构的传动效率，一般取 $\eta_{tu} = 0.85 \sim 0.95$。

若已知提升功率 N_{ti} 和推压功率 N_{tu}，可按下式求出最大提升力 Q_{max}（N）

$$Q_{max} = \frac{Q(N_{tu} + N_{ti})}{N_{ti}} \tag{2-7}$$

当采用直流电动机拖动时，最大提升力可估算为

$$Q_{max} = \frac{Q}{0.8} \sim \frac{Q}{0.7} \tag{2-8}$$

铲斗提升钢丝绳中的最大作用力 P_{max}（N）

$$P_{max} = \frac{Q_{max}}{a\eta_z} \tag{2-9}$$

式中　a——提升铲斗滑轮组的倍率；

　　　η_z——滑轮组的效率，一般取 $0.9 \sim 0.95$。

可根据 P_{max} 的值选择钢丝绳。在中小型挖掘机上，钢丝绳的安全系数 $K_{a\eta} \geqslant 4.2 \sim 4.5$；提升卷筒直径与钢丝绳直径之比为 $D_i/d_s = 25 \sim 27$。在大型挖掘机上，钢丝绳的安全系数取 $K_{a\eta} \geqslant 4.75 \sim 5$；提升卷筒直径与钢丝绳直径之比为 $D_i/d_s = 26 \sim 32$。

2.1.7 选型原则与计算

2.1.7.1 选型原则

单斗挖掘机主要根据矿山规模、矿岩采剥总量、开采工艺、矿岩物理力学性质、设备供应情况等因素选型。

特大型露天矿一般应选用斗容不小于 $8 \sim 10m^3$ 的挖掘机；大型露天矿一般选用斗容为 $4 \sim 10m^3$ 的挖掘机；中型露天矿一般选用斗容为 $2 \sim 4m^3$ 的挖掘机；小型露天矿一般应选用斗容为 $1 \sim 2m^3$ 的挖掘机。采用汽车运输时，挖掘机铲斗容积与汽车重量要合理匹配，一般一车应装 $4 \sim 6$ 斗。

2.1.7.2 计算

A 生产能力计算

$$Q_c = \frac{3600 V k_H T \eta}{t k_p} \tag{2-10}$$

式中 V——挖掘机铲斗容积，m^3；

k_H——挖掘机铲斗满斗系数；

T——挖掘机班工作时间，h；

η——班工作时间利用系数；

t——挖掘机铲斗循环时间，s；

k_p——矿岩在铲斗中的松散系数。

挖掘机台班能力受各种技术和组织因素影响，如矿岩性质、爆破质量、运输设备规格、其他辅助作业配合条件和操作技术水平等。

B 设备数量计算

矿山所需挖掘机台数可按式（2-11）计算：

$$N = \frac{A}{Q_a} \tag{2-11}$$

式中 A——年采剥量，m^3/a；

Q_a——挖掘机台年效率，m^3/a，Q_a 值可通过计算或参考挖掘机实际台年生产能力选取，并要考虑效率降低因素。

露天矿生产配备的挖掘机台数不考虑备用数量，但不应少于两台。如果采矿和剥离作业的工作制度不同、设备型号不同以及生产效率相差较大时，可以分别计算采矿和剥离作业所需要的挖掘机台数。此外，若矿山还有其他工程，如修路、整理道坡和边坡及倒堆等，可考虑备有前端式装载机、铲运机和推土机等辅助设备。

2.1.8 设备间的配套

为了充分发挥矿山设备的效率，需要各工艺环节设备之间彼此相适应，做到设备配套合理，技术经济指标好。如矿山产量与设备规格、生产设备与辅助设备之间，都需要有合理的匹配，这样才能充分发挥各生产设备的最佳功能，以提升矿山综合经济效益。

矿山规模确定之后，一般的作法是：首先选择合适的铲装设备，并确定与之配套的运输设备，然后选择其他主要采掘设备，主要设备合理配套之后，再选择辅助设备。

2.1.8.1　挖掘机斗容与矿岩运量的关系

单斗挖掘机是露天矿采剥主要装载设备之一。一般来说，矿山产量越大，挖掘机斗容也越大。对于Ⅰ、Ⅱ级岩石，挖掘机斗容 V 与矿山产量的关系如图2-70所示。

图2-70曲线表示的变化规律，可用以下计算式表达：

（1）当日产量 Q_1 小于 5×10^4 t时（图2-70Ⅰ区）：

$$V_1 = B_1 + P_1(Q_1 - 1) \tag{2-12}$$

式中　B_1——基量系数，取 $3 \sim 4$；

　　　P_1——增量系数，取 $2 \sim 2.5$。

（2）当日产量 Q_2 大于 5×10^4 t时（图2-70Ⅱ区）：

$$V_2 = B_2 + P_2(Q_2 - 5) \tag{2-13}$$

式中　B_2——基量系数，取 $6 \sim 9$；

　　　P_2——增量系数，取 $1 \sim 1.5$。

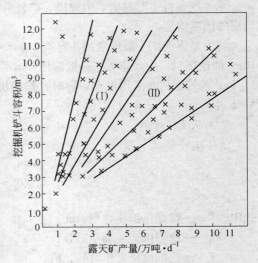

图 2-70　挖掘机斗容与矿山产量的关系

矿山生产实践证明，增大挖掘机的斗容可以提高生产率和降低每吨矿石的生产成本。据统计资料介绍，铲斗由 $1.9 m^3$ 增大到 $9.2 m^3$，使用费用可降低 20%。所以世界各国矿用挖掘机的斗容都在不断增大。

但是，过大的矿用挖掘机使投资加大，设备结构复杂，制造周期长，实用价值不大；而且一旦发生故障将使矿山产量大幅度下降。挖掘机太大，还必将导致载重汽车过大，运输周转时间就会增加。若缩短挖掘机的间歇时间，必须增加汽车数量，提高道路等级，则将增加设备投资和维修管理费用，使矿石成本提高。因此，近年来世界各国增大挖掘机斗容的趋向见缓。

我国目前斗容为 $12 \sim 17 m^3$ 的单斗挖掘机已能成批生产，斗容为 $20 m^3$ 和 $25 m^3$ 的大型挖掘机也已试制成功，并投入生产。但我国研制的 $120 \sim 150 t$ 级的矿用载重汽车，若大批量投入生产，尚存一些问题；载重 $200 t$ 以上的汽车刚刚试制出来，仅能小批量投入生产。所以矿用挖掘机的发展首先应稳定斗容为 $17 \sim 20 m^3$ 产品的批量生产；更大斗容挖掘机的研制或批量生产可适当推延一段时间，以免装运设备不配套带来的人力、物力的不必要的损失。

2.1.8.2　挖掘机斗容与汽车厢容的比例关系

·　挖掘机铲斗容积和载重汽车吨级与露天矿的产量成比例关系，因而铲斗容积与车厢容积之间也有一定的比例关系。如果斗容与厢容配合不当，将会影响挖掘机和汽车的装满系数及装车周转作业时间。根据统计数据绘制的挖掘机斗容与汽车厢容的配合关系曲线见图2-71。世界几个地区的露天矿所采用的"斗容与厢容配比关系"一般美国1:4~1:6；俄罗斯1:3~1:4；中国

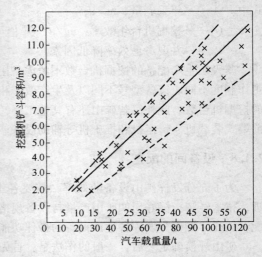

图 2-71　挖掘机斗容与汽车厢容的关系

1 : 3 ~ 1 : 5。

图 2-71 中的曲线关系表明，挖掘机斗容每增大 1m³，则车厢容积相应增大 8 ~ 12m³。由此可以估算出，当矿岩松散容重平均为 2.0t/m³，铲斗容积与车厢容积的比例在 1 : 4 ~ 1 : 6 范围内，根据内外 100 多个露天矿山的统计资料介绍，当用挖掘机向汽车装载时，一般以 1 车不少于 3 铲斗、不多于 7 铲斗比较合适；这与图 2-71 中曲线呈现的规律相符合。如果装载斗数过少，将延长挖掘机装车时的对位和装载时间；如果装载斗数过多，则增加汽车的待装时间。如图 2-72 所示，当挖掘机向汽车装载满厢为 1 ~ 3 斗时，时间利用系数 β 值近似直线上升；当斗数大于 6 时，β 值曲线开始平缓。

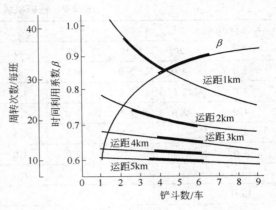

图 2-72　车辆周转次数、满厢斗数与运距的关系

就汽车周转次数而论，当运距为 1km、满厢斗数为 1 ~ 2 时，汽车效率最高；但挖掘机效率显著下降。矿山生产实践证明，图 2-72 中各曲线的粗线段为较优值。即在运距为 1km 时以 2 ~ 4 斗、运距为 2km 时以 3 ~ 5 斗、运距为 3 ~ 5km 时以 4 ~ 6 斗的配合方案比较合适。比如用斗容为 3m³ 的挖掘机装不同的车型时，一次作业循环时间将会随着车厢容积的加大而减少。据现场标定，当铲斗容积与车厢容积比例达到 1 : 5 时，一次作业循环时间较铲斗容积与车厢的比例为 1 : 1 时减少一半。斗厢容积比例与一次作业循环时间的关系列于表 2-8。

表 2-8　不同车型的装车斗数与作业循环时间

汽车载重/t	车辆容积/m³	斗数/每车	一次作业循环时间/s
5	3.6	1	50
10	6	2	36
25	14.5	4	30
32	16	4	25
42	22	5	25
60	35	4	30
100	50	5	25

如果装载斗数过多，则增加汽车待装时间。比如用斗容为 1m³ 的挖掘机装载重为 27t 的汽车时，需要 14 ~ 15 斗才能装满一车，装车时间为 8 ~ 10min，约占一次周转时间的 40%。因此，当汽车运行不够均衡时，由于车型过大，配备的车辆较少，使挖掘机等车或汽车待装时间的比例增加，设备效率降低。不同斗容的挖掘机装不同规格的汽车时实际所用的时间见表 2-9。

在确定挖掘机与汽车的规格匹配关系时，也可以引进一定的计算系数，依据挖掘机斗容与汽车重量（Q_q）的比例关系进行计算。其计算式为：

$$Q_q = V_m k_p \tag{2-14}$$

式中　V_m——挖掘机斗容，m³；

k_p——匹配系数。

在建立此算式时，已考虑到装满系数 k_H 及矿岩容重 γ 对匹配系数 k_p 的影响，匹配系数 k_p 及其与其他计算系数的数值比例关系见表 2-10。

表 2-9　挖掘机装汽车实际所用时间　　　　　　　　　　（min/台）

铲斗容积 /m³	自卸汽车载重/t								
	20	25	32	40	45	60	100	120	150
2.0	4.0	5.0	6.5						
3.0	2.5	3.0	3.5	4.5	5.0				
4.0	2.0	2.5	3.0	4.0	4.5	6.0	7.6		
6.0		2.0	2.5	3.5	4.0	5.0	7.0		
8.0			2.0	3.0	3.5	4.0	6.0	7.0	
10.0				2.0	2.0	4.5	5.0	6.0	6.5
13.0						3.0	4.5	5.0	5.5
17.0								4.0	4.5

表 2-10　挖掘机斗容与汽车载重量的匹配系数

矿石容重 /t·m⁻³	装满系数 k_H	装车斗数/个			矿石容重 /t·m⁻³	装满系数 k_H	装车斗数/个		
		4	5	6			4	5	6
1.4	1.01	5.66	7.10	8.48	2.1	0.94	7.89	9.87	11.80
1.5	1.00	6.00	7.50	9.00	2.2	0.93	8.18	10.23	12.20
1.6	0.99	6.34	7.92	9.50	2.3	0.92	8.46	10.58	12.69
1.7	0.98	6.66	8.33	9.99	2.4	0.91	8.73	10.92	13.10
1.8	0.97	6.98	8.73	10.47	2.5	0.90	9.00	11.25	13.50
1.9	0.96	7.29	9.12	10.44	2.6	0.89	9.25	11.57	13.88
2.0	0.95	7.60	9.87	11.4	2.7	0.88	9.50	11.88	14.25

　　另外，据有关统计资料介绍，国内外露天矿山使用的载重汽车，有一些由于车厢容积偏小或挖掘机不配套，每年的实际载重量小于允许载重量，这对汽车和挖掘机的生产效率都有影响。因此，在设计制造载重汽车和挖掘机以及作生产矿山选型配套时，要注意考虑车厢容积与铲斗容积的实际配套问题。根据矿山生产经验，挖掘机铲斗的装满系数一般取 0.9 ~ 0.92、矿岩的松散容重平均取 2.0t/m³ 比较合适。

2.2　液压单斗挖掘机

2.2.1　概述

　　液压单斗挖掘机是在机械式挖掘机的基础上发展而来的，是目前挖掘机械中的重要机种。它与机械式挖掘机的主要区别在于传动和控制装置不同。液压单斗挖掘机采用容积式液压传动来传递动力，它由油泵、油马达、油缸、控制阀及油管等液压元件组成，采用各种控制阀来控制各机构的运动。

　　液压单斗挖掘机是一种周期性作业设备，其工作循环为挖掘-满斗提升-回转-卸载-返回。当挖完作业范围内土岩时，整机行走至新的作业位置继续工作。液压挖掘机广泛应用于建筑工程、交通运输、水利施工、露天采矿及军事工程，是各种土石方施工中最重要的机械设备之一。由于液压挖掘机在构造和性能上具有较多的优越性，因此近年来发展迅速。在露天开采中，大型液压挖掘机已取代了中小型机械式单斗挖掘机。

2.2.1.1 分类

液压单斗挖掘机的种类很多，根据用途可分为通用型和专用型两种。

（1）中小型液压挖掘机大多数为通用型，除了标准的反铲工作装置外，还配有挖掘各种土质和挖掘幅度的正铲、抓斗、装载、起重等多种作业装置。其中行走方式有履带式、轮胎式、汽车式、悬挂式及拖式等。

（2）专用型液压挖掘机。这种挖掘机主要用于矿山采掘和装载，又称矿用液压挖掘机。它只有正铲或装载工作装置，工作中受力大，行走距离短，行走速度低，大都采用履带行走装置。

按主要机构是否全部采用液压传动，液压单斗挖掘机又分为全液压式和半液压式两种。两者的区别在于半液压传动挖掘机的行走机构采用机械传动，少数挖掘机仅工作装置采用液压传动。

2.2.1.2 工作原理

液压单斗挖掘机由工作装置、回转装置和行走装置三大部分组成（图 2-73）。工作装置包括铲斗 1、斗杆 2、动臂 3 及相应的三组油缸。回转装置包括动力装置、回转支承、操纵机构和辅助设备等。行走装置包括底座、履带架，履带传动装置和张紧装置等。

如图 2-73 所示，柴油发动机驱动两个油泵，把高压油送到两组分配阀，操纵分配阀将高压送往各油缸和油马达，即可驱动相应的机构进行工作。由图 2-74 可知，液压挖掘机可以实现如下动作，动臂升降，斗杆收放，铲斗转运，铲斗卸料时的斗底启闭，平台回转及整机行走。为了缩短循环时间，提高工作效率，还可以实现上述两种或多种动作的复合。

2.2.1.3 特点

液压单斗挖掘机之所以获得如此迅速的发展，是由于它与机械式单斗挖掘机相比具有一系

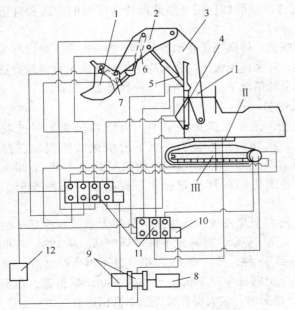

图 2-73 液压挖掘机工作原理

1—铲斗；2—斗杆；3—动臂；4~7—油缸；8—柴油发动机；
9—液压泵；10—安全阀；11—分配阀；12—油箱
Ⅰ—工作装置；Ⅱ—回转装置；Ⅲ—行走装置

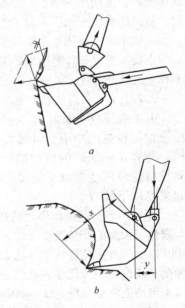

图 2-74 两种铲斗受力情况

a—机械式挖掘机；
b—液压式挖掘机

列明显的优点：

（1）质量轻，生产率高。在斗容量相同的情况下，液压挖掘机比机械式挖掘机的质量轻约 40% ~ 60%。因此在整机质量相同的情况下，液压挖掘机可加大铲斗容量，提高生产率。

（2）挖掘力大。液压挖掘机的铲斗与斗杆铰接，可相对转运，并强制切入岩层。若铲斗向上回转一角度，可在难以挖掘的情况下撬松岩块。而机械挖掘机则依靠挠性的钢丝绳提升铲斗来进行挖掘，从而液压挖掘机与同级机重的机械式挖掘机相比挖掘力提高约一倍。其受力关系如图 2-74 所示。

（3）液压挖掘机的铲斗具有良好的运动轨迹。通过油缸的协调动作可以使铲斗平行向前推移，也可以使铲斗按曲线或圆弧轨迹挖掘。而机械式挖掘机只能依靠推压和提升动作进行近似的圆弧挖掘。液压挖掘机的这一特点特别适合于选择开采，并且能够自行平整和清理停机工作面，从而提高矿石的回收率，减少工作面上的辅助设备，降低开采成本。

（4）液压挖掘机移动性能好。液压挖掘机行走牵引力与机重之比高于机械式挖掘机，爬坡能力大。采用液压独立行走装置，结构简单紧凑，可使两条履带相反方向运动，实现原地转弯。

（5）液压挖掘机可以实现"自救"。当陷入淤泥或泥坑中时，可将工作装置转到被陷方向，以铲斗支地，将一侧履带抬起垫以枕木或石块，然后驱动行走装置脱离陷落区。

液压挖掘机的主要缺点是：

（1）液压元件的加工精度要求高，装配要求严格，制造较为困难。液压系统出现故障时，现场查找原因和排除比较困难，因此对维护技术要求较高。

（2）油的黏度受温度的影响较大，同时液压系统容易漏油。油液中渗入空气还会引起振动和噪声，使动作不平稳，并对液压元件产生腐蚀作用。因此保持液压油的清洁和合适的黏度，是保证液压挖掘机正常工作的重要条件。

一般来说，液压挖掘机和机械式挖掘机一样适用于在困难条件下进行挖掘，可以作为露天矿的主要采掘设备。对于采矿工艺固定，开采范围大的场合，应用于机械式挖掘机较合适；对于有一定机动性要求，或者需要选择开采的情况下，宜选用液压挖掘机。

2.2.1.4　矿用液压挖掘机的发展趋势

由于液压挖掘机具有一系列的优点，因此在露天开采中，大型液压挖掘机已取代了传统挖掘设备的中小型机械式挖掘机。在欧洲，斗容 8m³ 以下的机械式挖掘机已停止生产；斗容 8 ~ 16m³ 的机械挖掘机只占 10%；斗容 16 ~ 26m³ 的机械式挖掘机占 90%，相同规格的液压挖掘机都能买到。世界各国生产的液压挖掘机，规格多、品种齐全，归纳起来有以下特点。

（1）在老产品更新换代的基础上，向大型化发展。近年来，国外大型液压挖掘机的生产厂家作了大量的产品整顿工作，对老产品进行更新，并开发了许多新产品。从 1984 ~ 1989 年，100t 以上的液压挖掘机型号从 22 种增加到 26 种，其中有 13 种型号已不再生产制造，而为 17 种全新或改进型所代替。目前最大的液压挖掘机斗容 34m³，整机重 540t。据报道，在不久的将来市场上将会出现 600 ~ 800t 级的液压挖掘机，与大型机械式挖掘机相竞争。

（2）向机、电、液一体化发展。随着国外机械工业向机械化、微机化方向的不断发展，液压挖掘机的机、电、液一体化将日趋明显。所谓机、电、液一体化，就是将掘进机机体、传感器、信息处理（采用微型计算机）和执行元件等四部分有机地组合到一起，将执行所需的任务。

（3）采取有效措施节约能量，降低挖掘机的使用成本。目前柴油机的能量利用只有30%～40%，从柴油机输出轴到铲斗的传动总效率只有50%左右，因此大型液压挖掘机上都采用许多节能措施。例如普遍采用效率高的直喷式中冷或后冷涡轮增压柴油机；应用效率高、变量性能好的斜轴式轴向柱塞泵；柴油机采用自动怠速装置，随着挖掘机系统外负荷的降低，柴油机转速将自动下降到稳定转速状态，小时耗油量可降低10%～30%；应用恒温控制的通风机对冷却水温进行恒温调节；回转液压系统采用闭式回路恒扭矩控制；日本小松公司的液压挖掘机上采用 OLSS（开式中心载荷传感系统）和 CAOSE（计算机辅助最佳节能系统），可以节约能量17%～20%。

（4）完善和改进结构，提高产品的可靠性，延长其使用寿命。大型液压挖掘机上广泛采用标准化和通用化的零部件，主机设计中留有足够的强度储备系数，所用钢材进行超声波探伤检验。对新产品和个性产品的零部件进行严格的考核试验，以验证设计和个性的可靠性，并找出薄弱环节，改进设计或工艺，保证关键零部件合乎质量要求。建立全面质量管理体系，设置用户培训中心，产品技术资料齐全，备件充足。

（5）改善操作条件，提高司机工作的舒适性。大型液压挖掘机的司机室都具有舒适的工作环境。司机坐椅可以调节，视野良好，设有空调装置。司机室弹性安装以减少振动，良好的隔音措施，使司机室内噪声不超过85dB（A）。采用微机进行监测、控制、报警和诊断，如 DEMAG 公司的 Detronic-ELM 电子功率测量装置。SMEC4500 型液压挖掘机安装有自动润滑系统和集中监控系统。所有这些不仅减轻了司机劳动强度，而且能够提高装载效率。

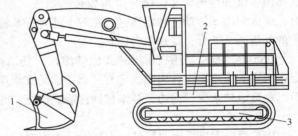

图 2-75 H85 型液压挖掘机
1—工作装置；2—回转装置；3—行走装置

2.2.2 H85 型液压挖掘机

H85 型液压挖掘机是我国与德马克合作制造的产品，主要由工作装置1、回转装置2 和行走装置3 等组成（图2-75），主要技术参数如表2-11 所示。

表 2-11 H85 型液压单斗挖掘机技术特征

名　称		特征参数	名　称	特征参数
铲斗容积/m³	正　铲	7.5，4.2	平台回转速度/r·min⁻¹	0～5.8
	反　铲	5，1.8	行走速度/km·h⁻¹	2～2.2
发动机型号		Cummins KT19-C450	最大爬坡能力/%	80
额定功率/kW(r/min)		328（1900）	接地比压/MPa	0.16
液压系统		极限负荷调节的三泵三回路	最大挖掘半径/m	10
最大流量/L·min⁻¹		2×412＋1×324	最大卸载高度/m	7.5
最大工作压力/MPa		30	整机重量/t	85

2.2.2.1 工作装置

H85 型液压挖掘机的工作装置如图2-76 所示，主要由动臂1、斗杆4、铲斗6 及相应的四组油缸组成。动臂一端铰接在回转台上，另一端与斗杆铰接，斗杆另一端与铲斗后壁铰接，斗后壁与前体铰接。四组油缸使工作装置产生四个动作，即动臂升降、斗杆升降、铲斗转运和开斗运动。

铲斗由前体和后壁两部分组成，这种铲斗为底卸式铲斗。卸料时油缸活塞向里收缩，打开前体。底卸式铲斗易于和运输车辆定位，铲斗开口可以控制，减少了对车辆的冲击，而且卸料干净。根据挖掘物料的容重不同，可以采用 $4.2m^3$、$5.5m^3$ 或 $7.5m^3$ 斗容量的铲斗。

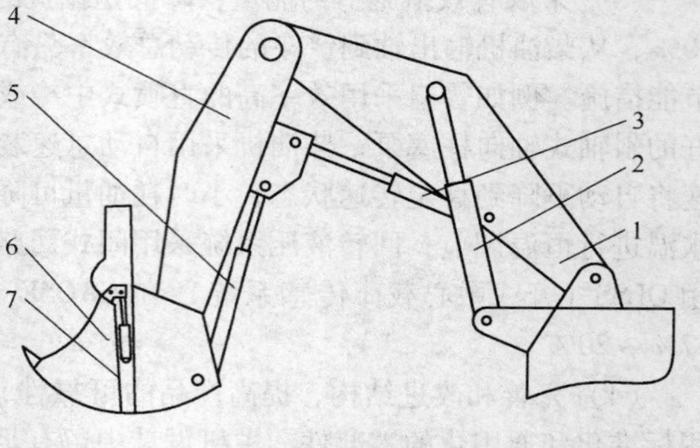

图 2-76　H85 型液压挖掘机工作装置

1—动臂；2—动臂油缸；3—斗杆油缸；4—斗杆；
5—铲斗油缸；6—铲斗；7—开斗油缸

2.2.2.2　回转装置

在回转平台上布置有柴油机、液压传动和回转传动机构、操纵系统等设备。平台为箱形焊接结构。柴油机经弹性联轴器、分动箱，驱动三台主泵、一台控制泵和一台冷却泵。挖掘机的回转机构由油马达、回转减速器、制动及回转滚盘等部分组成，传动系统如图 2-77 所示，减速器由一级圆柱齿轮和一级行星齿轮传动组成。油马达带动齿轮 1 转动，齿轮 1 与齿轮 2 啮合，使太阳轮 3 转动，转矩通过行星轮 5 从系杆 8 输出，使齿轮 6 转动，齿轮 6 与固定在底座上的外齿圈 7 啮合，实现平台回转。

H85 型挖掘机采用三排滚柱式回转滚盘，其结构如图 2-78 所示，其外圈用高强度螺栓固定在底座的支承座上，内圈固定在平台下面的支承座圈上，上下两排滚柱承受轴向力和倾覆力矩，垂直滚柱承受径向力。各滚柱间注满润滑脂，并设有密封装置。

2.2.2.3　行走装置

H85 型挖掘机采用双履带行走装置，根据对地比压的不同，可以选用 500mm 或 700mm 宽度的履带。两条履带独立驱动，其传动装置由油马达、制动器和减速器组成，最后驱动链轮旋转。两台油马达的压力油从平台上的主油泵经过控制系统和中央旋转接头送到下部。为了降低行走功率，采用后轮驱动。改变油马达的进油方向，可以实现挖掘机的前进或后退及转弯动作。

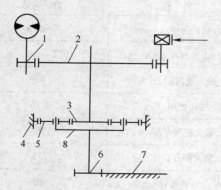

图 2-77　回转传动示意图

1, 2, 6—齿轮；3—太阳轮；4—壳体；
5—行星轮；7—大齿圈；8—系杆

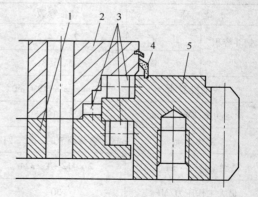

图 2-78　H85 型液压挖掘机回转滚盘

1—内下圈；2—内上圈；3—滚柱；
4—密封圈；5—外齿圈

行走传动装置如图 2-79 所示,行走油马达经一级圆柱齿轮和两级行星齿轮减速,将转矩传给驱动轮。该驱动装置布置在驱动轮旁,结构紧凑,体积小,广泛用于液压挖掘机上。

H85 型液压挖掘机采用油缸张紧履带,如图 2-80 所示,润滑脂张紧缸用螺栓固定在履带架上,油缸柱塞推动导向轮沿履带架导轨前后移动,从而张紧履带。油缸前部连接一个氮气缓冲器,其作用是当履带张紧后,由于路面高低不平,或有石块卡轨时,会造成履带过分张紧,此时缓冲器起到气体弹簧的作用,使履带放松,起到过载保护作用。

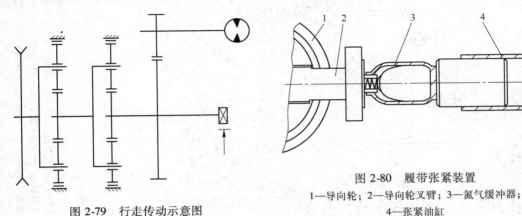

图 2-79　行走传动示意图

图 2-80　履带张紧装置
1—导向轮;2—导向轮叉臂;3—氮气缓冲器;
4—张紧油缸

2.2.2.4　液压元件

H85 型液压挖掘机有三台主油泵,其中两台 A7V355HD 型,一台 A7V250DR 型斜轴式轴向柱塞泵。由于挖掘机平台和底座经常相对旋转,需要把平台上油泵排出的高压油输送至行走油马达,低压油返回平台上的油箱,因此中间需要一个大型的旋转接头,实际上是一个多通路的活动式铰接管接头。

H85 型液压挖掘机的中央旋转接头如图 2-81 所示,其壳体固定在底座上,旋转芯轴跟随平台旋转,在相对旋转面间构成互相密封的压力油通道。旋转接头的主要组成部分为旋转芯轴 6、壳体 4、端盖 1、端面挡板 2、密封圈 3、壳体 4 和防尘圈 5 等。从油泵输出的压力油经换向阀组输送到芯轴端面的进油孔,然后通过芯轴上的纵向和横向孔及壳体上的环形槽到壳体的出油口,从而输至行走装置。回油和泄漏油也通过中央旋转接头返回平台上的油箱。

2.2.2.5　液压系统

H85 型液压挖掘机液压系统如图 2-82 所示,为极限负荷调节的三泵三回路液压系统。工作装置不工作时,油泵输出的压力油经过滤器 12 及换向阀组(21、22、23)流回油箱,功耗很小。如果操纵先导控制阀,那么各泵输出的压力油经过滤器 12—换向阀(21、22、23)—执行元件(油缸或马达),然后经换向阀组回油箱。

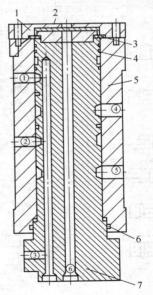

图 2-81　中央旋转接头
1—端盖;2—端面挡板;3—密封圈;
4—壳体;5—防尘圈;6—旋轴芯轴
①,②—右行走马达的进/出油口;③—行走制动器的进油口;④,⑤—左行走马达的进/出油口;⑥—泄漏油口

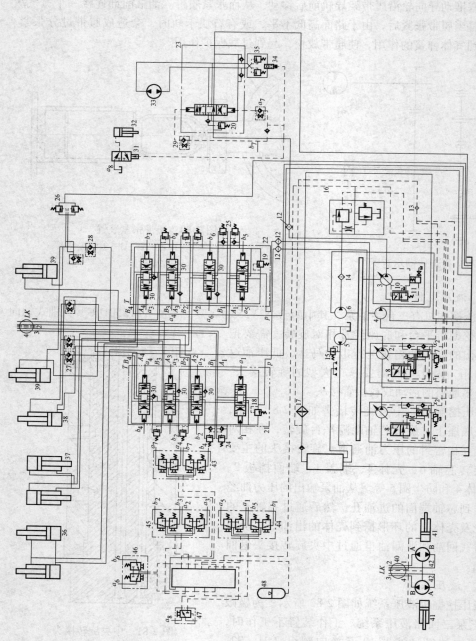

图 2-82　H85 型液压挖掘机液压系统图

1～3—油泵；4—冷却泵；5—润滑泵；6—控制泵；7、15—安全阀；8、10—同服控制阀；9、11—调节柱塞缸；12～14—过滤器；16—极限负荷调节阀；17—冷却器；18～20—主安全阀（一次安全阀）；21～23—换向阀组；24～26、35—安全阀（二次安全阀）；27～29—单向节流阀；30—单向阀；31—液控换向阀；32—回转制动阀；33、42—油马达；34—液控换向阀；36—升斗油缸；37—铲斗油缸；38—斗杆油缸；39—动臂油缸；40—中央旋转接头；41—行走制动阀；43～45—四联先导控制阀；46—双联先导控制阀；47—单联先导控制阀；48—蓄能器

换向阀组 21、22 各由四个换向阀组成，控制挖掘机的全部作业动作。换向阀组 21 控制斗杆油缸、动臂油缸、铲斗油缸和左行走油马达；换向阀组 22 控制动臂油缸、斗杆油缸、升斗油缸和右行走油马达。为了充分利用系统能量，实现最佳工作状态，在动臂或斗杆单独动作时，换向阀组 21、22 可以自动实现阀外合流。每组换向阀组都装有一个先导式安全阀（一次安全阀），设定压力 30MPa，用来限制工作系统的最高压力，保护油泵和执行元件。同时在每一个工作回路中还附加安装了一个分路过载阀（二次安全阀），用以限制工作回路的闭锁压力。换向阀组 23 是平台回转回路控制阀，也装有一个先导式主安全阀，其调定压力为 28MPa。

为了充分利用发动机功率，降低能量损失和减少系统发热，主泵 1 和 2 采用恒功率变量控制，主泵 3 采用恒扭矩变量控制。

控制泵 6 为定量泵，通过分动箱与柴油机相连，产生与柴油发动机转速成正比的输出流量，该流量输入极限负荷调节阀 16，在其上形成压力差。该压力油一路送至主泵 1 和 2 的入口 X_2，同时另一路又分①为先导操纵系统提供压力油，②到主泵 1 和 2 的入口（X_2）-单向阀-调节柱塞缸 9 的小腔。控制泵 6 的输出流量应使极限负荷调节阀 16 产生足够大的调节压力，以便推动主泵的伺服控制阀 8。压力油流程为调节柱塞缸 9（小腔）-伺服控制阀 8-调节柱塞缸（大腔），此时泵摆动到大的输出流量位置。如果由于外载荷使柴油机的转速下降，那么控制泵 6 的输出流量就会减小，从而引起调节压力下降，伺服控制阀 8 在弹簧力的作用下向上移动，使泵的摆角减小，直到重新平衡。由于调节阀 16 中的压差与柴油机转速（在 1750 ~ 1950r/min 范围内）呈反比变化，因此在工作过程中可以保证柴油机功率的利用总是处于最佳状态，即根据负载的变化改变泵的流量，使泵的液压功率相接近。

两个主泵 1 和 2 还分别安装了压力限制阀 7，如果在工作时压力达到 29MPa，那么压力限制阀就会打开，从而使调节柱塞缸 9 大腔中的压力油流回油箱，泵摆到最小输出流量位置，防止大流量压力油经主安全阀溢流造成功率损失和温升。

泵 3 有一个取决于全回转系统负荷的恒压变量机构。泵 3 产生的工作压力作用在调节柱塞缸 11 的小腔，使泵一直保持大的摆角。直到系统达到控制阀 10 的调定压力，控制阀被接通，使压力油也作用在调节柱塞缸 11 的大腔，泵的摆角开始减少，直到压力重新平衡为止。如果工作压力下降到低于控制阀 10 的调定压力，泵又重新增大摆角，加大输出流量。

单向阀 30 的作用是当斗杆、动臂动作时，如果泵 1 和 2 的主安全阀调定压力不相同，防止压力油倒流，以及防止当负载突然增加，作业装置不致下沉。单向节流阀 27、28 用于确保油缸快速伸出而慢速回缩。换向阀 31 使回转制动器 32 只能在回转油马达 33 不工作时才能进行制动。换向阀 34 是为快速变换回转机构的旋转方向时保护油马达和减速器而设置的。蓄能器 48 用于储存压力油，当泵突然停止工作时，提供压力油操纵先导控制阀完成停机动作。

2.2.3　主要机构分析

矿用液压挖掘机主要用于挖掘停机平面以上的土壤，所以多采用正铲工作装置。下面着重说明正铲液压挖掘机的结构、运动和特点。

2.2.3.1　工作装置

正铲工作装置由动臂、斗杆、铲斗及相应的三组油缸及油管路等组成。正铲工作装置的结构有多种形式，常用的如图 2-83 所示，图 a 为直动臂弯斗杆，图 b 为弯动臂直斗杆，图 c 为直动臂直斗杆。这几种形式除动臂、斗杆的形状不同外，油缸铰点相对于动臂、斗杆和铲斗铰点中心线的位置也不同，但其工作原理是一样的。动臂、斗杆、铲斗的长度尺寸和转角范围根据作业尺寸确定。根据经验数据，动臂与斗杆长度之比为 1.2 ~ 1.4，动臂转角 -5° ~ 75°，斗杆

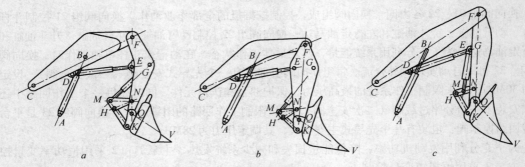

图 2-83　正铲工作装置的结构形式

a—直动臂弯斗杆；b—弯动臂直斗杆；c—直动臂直斗杆

转角 40°~120°，铲斗转角 145°~265°。矿用液压挖掘机采用整体动臂和整体斗杆，为箱形断面的焊接结构或铸焊结构。铲斗有前卸式和底卸式两种，一般铲斗设有几种不同的容积，根据挖掘物料的不同而换装。

正铲工作装置通过三组油缸的动作，决定了斗齿尖的各瞬时位置。

为了改善和提高液压挖掘机的性能，铲斗实现水平直线推移和平行提升动作，增大铲斗齿尖的挖掘力与动臂的提升力是其重要特点之一。日立 UH801 型液压挖掘机（图 2-84）通过增

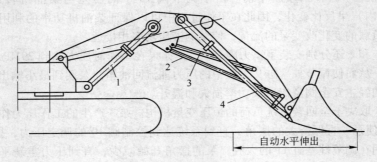

图 2-84　UH801 型液压挖掘机工作装置

1—动臂油缸；2—斗杆油缸；3—连杆油缸；4—铲斗油缸

加的连杆油缸来实现铲斗的水平动作。连杆油缸与动臂油缸之间大腔（活塞腔）与大腔相通，小腔（活塞杆腔）与小腔相通，形成闭式油路。斗杆前伸时连杆油缸被迫拉长，液压油进入动臂油缸小腔，使动臂下降；相反，斗杆回缩时动臂上升。因而在挖掘作业中只需控制一个斗杆油缸，就能使铲斗实现水平推移运动。UH801 型液压挖掘机的铲斗水平推移距离达 4.85m。挖掘过程中铲斗切入料堆所遇到的反力使动臂油缸受压，此外工作装置的自重也引起动臂油缸大腔中压力增高。由于动臂油缸的大腔与连杆油缸的大腔相通，有助于斗杆前伸，加大了推压时斗齿尖的挖掘力。

在铲斗提升过程中，希望铲斗对地面的倾角不变，以防止斗内物料撒落。CAT245 型液压挖掘机工作装置上采用了辅助油缸，如图 2-85 所示，其

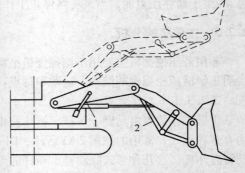

图 2-85　CAT245 型工作装置

1—辅助油缸；2—铲斗油缸

大、小油腔分别与铲斗油缸的大、小油腔相通。当动臂提升时，辅助油缸被拉长，辅助油缸和铲斗油缸之间的闭式油路中产生液流，使铲斗油缸回缩，铲斗按顺时针方向转动，从而保持铲斗相对地面的倾角不变，实现近似水平提升动作。在挖掘过程中，动臂下降，辅助油缸被压缩，铲斗油缸大腔中压力升高，因而它可以和斗杆油缸并行地工作，提高斗齿尖的挖掘力。在装载期间铲斗油缸受压，当铲斗操纵阀处于中位时，辅助油缸大腔中压力升高，从而提高了动臂提升力。

O&K 公司的 C 系列大型液压挖掘机上采用 Tri-power 机构来实现较理想的挖掘装载性能。如图 2-86 所示，它是一个 12 杆平面连杆机构，其关键部分是铰接于动臂 E 点处的三角形杠杆，该杠杆的三个顶点 H、F、G 分别与铲斗油缸、动臂油缸和连杆 GB 铰接。三角形杠杆既随动臂运动，又绕 E 点转动。在挖掘过程中，斗杆油缸伸长，铲斗推出，动臂油缸处于浮动位置。斗杆在向前推进时，动臂因自重作用下降，由此保持四边形 HIJK 各对应边基本平行，从而使铲斗相对地面倾角不变，并作水平直线运动。当动臂提升时，动臂油缸伸长，三角形杠杆绕 E 点顺时针转动，而铲斗则绕 J 点相应地逆时针转动，仍然保持四边形 HIJK 各对应边的基本平行，从而保证铲斗在提升过程中与水平面夹角不变。Tri-power 机构不仅改善了操作条件，而且能提高斗齿挖掘力，增大动臂提升力矩。斗杆挖掘时，铲斗油缸受压，使绕 I 点转动的力矩增大，斗齿尖的挖掘力提高。提升时动臂油缸伸出，在铲斗上产生一个阻力矩作用于铲斗油缸，使之受到压缩，通过三角形杠杆使连杆 GB 受压，因而对动臂形成一个附加力矩，增大了动臂提升力矩。

小松公司的 PC1500 型液压挖掘机（图 2-87）在动臂和斗杆之间增加了三角形连接板，与调整油缸 1 和斗杆相连，用来补偿挖掘时斗杆油缸长度的变化。当斗杆油缸向前推进时，调整油缸也伸长。若调整油缸和动臂油缸的油路相通，则调整油缸中的油流入动臂油缸使其缩短，因此在三角板的作用下，铲斗角度保持不变，为水平挖掘。如果动臂油缸与调整油缸油路不相

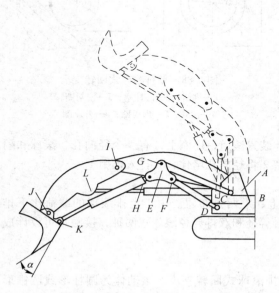

图 2-86　Tri-power 机构工作装置
FD—动臂油缸；LA—斗杆油缸；KH—铲斗
油缸；GHF—三角形杠杆；GB—连杆

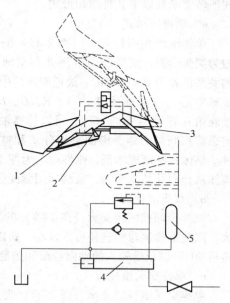

图 2-87　PC1500 型液压挖掘机工作装置
1—调整油缸；2—连接板；3—动臂油缸；
4—辅助油缸；5—蓄能器

通，则调整油缸中的油液流回油箱，铲斗作弧形运动。该机还具有工作装置重量补偿系统，它由辅助油缸、氮气蓄能器、安全阀和单向阀等组成，如图 2-87 所示。当动臂下降时，安装在两个动臂中间的辅助油缸活塞杆缩回，则大腔中的压力油进入蓄能器，使动臂的势能转换为液压能储存在蓄能器中。当动臂提升时，压力油从蓄能器中进入辅助油缸，推动动臂上升，于是储存的能量被重新利用。

2.2.3.2　回转装置

液压挖掘机的回转时间约占整个工作循环时间的 50%～70%，能量消耗约占 25%～40%，回转系统的发热量占总发热量的 30%～40%，因此回转装置对提高生产率和功率利用具有重要意义。

回转装置的作用是支承和驱动平台回转，其结构由回转支承和回转传动装置所组成。

A　回转支承的构造

液压挖掘机采用滚动轴承式回转支承，具有尺寸小、结构紧凑、承载能力大、回转摩擦阻力小、维护方便、使用寿命长等优点。它是在普通滚动轴承基础上发展起来的，但又有其特点。普通轴承内、外座圈的宽度与径向尺寸之比远大于回转支承，其刚度靠轴和轴承座装配来保证，而回转支承则靠支承它的平台和底座来保证。回转支承转速低，约在 5r/min 左右，通常承受轴向载荷、径向载荷和倾翻力矩，因此滚动体与滚道的变化次数较少，失效形式主要是塑性变形，设计时主要进行负荷能力计算。

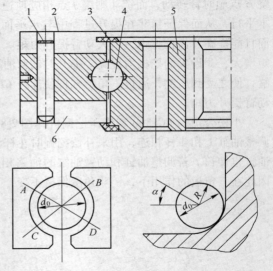

根据滚动体的形式与排数不同，滚动轴承式回转支承有以下几种结构形式。

a　单排滚球式

单排滚球式回转支承（图 2-88）的滚道一般为圆弧曲面，滚道断面半径 R 与滚球直径 d_0 的关系推荐为 $R = 0.52d_0$。滚道断面的中心偏离滚球中心，与滚球内切于 A、B、C、D 四点，接触角 α 有 45°、50°、60°，可以传递轴向、径向载荷和倾翻力矩。座圈有剖分式和整体式两

图 2-88　单排滚球式回转支承
1—锥销；2—圆柱塞；3—密封圈；
4—滚球；5—内齿圈；6—外座圈

种。整体式座圈成本低，刚性好。为便于滚动体装入滚道，座圈上开有一个径向孔，滚球和隔离体从径向孔装入滚道，装满后用紧配合圆柱塞 2 将径向孔堵住，并打入锥销 1。

b　双排滚球式

双排滚球式回转支承（图 2-89）的滚球分上、下两排布置。由于上排滚球的载荷比下排大，因此下排滚球的直径可以减小，所以有双排等径和双排异径滚球式两种，接触角可设计成接近 90°，以承受较大的轴向载荷和倾翻力矩。

c　单排交叉滚柱式

单排交叉滚柱式支承（图 2-90）类似于单排滚球式回转支承。滚动体为圆柱形或圆锥形滚柱，相邻滚柱的轴线成 90°交叉排列。通常滚柱的长度应较其直径短 0.5～1mm，内外座圈各有两条滚道，其断面为直线形，接触角为 45°。理论上滚柱与滚道是线接触，滚动接触应力分布在整个滚道上，比点接触式应力小。滚道断面加工工艺性好，结构简单紧凑，滚盘高度小，

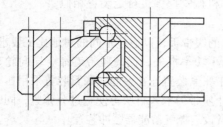

图 2-89 双排滚球式回转支承

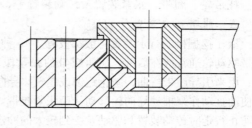

图 2-90 单排交叉滚柱式回转支承

承载能力大，挖掘机重心低，稳定性好。

　　d　三排滚柱式

　　三排滚柱式回转支承（图 2-91）的两排滚柱水平布置，以承受轴向载荷和倾翻力矩；第三排滚柱呈垂直放置，以承受径向载荷。这种回转支承的特点是承载能力大，主要用于大型液压挖掘机。

　　我国已制定了《回转支承形式、基本参数和技术要求》（JB 2300—84），设计时可根据载荷大小选用。

　　B　回转传动方式

　　回转装置可采用 1 个或 2 个油马达驱动。采用两个油马达时，可以减少每套回转机构的尺寸，相应的齿圈上的齿轮模数可以减小，并且在回转平台上易于布置。两个油马达相对于齿圈布置形式通常根据平台上的位置来决定。对称布置的回转传动方式可使滚盘受力更为合理，延长滚盘的使用寿命。

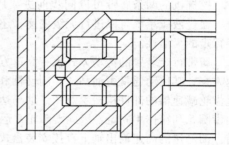

图 2-91 三排滚柱式回转支承

　　按油马达结构形式可分为"高速方案"和"低速方案"两类。

　　由高速油马达经减速箱带动回转小齿轮绕固定大齿圈转动，实现平台回转的称为高速方案。减速器可以是正齿轮减速、行星齿轮减速或行星摆线针轮减速。高速方案具有体积小，效率高，发热和功率损失小，工作可靠，可以与泵的主要零件通用等优点。约有80%的液压挖掘机采用高速方案。

　　由低速大扭矩油马达直接带动回转小齿轮实现平台回转的称为低速方案。常用内曲线低速大扭矩油马达。低速方案传动简单，启动制动性能好，对油污染的敏感性小，约有20%的液压挖掘机采用低速方案。

　　回转装置的制动通常有液压、机械、液压-机械联合制动三种方式。此外，为了使挖掘机在斜坡上停机或调动性行走时平台不至于回转，还设有插销装置，以保证平台和底座定位可靠。

2.2.3.3　行走装置

　　行走装置是液压挖掘机的支承部分，它承受挖掘机的自重及工作装置挖掘时的反力，并使挖掘机做工作性和调动性的移动。

　　行走装置应满足下列要求：有较大的牵引力，有较强的爬坡和转弯能力；有较大的离地间隙，通过性能好；有较大的支承面积，对地比压小；整机工作稳定性高；下坡不打滑，安全可靠性好。

　　矿用液压挖掘机普遍采用履带行走装置，它包括底座、履带架、驱动轮、导向轮、支重轮、托带轮、履带、张紧装置及传动装置等，其构造和机械式挖掘机行走装置相似。

A 履带行走装置的构造

液压挖掘机的行走装置一般都设有 2～3 种不同宽度的履带板，以适应不同的对地比压要求。履带驱动轮通常放在后部，从而履带的张紧段较短，减小功率损失，提高履带寿命。导向轮光面，用来引导履带弯曲，防止跑偏或越轨。导向轮和履带张紧装置连在一起。张紧装置采用压力油使油缸动作来推动导向轮移动从而张紧履带。为了防止履带因卡入石块等使它过分张紧，同时为防止行走时传动装置和驱动轮受到较大的冲击负荷，常设有氮气蓄能器缓冲装置。

挖掘机多采用多支点式履带行走装置。托带轮支承履带，使其不致过分下垂。支重轮位于履带架的下部，支承着整机重力。支重轮和托带轮均采用浮动密封和永久性润滑。行走装置的底座一般是组合式结构，既便于拆装和运输，也便于实现履带架的变型。

B 履带行走装置的传动方式

液压挖掘机的两条履带常采用独立驱动，通过油马达及减速器把扭矩传给驱动轮。它与单电动机驱动行走装置的机械式挖掘机相比，省去了一套复杂的锥齿轮、离合器及传动轴等零件。挖掘机的两条履带可以同步前进或后退，也可以一条履带驱动，一条履带制动转弯。此外，通过液压系统可以进行无级变速，还可以使两条履带相反方向驱动，实现原地转弯，提高了行走的灵活性。

履带行走装置的传动方式也有高速方案和低速方案两种。国外矿用液压挖掘机广泛采用高速方案，其传动通常由油马达、制动器和减速器组成一个紧凑的独立部件。图 2-92 为单列行星齿轮减速器的部件构造示意图。油马达 1 经两级正齿轮 2、3 驱动行星轮系的太阳轮 8。由于内齿圈 5 和箱体 4 固定，因此太阳轮 8 运转时驱动行星轮 7 绕内齿圈 5 转动，从而驱动轮 6 旋转。油马达的高速输出轴上直接安装盘式制动器 9，结构紧凑，制动效果良好。

行走机构的制动器有常闭式和常开式两种。常闭式制动器平时用弹簧力抱闸，工作时用压力油松开；常开式制动器用液压或手动操纵紧闸。

有些液压挖掘机采用低速大扭矩油马达，可省去减速装置，使结构大为简化。但因行走机构在爬坡或转弯时阻力很大，低速油马达在速度较低时效率很低，故一般采用一级正齿轮减速（图 2-93）或一级行星齿轮减速，以减少低速油马达的扭矩和径向尺寸。

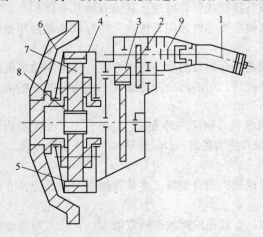

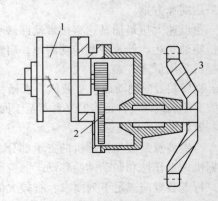

图 2-92 行走减速器   图 2-93 低速大扭矩油马达传动示意图
1—油马达；2，3—正齿轮；4—箱体；5—内齿圈；   1—油马达；2—一级正齿轮减速箱；
6—驱动轮；7—行星轮；8—太阳轮；9—盘式制动器   3—驱动轮

在履带行走装置中采用高速方案或低速方案各有优缺点。前者油马达可靠，离地间隙大，但减速装置较复杂；后者减速装置可简化，但马达径向尺寸大，离地间隙小，且效率低。行走装置采用高速方案或低速方案常与回转机构统一考虑，因为回转油马达与行走油马达常采用同一规格。

2.2.4 液压系统

按照液压挖掘机各个机构和装置的传动要求，把各种油元件按一定方式用管路有机地连接起来的组合体称为液压挖掘机的液压系统。液压系统的功能是把发动机的机械能以液压油为介质，利用油泵转变为液压能进行传递，然后再通过油缸和油马达等执行元件转为机械能，实现挖掘机的各种动作。

矿用液压挖掘机的液压传动装置流量大，工作过程中除了执行元件单独动作外，还要求有复合动作；压力高，并且承受较大的冲击负荷，因此应具有很高的强度、可靠性及较长的使用寿命。此外液压系统应充分利用发动机功率，最大限度地降低能量消耗和减少系统的发热。

液压系统按照主液压泵数量可分为单泵、双泵和多泵系统，按照功率调节方式分为定量系统和变量系统。矿用液压挖掘机多是采用双泵或多泵变量系统。

2.2.4.1 定量系统

在定量系统中，流量固定，不能因外载变化而调整流量。因此，外载小时不能增大流量提高作业速度，功率得不到充分利用；而当外载荷大时，又不能减少流量克服尖峰负荷。为了满足作业要求，定量系统的发动机功率要根据最大外载荷和作业速度来确定。定量系统只用在小型液压挖掘机上。

图 2-94 为双泵双回路定量液压系统原理和特性。在双泵双回路系统中，通常将执行元件采用下列组合方案：

泵 I 供第一回路：右（左）行走油马达，回转油马达，斗杆油缸（或铲斗油缸）；

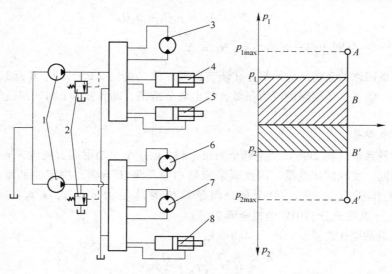

图 2-94　双泵双回路定量液压系统原理和特性

1—油泵；2—安全溢流阀；3—左行走油马达；4—动臂油缸；5—铲斗油缸；

6—右行走油马达；7—回转油马达；8—斗杆油缸

泵Ⅱ供第二回路：左（右）行走油马达，动臂油缸；铲斗油缸（或斗杆油缸）。

在双泵双回路系统中，液压挖掘机的六个执行元件通常不采用二、四或一、五分组，因为它不利于泵的负荷均衡和元件的复合动作，而是按三、三分组的方式进行组合，即上述组合方案可以保证左、右履带单独驱动，以克服不同的行走阻力，实现直线行走和原地转弯；保证平台和动臂单独运动，又可以实现回转和满斗动臂提升的复合运作；保证铲斗和斗杆单独驱动，并实现其复合动作。

2.2.4.2　变量系统

变量系统采用变量泵作为主油泵，一般为双泵双回路液压系统。变量泵在其变量范围内，流量随外载荷的不同而变化。当外载荷小时可以增大流量，加快作业速度；外载荷大时，流量减小，以克服尖峰负荷，功率基本保持不变。变量系统的发动机功率根据挖掘机工作中需克服的平均外载荷和作业速度来确定。

在双泵双回路变量液压系统中，根据两个回路的变量有无关联，分为分功率变量和全功率变量两种。

A　分功率变量系统

分功率变量系统（图 2-95）的两台油泵 1 和 2 具有各自的功率调节机构 3 和 4，油泵的流量变化只受该泵所在回程压力变化的影响，而与另一回路的压力变化无关，即两个回路的油泵各自独立地进行恒功率调节变量。

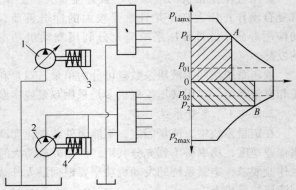

图 2-95　分功率变量系统
1，2—液压泵；3，4—功率调节器

分功率变量系统的发动机功率平均分配给两台泵，每一回路拥有发动机功率的一半。设 p_1、p_2 和 Q_1、Q_2 分别为两台泵的压力和流量，则总功率 $N(\mathrm{W})$

$$N = N_1 + N_2 = p_1 Q_1 + p_2 Q_2 \tag{2-15}$$

式中　N_1、N_2——分别为两台泵的功率，$N_1 = N_2 = \dfrac{N}{2}$。

只有当两条回路的系统压力 p 都处在调节范围以内（如图 2-95 中 A、B 点），发动机功率才能充分利用。假若一条回路的压力很低，超出调节范围，即 $p < p_0$，则该回路的功率就不能充分利用。

B　全功率变量系统

全功率变量系统（图 2-96）就是两个油泵 1 和 2 由一个总功率调节机构 3 平衡调节，使两泵摆角始终相同，实现同步变量，因此两泵流量相等，即 $Q_1 = Q_2$。决定油泵流量变化的不是一条回路的工作压力 p_1 或 p_2 单个值，而是系统的总压力 $p = p_1 + p_2$。只要满足条件 $2p_0 < p < 2p_{max}$，就能充分利用发动机全部功率。

全功率变量系统在变量范围内，总功率是

$$N = \frac{Q}{2} p_1 + \frac{Q}{2} p_2 \tag{2-16}$$

式中　Q——两台变量泵输出的总流量，$\mathrm{m^3/s}$；

p_1、p_2——分别为两条回路的系统工作压力，Pa。

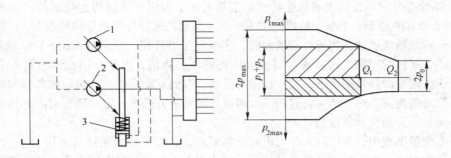

图 2-96　全功率变量系统
1，2—变量泵；3—功率调节器

由于两泵流量相等，各泵输出功率决定于回路压力 p_1 和 p_2，外载荷大的回路，泵的输出功率也大。同时司机易于掌握调速，尤其对行走装置，由于两个行走油马达的转速相等，尽管左右履带的外部阻力有所不同，仍能保证整机直线行走。挖掘作业时，虽然一条回路上外载荷较大，但由于两条回路中流量相等，作业速度仍可加快；当两泵负荷不等，即使一泵空载时，另一台泵仍可全负荷甚至超载运转，因此油泵寿命较低。

全功率变量系统可以采用机械联动或者液压联动调节机构。

机械联动全功率变量（图 2-97a）的两台油泵利用连杆联动，由一个公共的调节器进行变量。调节器是一个带阶梯形柱塞 1 的滑阀 2，柱塞的小端面积与阶梯环形面积相等。由两条主回路引出的控制油分别进入小端腔和环形腔，推动柱塞左移，通过连杆 3 带动两台变量泵。

液压联动全功率变量（图 2-97b）的两台油泵各配置一个调节器，两条回路的控制油各通入本泵调节器的环形腔和另一台泵调节器的小端腔，实现液压联动。因小端腔面积与环形腔面积相等，各泵压力的变化对调节器的推动效应相同，从而实现全功率变量。

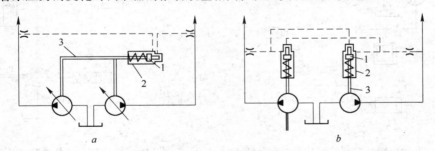

图 2-97　全功率变量的调节机构
a—机械式；b—液压式
1—柱塞；2—滑阀；3—连杆

2.2.4.3　恒功率与恒压组合调节的变量系统

近年来，随着矿用液压挖掘机向大型化发展，在液压系统中出现了一些新的形式，以便充分利用发动机功率，降低能量损失，减少系统发热，延长液压元件寿命。

A　发动机转速控制的恒功率变量系统

上述变量系统中，油泵根据系统工作压力 p 进行流量调节，不考虑油泵转速变化的影响，实际上发动机和油泵的转速在一定范围内从低速到额定转速变化。而当发动机转速变化时，其输出扭矩也发生变化，只用工作压力 p 来控制泵的排量，是一种恒扭矩的变量系统（因为扭矩

$M = pq$），不能充分利用发动机的扭矩特性。于是出现了利用发动机转速控制的恒功率变量系统，图 2-98 为其原理图。主泵 3 构成两个主回路，发动机通过分动箱带动控制泵 1，通过定比减压阀 2 向控制油路供油。当外负荷增大时，主油路压力升高，发动机转速下降，使控制泵 1 的流量减小，通过减压阀 2 转换成与转速成比例的压力降低，因此作用在调节器 4 上的力减少，主泵 3 在调节器弹簧推动下，减小摆角和流量，直到发动机的输出扭矩和功率与外负荷达到平衡。当外负荷减小时，情况正好相反。因而这种变量方式在一定转速范围内充分利用发动机功率，而且不会使发动机过载。

恒功率变量系统中，系统最大压力由安全阀限定，若系统压力超过最大压力 p_{max}，压力油经安全阀流向油箱。矿用液压挖掘机的外负荷变化很大，常使回路中压力升高甚至超过最大压力，此时液压功率就以溢流形式损耗，引起系统发热，功率损失。

B　恒压控制变量系统

图 2-99 为恒压控制变量系统的原理。油泵 1 的调节器 2 由控制油路 4 控制，控制油路设有节流阀 3 和顺序阀 5。正常情况下，顺序阀 5 关闭，油泵在调节器的弹簧作用下，以一定摆角输出流量。外负荷增大时，主回路的工作压力升高。当压力升高到一定程度时，顺序阀 5 开启，主回路的一部分压力油流入控制回路。控制油路中的压力 Δp 与所通过的控制油的流量成比例（因节流阀的作用）。当泵供油超过执行元件所需油量时，控制油量增加，控制压力 Δp 增高，通过调节器 2，使油泵摆角减小，则流量减小，从而通入控制油路的流量随之减小，压力 Δp 降低，调节器 2 又使油泵摆角增大，流量加大，直到平衡为止。

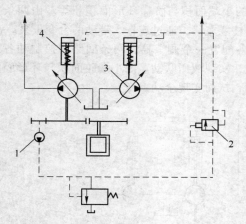
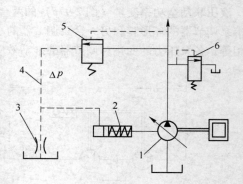

图 2-98　发动机转速控制的恒功率变量系统　　　　图 2-99　恒压控制变量系统的原理
1—控制泵；2—定比减压阀；　　　　　　　　　　1—油泵；2—调节器；3—节流阀；
3—主泵；4—调节器　　　　　　　　　　　　　　4—控制油路；5—顺序阀；6—安全阀

此时油泵 1 的流量除了系统泄漏和少量控制油以外，全部供给执行元件，没有溢流损失。但是当外负荷极大而执行元件不能运动时，恒压调节只能使油泵摆角最小，流量降至最低，而不可能为零，液压系统仍需溢流，所以在主回路中设置安全阀 6，其调定压力可以略高于顺序阀 5 的压力。

C　恒功率与恒压组合调节的变量系统

将恒压控制应用到恒功率变量系统中，就是恒功率恒压组合调节的变量系统，也有分功率恒压和全功率恒压调节两种。

图 2-100 为全功率与恒压组合调节变量系统的原理图。

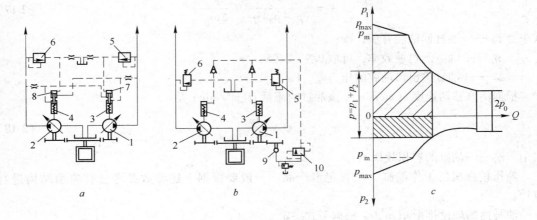

图 2-100　全功率恒压组合调节变量系统的原理图

a—液压控制；b—发动机转速控制；c—变量特性曲线

1，2—油泵；3，4—调节器；5，6—顺序阀；

7，8—恒压调节缸；9—控制泵；10—定比减压阀

液压控制的变量系统中，油泵 1、2 向两个主回路供油，流量为 Q，系统压力分别为 p_1 和 p_2。当 $2p_0 < p < 2p_m (p = p_1 + p_2)$ 时，油泵 1、2 的控制油经过节流阀同时进入调节器 3、4，实现全功率调节。其中任一回路超负荷时，高压油打开顺序阀 5（或 6）进入恒压调节缸 7（或 8），实现恒压调节，此时供油与需油平衡，基本上没有溢流损失。

发动机转速控制的变量系统中，控制泵 9 的输出流量与发动机转速成比例，当系统工作压力 $2p_0 < p < 2p_m$ 时，控制油经定比减压阀 10 同时进入两个调节器 3、4，油泵 1、2 的流量按发动机转速全功率调节。当任一回路超载时，主回路高压油经顺序阀 5（或 6）进入调节器 3（或 4），使油泵按恒压调节。

矿用液压挖掘机在大负载挖掘或回转启动制动过程中都会发生溢流现象，功率损失很大。采用恒功率恒压组合调节，在一般负荷下可以无级调整，充分利用发动机功率。而当大负荷时，可以使油泵输出流量与执行元件需要流量相平衡，溢流损失极小。

2.2.5　主要参数计算

2.2.5.1　液压系统的压力和流量

系统工作压力 p 和流量 Q 是液压系统的主要参数。压力的选择要考虑液压元件、密封技术制造精度等诸多因素。在一定外负荷条件下，工作压力越高，则各液压元件的尺寸越小，质量轻，系统效率也高。所以矿用液压挖掘机应尽可能选择较高的工作压力。但压力过高，密封要求也高，制造维修困难，增大了振动和冲击，影响元件寿命和可靠性。目前矿用液压挖掘机的工作压力为 25 ~ 35MPa。

根据工作压力，即可选择液压元件。将同时工作的元件流量叠加，并取叠加数中最大值，就是系统流量 Q。压力和流量的确定，应符合国家标准"液压气动系统及元件—公称压力系列"（GB 2346—80）和"液压泵及液压马达公称排量系统"（GB 2347—80）。

2.2.5.2　油缸、油马达和油泵流量

油缸的有效面积 $A(m^2)$ 是根据系统工作压力 $p(Pa)$ 和外负荷 $F(N)$ 确定的。

$$A = \frac{F}{(p - p_0)\eta_i} = \frac{F}{\Delta p \eta_i} \qquad (2-17)$$

式中　p_0——油缸回油腔背压，Pa；

　　　η_i——油缸的机械效率，可取 0.9～0.95；

　　　Δp——油缸进出口油腔的压力差，Pa。

　　根据活塞移动速度 $v(\mathrm{m/min})$，该油缸的流量 $Q(\mathrm{m^3/min})$ 是

$$Q = \frac{Av}{\eta_v} \qquad (2-18)$$

式中　η_v——油缸的容积效率。

　　液压挖掘机的工作油缸，没有定型产品，一般要根据上述参数参考已有典型结构进行设计。

　　油马达的理论排量 $q(\mathrm{m^3/r})$ 根据下式决定

$$q = \frac{2\pi M}{\Delta p \eta_i} \qquad (2-19)$$

式中　M——油马达的输出扭矩，N·m；

　　　Δp——油马达进出油腔的压力差，Pa；

　　　η_i——油马达的机械效率。

　　油马达的实际流量

$$Q = \frac{q n_{\max}}{\eta_v} \qquad (2-20)$$

式中　$n_{\max}$——油马达最高转速，r/min；

　　　η_v——油马达容积效率。

　　油泵的工作压力 p_p 要大于执行元件的最大工作压力 p_1，即

$$p_p \geqslant p_1 + \Delta p_1 \qquad (2-21)$$

式中　Δp_1——从油泵到执行元件的管路压力损失。

　　油泵的流量 Q_p 要大于该泵同时驱动的若干执行元件所需总流量 ΣQ，即

$$Q_p = k\Sigma Q \qquad (2-22)$$

式中　k——系统泄漏系数，取 1.1～1.3。

2.2.5.3　液压功率和发动机功率

油泵的液压功率

$$N_p = \frac{p_p Q_p}{\eta R} \qquad (2-23)$$

式中　N_p——油泵的液压功率，W；

　　　p_p——油泵的最高工作压力，Pa；

　　　Q_p——油泵的最大流量，$\mathrm{m^3/s}$；

　　　η——油泵的总效率；

　　　R——变量系数，对于定量泵，$R = 1$；对于变量泵，$R = p_{\max}/p_0$；

　　$p_{\max}$——系统最高工作压力，Pa；

　　　p_0——油泵始调压力，Pa。

发动机功率根据系统方案确定。若是变量系统，由于油泵经常在满载甚至在超载情况下工作，功率利用系数比较高，据统计可达85%以上。为了保证功率储备，延长油泵和发动机的使用寿命，并考虑到辅助油泵、操纵系统、冷却装置等辅助设备的动力消耗，发动机功率 N 可取为

$$N = (1.0 \sim 1.3)N_p$$

定量系统的发动机功率利用系数较低，一般只有60%左右，所损失的功率全部变成热量，因此，确定发动机功率时可以取得低些。对于双泵双回路定量系统，发动机功率可取为

$$N = (0.8 \sim 1.1)N_p \tag{2-24}$$

2.2.6 选型与计算

2.2.6.1 选型

挖掘机选型主要是根据矿山采剥总量、矿岩物理机械性质、开采工艺和设备性能等条件确定，以充分发挥矿山生产设备的效率，各工艺环节生产设备之间相互适应，设备配套合理。一般作法是，首先选择合适的铲装设备，并确定与之配套的运输设备，然后选择钻孔设备。主体设备合理配套之后，再选择辅助设备。

特大型露天矿一般选用斗容不小于 $10m^3$ 的挖掘机；大型露天矿一般选用斗容为 $4 \sim 10m^3$ 挖掘机；中型露天矿一般选用斗容为 $2 \sim 4m^3$ 挖掘机；小型露天矿一般选用斗容为 $1 \sim 2m^3$ 挖掘机。

采用汽车运输时，挖掘机斗容与汽车载重量要合理匹配，一般是一车应装 $4 \sim 6$ 斗。

设备选型还要与开拓运输方案统一考虑，使装载运输成本低，机动灵活，经济合理。

2.2.6.2 计算

A 挖掘机生产能力

a 理论生产率

理论生产率 $Q_0(m^3/h)$ 是指一台挖掘机在"计算条件"下连续工作1h所得的生产率。"计算条件"是指：土壤为计算土壤，工作面高度为标准高度，挖掘半径为平均挖掘半径，卸载高度和卸载半径都不大于最大值的90%。工作速度为计算速度，回转90°卸土，各机构协同动作。此时，理论生产率为：

$$Q_0 = 60Vn = \frac{3600}{t}V \tag{2-25}$$

式中　V——铲斗的几何容积，m^3；

　　　n——每分钟工作循环理论值，min^{-1}；

　　　t——每一工作循环延续的时间，s。

$$t = t_w + t_{mz} + t_s + t_{kz} \tag{2-26}$$

式中　t_w——挖掘时间，决定于挖掘速度和行程，对于正铲

$$t_w = (L_1 - L_2)/v_d$$

$L_1 - L_2$——铲斗从下部位置提至上部位置时所收起的钢丝绳滑轮组长度，m；

　　　v_d——铲斗的提升速度，m/s；

　　　t_{mz}——满斗从工作面转向卸载处的时间，s；

　　　t_{kz}——空斗从卸堆处返回工作面的时间，s；

t_s——机器的卸载时间，可由表 2-12 查取。

表 2-12 卸载时间（t_s）

卸载条件	斗容 V/m^3	卸载时间 t_s					
		沙	黏　土	含石块黏土	有石块之土，爆破的岩石	湿而黏的土	爆破不好的岩石
弃土堆	0.25 ~ 2	0.2	0.2	0.2	0.2	3.0	1.0
	3 ~ 6	0.25	0.25	0.25	0.25	3.5	1.5
	1 ~ 2	0.5	1.5	1.5	1.5	5.0	2.0
运土车辆	0.25 ~ 0.75	0.5	1.0	1.5	2.0	4.0	6.0
	1 ~ 2	0.5	1.2	1.8	2.5	4.5	6.0
	3 ~ 6	0.7	1.5	2.0	3.0	5.0	6.0
	1 ~ 2	1.5	2.7	3.0	3.8	6.5	8.0

b 技术生产率

技术生产率 $Q_j(m^3/h)$ 决定于挖掘机的实际挖掘速度、土壤的松散情况、铲斗的装满程度等，是在给定的挖掘高度、回转角度的条件下所具有的生产能力。

$$Q_j = 60Vn\frac{k_m}{k_h}k \tag{2-27}$$

式中　k_m——铲斗装满系数，见表 2-13；

k_h——土壤松散系数；

k——循环时间影响系数，是在给定条件下，每分钟最大可能循环次数 n_t 和在"计算条件"下的每分钟理论循环次数 n 的比值，即 $k = n_t/n$，它与土壤的性质、工作面高度、回转角及运输车辆的容积有关。k 的近似值见表 2-14。表中数据是指在回转角为 90°，工作面高度保证铲斗最大装满条件时的数值。如回转角不为 90° 时，可按表 2-15 中所列值予以修正。

表 2-13 铲斗装满系数 k_m 的最大值

土壤名称	干沙、干砾石、碎石、爆破岩石	湿沙、湿砾石	湿沙质黏土	湿中等黏土	重黏土	湿重黏土	沙质黏土	爆破不好的岩石	中等黏土
土壤级别	I、II、V、VI	I、II	III	III	IV	IV	II	V、VI	III
装满系数	0.95 ~ 1.05	1.15 ~ 1.25	1.2 ~ 1.42	1.3 ~ 1.5	0.95 ~ 1.1	1.25 ~ 1.45	1.05 ~ 1.1	0.75 ~ 0.9	1.1 ~ 1.2

表 2-14 循环时间影响系数 k 值

干沙与砾石	湿沙与砾石	干沙质黏土	湿沙质黏土	湿黏土	重级干黏土	重级湿黏土	中级干黏土	碎石或爆破岩石	爆破不好的岩石
I、II	I、II	I	II	III	IV	IV	III	—	—
1.29	1.22	1.21	1.14	0.93	0.98	0.84	1.09	0.98	0.73

表 2-15 k 值与回转角的关系

回转角/(°)	70	90	135	180
k	1.07~1.1	1	0.82~0.88	0.7~0.76

技术生产率是评定司机工作的指标，但不能作为生产定额。

c 实际生产率

实际生产率 $Q_s(m^3/h)$ 是指一台挖掘机在一段工作时间内（小时、班、日、月和年）的实际平均生产率。实际生产率是在技术生产率的基础上，考虑机械工作时间的利用系数 k'（表2-16），以及司机操纵的熟练程度的影响系数 k'' 来计算。实际生产率为：

$$Q_s = Q_j k' k'' \tag{2-28}$$

在式（2-28）中，对于用手操纵，取 $k'' = 0.81$；对伺服机构操纵，可取 $k'' = 0.86 \sim 0.98$（大型铲取大值）。

表 2-16 机械工作时间利用系数 k'

运输种类	运输车辆容积与铲斗容积之比	运输调车方法	k'	
			组织工作一般	组织工作好
汽车和架线电机车	2~3	环形	0.85	0.89
	4~6		0.87	0.94
电机车（有6个以上车厢）	4~6	环形	0.86	0.91
	7~8		0.87	0.94
	4~6	独头线路	0.74	0.81
	7~8		0.77	0.94
蒸汽机车（有6个以上车厢）	4~6	环形	0.82	0.86
	7~8		0.83	0.88
	4~6	独头线路	0.70	0.75
	7~8		0.72	0.78

B 设备数量

矿山用挖掘机台数可按式（2-11）计算。

一般所需两台及两台以上时不配备用挖掘机。

2.3 轮斗挖掘机

2.3.1 概述

轮斗挖掘机在大中型水利或土方工程中，可以用来挖掘、装载或转运土方。在露天矿中可以用来剥离表土，挖掘有用矿物，向车辆进行装载，最常用的是将物料装入胶带输送机，也可以进行倒堆作业。轮斗挖掘机是连续作业设备中比较理想的一种连续挖掘设备。德国、美国、俄罗斯、捷克等国所制造的轮斗挖掘机不仅有专用型，而且还有系列化的产品。这些国家生产的轮斗挖掘机，在全世界近 40 个国家的露天矿中使用。

早在 19 世纪初叶，西欧就开始在褐煤露天矿中试用过连续挖掘设备。最初的形式是链斗挖掘机。19 世纪中叶以后，链斗挖掘机在德国被广泛地应用于褐煤露天矿的开采，并作为连续作业的主要设备而得到很大的发展。大约从 1934 年以后，才逐渐被轮斗挖掘机所代替。轮斗挖掘机的研究是 1913 年在德国开始的，第一台于 1916 年正式在贝尔格维茨褐煤露天矿投入使用，进行剥离覆盖层的作业。这台机器把链斗挖掘机连续挖掘工作原理与机械式单斗挖掘机的灵活性结合在一起。装有一个可回转的平台，采用轨道行走装置。20 世纪 50 年代开始，轮斗挖掘机在各国又有了新的发展。1956 年德国首先研制成功日生产能力为 $10 \times 10^4 \mathrm{m}^3$ 的大型轮斗挖掘机。1978 年又研制成功日产 $24 \times 10^4 \mathrm{m}^3$ 的巨型轮斗挖掘机，这是世界上最大的轮斗挖掘机，目前共有 5 台在德国的哈姆巴赫褐煤露天矿使用。

　　我国 1973 年自行设计和制造第一台小型轮斗挖掘机（WUD400/700 型），曾在水利工地和露天煤矿使用过。1982 年又设计了 WD$\frac{520}{0.9}$15 型轮斗挖掘机，1985 年开始用于露天煤矿的采剥工程，20 世纪 90 年代我国引进国外技术合作制造先进的轮斗挖掘机，以满足开发大型露天煤矿的需要。

2.3.1.1　轮斗挖掘机的特点

　　与其他挖掘设备相比，轮斗挖掘机具有以下优点：

　　（1）在相同生产能力条件下，轮斗挖掘机的设备总重比单斗挖掘机轻。

　　（2）轮斗挖掘机把完成挖掘的机构和运输物料的机构分开，两者同时连续工作，比间歇式作业的挖掘机效率高。

　　（3）在相同生产能力条件下，所需电动机总功率比其他设备小。

　　（4）由于是连续作业，轮斗挖掘机承受的外载荷比较稳定，冲击载荷小，机器寿命长。

　　（5）卸载半径较大，尤其是带连接桥的大型设备，卸载距离可超过 100m。

　　（6）在同一水平上，机器可以进行上、下两水平的挖掘作业，但一般以上采为主。

　　（7）与挖掘机相配合的后续运输设备种类较多，如汽车、胶带机、铁路运输、水力输送等。

　　（8）采矿台阶较高，有效作业范围大，如大型轮斗挖掘机采用组合台阶，总高度可超过 100m。

　　由于轮斗挖掘机在使用上存在一些不足，因此有许多场合还需用其他挖掘设备，归纳起来有以下几点：

　　（1）轮斗挖掘机与其配套的辅助设备比较复杂，因此使用上有一定的局限性。

　　（2）设备单机较笨重，移运能力较低，灵活性较差。

　　（3）在岩块过大和过硬的岩层中，直接作业比较困难，一般不适于在硬岩中使用。

　　（4）铲斗的构造和斗轮的直径对土层的厚度有一定要求，为了发挥效率，挖掘土层厚度不应小于斗轮直径之半。

　　（5）设备投资费用较高。

　　由此可见，轮斗挖掘机的优点是非常明显的，特别适合于大型露天矿高效率地作业，因此在地质、气候及开采工艺等条件允许的情况下，应优先考虑采用轮斗挖掘机。

2.3.1.2　轮斗挖掘机的发展趋势

A　采矿用轮斗挖掘机

采矿用轮斗挖掘机属于专用设备，其单位挖掘力、生产能力与挖掘高度等主要参数，通常是根据某一具体露天矿的储量及地质开采条件来确定的。

a　大型化

由于世界各产煤国家的露天矿规模不断扩大，相应需要有大型采矿设备与之配套。轮斗挖掘机向大型化发展，不仅可以提高生产能力、增加工作面采宽和挖掘高度等开采参数，而且可以减少设备的配套数量，提高经济效益。德国在研制成功日产 $24 \times 10^4 m^3$ 轮斗挖掘机的基础上，继续探讨研制日产 $30 \times 10^4 m^3$ 和 $50 \times 10^4 m^3$ 挖掘机的可能性。

大型挖掘机的机重超过万吨，机长超过 200m，结构复杂，由一个机械厂独自提供是比较困难的，即使是用于同一露天矿的设备，而且规格相同。由于是几个厂家分别制造，在结构上差别很大。这种需要单独进行设计和制造的设备不仅供货时间长，而且矿山要求服务年限长（可达 20 ~ 30 年），因而机器的造价比较昂贵，维护修理比较麻烦。

b 提高单位挖掘力

由于连续开采工艺在各国软岩露天矿应用成功并加以推广，因此需要能采挖较坚硬物料的轮斗挖掘机。德国、俄罗斯、捷克等国为此做了大量工作，先后研制了一批单位挖掘力大的轮斗挖掘机。如德国生产的 SchRs $\frac{700}{3}$ 20 型轮斗挖掘机，最大单位切割力可达 2645N/cm；捷克生产的 KU-300 型轮斗挖掘机，单位切割力为 1764N/cm；前苏联生产的 ЗРГ-630 型、ЗРГВ-1250 型和 ЗРГВЪ-2500 型轮斗挖掘机，单位切割力均达 206N/cm²。

c 提高自动化程度

在大型轮斗挖掘机上，操纵系统的自动化程度正在不断提高。如轮斗挖掘机的自动进给、回摆、变幅、机器的恒功率及恒生产率的自动控制、通讯设施、安全保护和挖掘工作过程的监测自动化等，在各类采矿型轮斗挖掘机上都有了不同程度的应用，从而改善了劳动条件，提高了生产率。

B 中、小型轮斗挖掘机

a 标准化、系列化、通用化

20 世纪 80 年代以来，随着中、小型轮斗挖掘机产品数量、规格和型号的增多，一些国家的制造厂家分别推出了标准型。如德国吕贝克公司的 S 系列、克虏伯公司的 C 系列和德马克公司的 HD 系列。对各类轮斗挖掘机实行标准化、系列化、通用化。可使产品制造过程简化，生产成本降低，有利于机器的维护检修。

近年来，标准设备向"紧凑型"的发展很有意义。紧凑型轮斗挖掘机的特点是：线性尺寸小，生产率高，单位切割力大，质量小，重心低和机器刚性好。挖掘机大多采用油缸变幅，结构简单，弹性环节小，斗轮可施行强制切割。斗轮直径一般都较大，一方面可以弥补由于斗轮臂短而引起挖掘高度小的不足；另一方面从结构上保证了生产率的提高。由于减小了工作尺寸，卸料臂往往没有配重，斗轮臂的配重可以布置在回转平台上，从而取消了复杂的上部金属结构桁架。通常挖掘机采用双履带行走装置，其结构形式类似单斗挖掘机，故可与其底盘通用。紧凑型轮斗挖掘机是适用于土方工程的中、小型设备，目前也在一些露天矿中推广使用。

b 液压技术在中、小型轮斗挖掘机上的应用

20 世纪 70 年代以来，液压技术在中、小型轮斗挖掘机上得到了广泛的应用，许多国家都生产了全液压驱动的轮斗挖掘机。这不仅可以降低机重，提高生产率，还改善了使用性能。

随着轮斗挖掘机的设计、制造和使用经验的不断丰富和研究工作的进展，使轮斗挖掘机的结构不断得到改进。同时，随着科学技术的迅速发展，各种新技术在轮斗挖掘机上也得到不同程度的应用。合理的结构和先进的技术，将使轮斗挖掘机日臻完善。

2.3.2 WUD400/700 型轮斗挖掘机

WUD400/700 型轮斗挖掘机如图 2-101 所示，主要组成部分有：行走装置 1、回转装置 2、工作装置 3、胶带输送装置 4、电力驱动系统 5、液压系统 6、司机室 7 以及安全保护装置等组

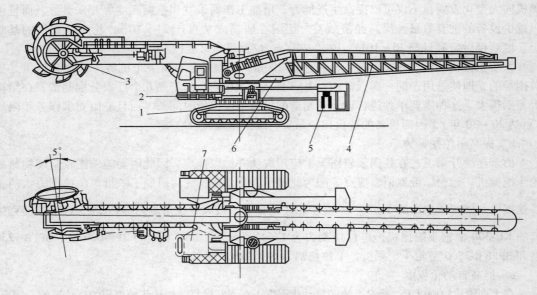

图 2-101　WUD400/700 型轮斗挖掘机
1—行走装置；2—回转装置；3—工作装置；4—胶带输送装置；
5—电力驱动系统；6—液压系统；7—司机室

成。采用多台交流电动机或液压马达、多台减速器分别驱动，操纵系统由电气和液压联合控制。其主要技术参数如表 2-17 所示。

表 2-17　WUD$\frac{400}{700}$型轮斗挖掘机技术特征

名　称		特征参数	名　称	特征参数
单位容积/m³		0.2	行走机构驱动方式	两台电动机
铲斗个数		8	行走速度/km·h⁻¹	0.4
理论生产率/m³·h⁻¹		400，700	支重轮数量	10
斗轮相对斗轮臂倾斜角度/(°)	垂直面	8	履带节距/mm	340
	水平面	5	平均接比压/MPa	0.11
			平台回转动力	两台油马达
斗轮转速/r·min⁻¹		5，7.3	平台回转角度/(°)	360
最大爬坡能力/(°)		10	平台转速/r·min⁻¹	0.07~0.12
最大挖掘半径/m		13.6	平台平衡重/t	7
最大挖掘高度/m		10	供电电压/V	6000
最大挖掘深度/m		0.4	工作电压/V	380
运输胶带宽度/m		1000	变压器容量/kV·A	320
运输胶带速度/m·s⁻¹		2.5	总功率/kW	340
行走方式		双履带	整机重量/t	155

2.3.2.1　工作装置和受料输送机

工作装置由斗轮、斗轮减速器、万向联轴器、斗轮变速器及电动机等组成。

斗轮如图 2-102 所示，斗轮体采用双面箱形的盘式结构。它的圆周上均布了 8 个铲斗，每个铲斗上分布着 6 个斗齿。斗齿是用锰钢（2GMn13）铸造的，插在铲斗上，用 3 个螺栓固定。

铲斗有两种：一种是挖掘硬性物料的满底结构（普通型）；一种是挖掘潮湿黏性物料的链斗结构（特殊型），一般采用前者。铲斗用 16Mn 钢板冲压而成，用螺栓固定在斗轮体上，安装后焊死。铲斗与斗轮体内部是相通的。

斗轮体内为一空的圆环，称为无格式斗轮，用 16Mn 钢板焊成。在转动的轮缘内，设有与斗轮臂架固定在一起的圆弧挡板 8（图 2-102），防止铲斗中的物料进入斗轮内部。机器挖掘作

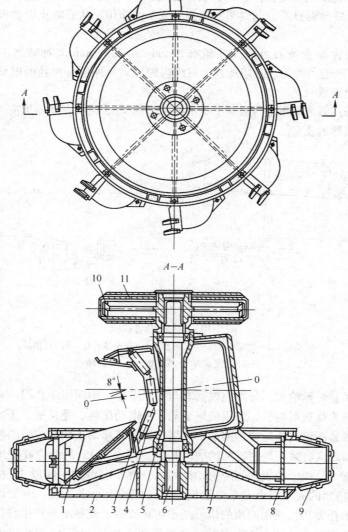

图 2-102　斗轮

1—受料板；2—斗轮体；3—受料胶带；4—托辊；5—轴套；6—斗轮轴；
7—斗轮臂；8—弧形挡板；9—铲斗；10—末级大齿级；11—减速器体

业时，铲斗与斗轮体一起旋转，铲斗将挖掘的物料带至斗轮的上部，此时铲斗已离开了弧形挡板，物料靠自重落入斗轮体内，沿着倾斜放置的受料板 1 滑下，侧卸到受料胶带 3 上。斗轮的旋转是由减速箱内的末级大齿轮 10 通过斗轮轴 6 传动的。

从图 2-102 可以看出，0—0 为垂直线，则斗轮相对斗轮臂是倾斜布置的。在垂直面内倾斜 8°，有利于物料靠自重卸入受料皮带机上；从图 2-101 可以看出，斗轮在水平面内倾斜 5°，在铲斗挖掘时使铲斗受力点靠近斗轮臂的中心线，改善其受力情况，减少斗轮臂所受的扭矩。

斗轮臂为箱形构件，其前端的右侧安装斗轮体，左侧安装斗轮的驱动装置。斗轮臂的后端铰接在回转平台支柱的支座上。斗轮臂的中部有一个变幅油缸的支点（图 2-101），油缸工作时能使挖掘的高度在 -0.5 ~ 10m 内变化，从而决定了机器的挖掘深度和高度。

斗轮的传动系统见图 2-103，由电动机 1、制动器和安全联轴器 2、变速器 3、减速器 6 等组成。电动机出轴经制动轮用弹性柱销联轴器与摩擦片式安全联轴器相连，当载荷超过额定载荷 1.5 倍时，安全联轴器打滑，起到限制挖掘力大小的作用，从而防止电动机和工作装置上的零件过载。

采用一级圆柱齿轮变速器可以使斗轮有 5r/min 和 7.7r/min 两种转速，满足 400m³/h 和 700m³/h 时两种生产能力的要求。减速器为三级齿轮传动。外侧有单独的电动机和油泵，对减速器进行稀油强迫润滑。

传动系统中采用万向联轴器（图 2-103 中的 4），使电动机和变速器远离斗轮臂的前端，从而减小斗轮臂及机器的质量。

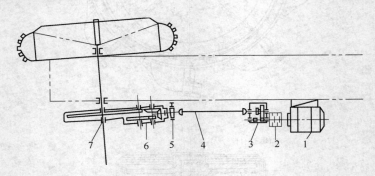

图 2-103　斗轮传动系统
1—电动机；2—制动器和安全联轴器；3—变速器；4—万向联轴器；
5—球铰支承；6—减速器；7—斗轮轴

该机采用两条胶带运输机，分别完成受料与排料工作，中间用卸料漏斗来连接。

在斗轮臂上的为受料运输机，采用机尾驱动，由电动滚筒、受料槽、缓冲托辊、张紧滚筒及清扫器组成。张紧滚筒在斗轮臂的前端，利用螺杆使其移动来调节胶带的松紧。在受料处因物料下落冲击振动较大，采用较密排列的缓冲托辊，槽角为 15°，沿着胶带运行方向排列的缓冲托辊槽角越来越大，两个托辊的间距也逐渐增大，逐步过渡到中间段 30°槽角的托辊处，间距为 1.1m。托辊槽角的大小，由支承弹簧板端部的倾角大小来决定。由于该条胶带不长，采用几个手动调心的托辊架，利用两边的锥形托辊防止胶带上受料不均产生胶带跑偏。缓冲托辊架、中间槽形托辊架和手动调心托辊架的示意图见图 2-104。为了清扫空段的胶带，安装了两个清扫器，一个装在张紧滚筒处为三角刮板式，另一个安装在驱动滚筒处，清扫刮板在弹簧的作用下，将胶带紧紧压向滚筒。弹簧的压紧力可以调节。

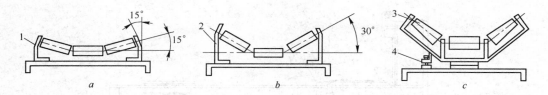

图 2-104　三种托辊装置
a—缓冲托辊；b—中间槽托辊；c—手动调心托辊
1—弹簧板；2—刚性架；3—锥形托辊；4—固定装置

2.3.2.2　卸料胶带输送机及其回转装置

卸料胶带输送机与受料胶带输送机的构造大体相似，有许多零部件是通用的。受料输送机布置在机器的尾部、装在排料臂上，采用机头驱动，机尾排料，从而减轻卸料端的重力。受料输送机由支座、电动滚筒、缓冲托辊、槽形托辊、平托辊、张紧滚筒、输送胶带及清扫器等组成。

支座为菱形箱式结构，向后伸出斜度为 14°，其端部与卸料臂一端铰接。卸料臂为桁架结构，用型钢焊接而成，长 14m。它的中间为另一个支承点，与变幅油缸铰接。由于油缸的伸缩，使卸料胶带输送机的排料端上升或下降，从而使得最大卸料高度达 8m，最小卸料高度为 2.8m。

支座的底板连接在一个滚柱式回转支承的内圈上，外圈与回转平台相连。支座的回转与平台的转动互不干扰，它有单独的传动机构，如图 2-105 所示，由电动机7、行星摆线针齿减速器 8、涡轮 5 等组成。传动装置是装在行走底架上，涡轮上

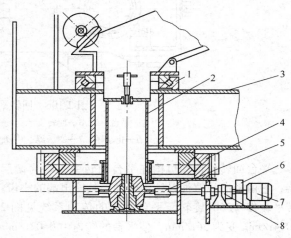

图 2-105　卸料臂的回转装置
1，4—交叉辊子轴承；2—空心轴；3—回转平台；5—涡轮；
6—制动器；7—电动机；8—行星摆线针齿减速器

固定的空心轴从回转平台 3 中心的大圆孔穿过，与排料臂的支座固定在一起，从而可以驱动排料臂以 0.106r/min 回转。相对回转平台转动 ±90° 不受平台自转的干扰。

2.3.2.3　回转平台及其传动装置

回转平台安装在履带行走装置的底架上。这部分如图 2-106 所示，主要由平台 1，回转支承 2、3，回转平台的回转马达 4、回转减速器 5，变压器 7，平衡重 8 等组成。

平台 1 的主体为箱形梁构件，前端有一立柱，上面有两个支架为斗轮臂端部铰接的支承。平台前端的中部有一个铰接点，是斗轮臂变幅油缸的支承点。平台立柱的内侧，安装了两个行程开关，当斗轮臂或排料臂回转时，两者夹角达到 90° 可以使其停止回转。平台接近中部的右侧，有一个能使平台与行走底架锁住的止动销 6，可防止机器停在斜坡上时，平台与底架发生相对运动。

平台的尾部除悬挂约 7t 配重箱 8 外，还安装了 320kVA 变压器一部，通过它将工地电源的高压 6000V 变为 380V，供机器用电。平台后部还装有高压油泵、油箱等，高压油泵由一台 22kW 电动机驱动，供给斗轮臂及排料臂两个变幅油缸和平台回转的两个油马达用油。

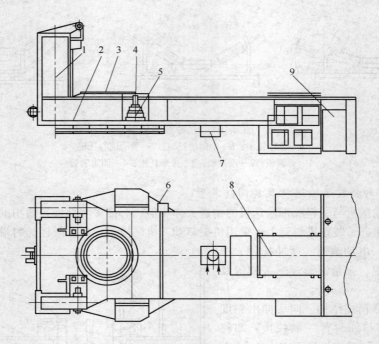

图 2-106　回转平台装置

1—平台；2，3—回转支承；4—油马达；5—减速器；
6—止动销；7—变压器；8—配重箱；9—润滑油泵

平台回转的传动机构在平台回转中心略为偏后处，左右各装一组立式二级行星齿轮减速器，它由径向柱塞油马达 4 驱动，其输出端的小齿轮沿固定在行走底架上的大齿圈滚动，使回转平台作 ±360° 旋转。平台回转的传动系统见图 2-107。改变油马达的进油量，其转数可由 20.4r/min 变为 36r/min，使平台的转速由 0.07r/min 变化到 0.12r/min。

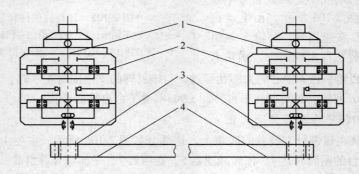

图 2-107　平台回转的传动系统

1—油马达；2—行星减速器；3—小齿轮；4—大齿轮

平台与卸料臂的回转支承均采用交叉滚子式，只是两者大小不同。

2.3.2.4　行走装置

本机采用的履带式行走装置如图 2-108 所示，主要由底架 1、履带架 2、张紧装置 3、行走传动装置 4 等组成。

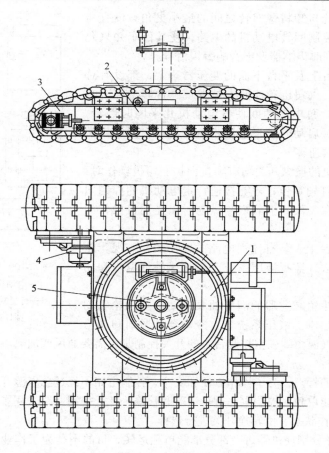

图 2-108　履带行走装置
1—底架；2—履带架；3—张紧装置；4—行走传动装置；5—卸料臂回转传动轴

底架为箱式构件，用不同厚度的钢板焊接而成。它的两侧各装一条履带，两条履带的支承架亦采用箱式结构，它与底架之间用紧配合的螺栓定位、普通螺栓拉紧。

为了改善履带板的受力情况，使接地比压均匀，采用了刚性多支点支承，每个支架下面装有10个支重轮。履带采用340mm小节距，由履带板、履带销和开口销组成。履带板为铸钢件。

履带的张紧是通过两个98kN器旋千斤顶来完成的。调整时，将两个千斤顶放在导向轮两轴端和支架之间，转动螺杆使导向轮向外移动将履带张紧，垫好垫片再将千斤顶取下。

履带的传动装置采取对角线布置（图2-108）。右侧履带在前方，左侧履带在后方。机器作直线行驶时，一台电动机正转，另一台电动机反转。机器转弯时，内侧电动机制动，外侧电动机运转。

行走传动系统如图2-109所示，由电动机1、制动器2、行星齿轮减速器3和二级圆柱直齿减速器4等组成。驱动轮为8个齿，行走速度为0.4km/h。

2.3.2.5　安全保护装置

斗轮、卸料臂的回转驱动装置和两个行走电动机的输出轴，均装有电磁制动器。当电动机通电时，制动器放松；电动机断电时，制动器立即抱紧。

斗轮传动系统中，装有摩擦片式限制力矩安全联轴器，防止工作机构过载。

为限制平台回转与卸料臂回转之间的最小夹角，设有两个行程限位开关，控制回转电动机的电路，使其停车并只允许反向启动回转，同时讯响器发出音响警报信号。

在驾驶室操纵台上及平台下面的变压器边上，都设有总电源紧急停止按钮，供司机和地面人员发现异常紧急停车时使用。按此按钮后，总电源切断使各电动机几乎同时停转，将造成物料堆积，再启动时胶带机要带负荷启动，因此正常停车时不得使用此按钮。

两台行走电动机的操纵开关均有零位保护。司机操作时，必须先把行走开关扳到零位，才能接通行走电动机的控制回路。这样可以避免在突然断电后恢复供电时未经司机操作的机器行走。

驾驶室的控制台上，装有监视电路的电压表，监视斗轮电动机负荷的电流表，监视液压系统工作状况的油温表和油压表。

辅助系统中，斗轮减速器的润滑油泵电动机随斗轮驱动电动机启动而同时启动。液压系统装有冷却器的风扇和油箱

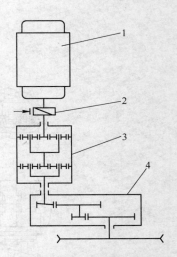

图 2-109　行走传动系统
1—电动机；2—制动器；
3—行星减速器；4—二级
圆柱齿轮减速器

加热器，根据环境气温由驾驶室控制台上的开关控制是否需要通风或加热。驾驶室内装有电风扇和加热电炉等。

根据机器使用的特点，为了操作方便和安全，控制电路不经过总电源开关，直接由变压器低压侧接出，这样能单独对控制电路进行试验和检修。此外控制回路采用了"调整"、"行走"和"工作"三种工作状态，由转换开关进行选择。

"调整"状态是分别使机器每一部分都能单独运转，目的不是为了作业，而是分别试运转进行调整。

"工作"状态为正常作业。电气系统能自动地保证机器各部分按一定的顺序启动或停车。启动时应按照—油泵—卸料胶带机—受料胶带机—斗轮的顺序依次启动。如司机未按上述顺序启动，由于电气连锁，所有电动机均不能启动。停车时按照斗轮—受料胶带机—卸料胶带机—油泵的顺序自动延时停车。

为了保护斗轮工作装置，有电气连锁限制，保持行走和平台回转必须在斗轮旋转以后才能进行。

"行走"状态一般在行走较长距离时采用。此时除了行走控制回路以外，斗轮转动和斗轮臂回转的控制回路电源均被切断，从而防止其他部分的误操作。

2.3.2.6　液压系统

本机采用开式液压系统（图 2-110），主要是通过油马达 5 驱动平台回转。通过两个油缸 3 及 4 分别使斗轮臂和卸料臂升降。由于斗轮挖掘机作业时允许上述三个动作不同时进行，所以系统采用单泵串联的方式。

油马达和油缸不动作时，电动机带动手动伺服变量轴向柱塞式油泵 1 连续工作，从油箱吸入低压油，输出高压油，经过三个电液换向阀 2、安全阀 7 到集油器 8，最后经冷却器、滤油器回油箱。此时系统的最大压力是由管路损失，阀体、冷却器、滤油器、安全阀的压力损失造成的，在常温时不超过 980kPa。

. 平衡阀 6 的作用是使油缸 3 和 4 下降平稳，防止失速现象发生，还能防止斗轮臂和卸载臂

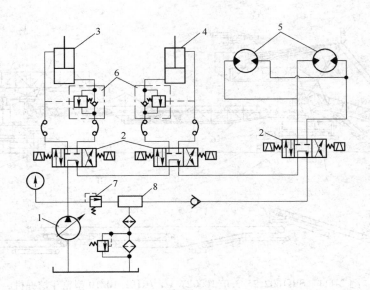

图 2-110 液压系统

1—油泵；2—电液控制阀；3—斗轮臂升降油缸；4—卸料臂升降油缸；
5—平台回转油马达；6—平衡阀；7—安全阀；8—集油器

因其自重或外载荷作用而自行下降。

油泵出口处有一个安全阀7，控制高压油路的压力为16.66MPa，当超过时通过集油器8等溢回油箱。

上述三个机构运动的速度是通过改变泵的流量来实现的。为使油泵伺服杆上下移动准确，在驾驶室控制台的操纵手柄与油泵调节杆之间，采用自整角机相连。

三个电液阀动作的控制油压借助安全阀7（DIF-L20H3）产生，其压力为294kPa。

冷却器采用风扇使空气对流，从散热片带走油中的热量，使油温低于65℃，一般工作在30~65℃之间。

滤油器采用纸芯过滤，为防止滤芯堵塞，并联一安全阀。中部装有磁性材料做的磁芯，以便过滤铁屑及铁粉等。

液压系统采用上稠40-2号液压油，工作正常时，18个月换油一次。

2.3.3 SRs1602.25/3.0(1000kW) + VR101.10/10 型轮斗挖掘机

SRs1602.25/3.0(1000kW) + VR101.10/10 型轮斗挖掘机是一种高效率、大型采矿设备，是我国第一套引进国外技术（德国劳赫哈默）合作制造的轮斗挖掘机。

如图 2-111 所示，SRs1602 型轮斗挖掘机是一个机组，它由轮斗挖掘机主机 I、连接桥 II 和转载机 III 三大部分组成，其主要技术参数如表 2-18 所示。

2.3.3.1 轮斗挖掘机主机

斗轮臂头部布置如图 2-112 所示，斗轮装于受料胶带机和斗轮传动装置之间。斗轮为无格式，其卸料装置采用旋转锥体式，锥面上铺有合金钢耐磨保护板。在受料胶带机下面还铺设有一台落料清扫胶带机。

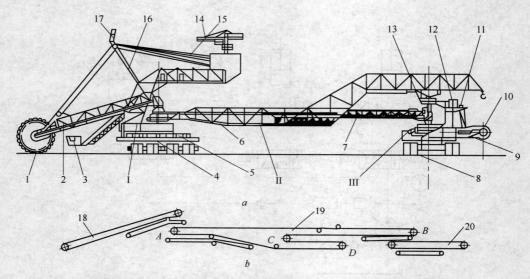

图 2-111　SRs1602.25/3.0(1000kW) + VR101.10/10 型轮斗挖掘机

a—整机示意图；b—胶带机布置示意图

1—斗轮；2—斗轮臂；3—主机司机室；4—主机行走装置；5—回转平台；6—连接桥架；7—伸缩桥架；8—转载
行走装置；9—喂料台；10—卸料臂；11—卸料臂变幅机构；12—转载机司机室；13—回转台；14—大起重机；
15—斗轮臂变幅机构；16—支承架；17—小起重机；18—1 号胶带机；19—2 号胶带机；20—3 号胶带机

Ⅰ—轮斗挖掘机主机；Ⅱ—连接桥；Ⅲ—转载机

表 2-18　SRs$\frac{1602.25}{3.0}$(1000kW) + VR$\frac{101.10}{1.0}$型轮斗挖掘机技术特征

名　称	特征参数	名　称	特征参数
理论生产能力(松方)/m³·h⁻¹	3600	斗轮直径/m	10.5
单位切割力/kN·m⁻¹	144	铲斗个数/个	14
挖掘高度/m	25	额定斗容(包括 0.5 倍的环形空间)/m³	0.8
挖掘深度/m	3	每分钟卸斗数/次·min⁻¹	76
挖掘机回转中心至转载机支承中心距离/m	74 ± 11	斗轮功率/kW	1000
转载机支承中心至卸载点中心距离/m	15 ± 1	斗轮中心回转速度/m·min⁻¹	6 ~ 35
挖掘机回转中心至斗轮中心距离(水平位置)/m	33.8	挖掘机主机上部回转范围/(°)	
平台回转动力	两台 55kW 他激直流电动机	相对于履带行走装置	360
		相对于桥连接	± 100
平台转速/r·min⁻¹	300 ~ 1500	挖掘机主机平均接地比压/N·cm⁻²	11
卸载高度/m	4 ~ 6	挖掘机主机履带装置形式	3 组 6 条履带
输送机胶带宽度/m	1.6	挖掘机主机重量/t	1585
输送机胶带速度/m·min⁻¹	4.2	连接桥相对于装载机的回转范围/(°)	± 100
清扫输送机胶带宽度/m	1.3	连接桥重量/t	335
清扫输送机胶带速度/m·s⁻¹	0.4	转载机相对于挖掘机站立水平的高度/m	± 10
履带行走速度/km·h⁻¹	0 ~ 6	转载机平均接地比压/N·cm⁻²	10
供电电压/kV	25	转载机履带装置形式	双履带
总装机功率/kW	3400	转载机重量/t	890
整机工作质量/t	2995		

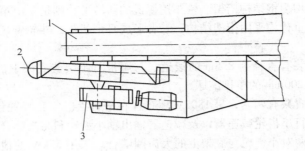

图 2-112 斗轮臂头部布置
1—受料胶带机；2—斗轮；3—斗轮传动装置

斗轮传动装置由斗轮电动机 1、液力耦合器 2、制动器 3 和减速器 5 等组成，如图 2-113 所示。减速器为一级圆锥齿轮、二级行星齿轮和一级圆柱齿轮传动。电动机底座与减速器外壳用螺栓连接成整体，减速器外壳的两个支承点是斗轮轴的空心轴，橡胶弹性支承设在底座下，其支座固定在斗轮臂上。静定三点支承系统有利于减速器内齿轮的啮合。

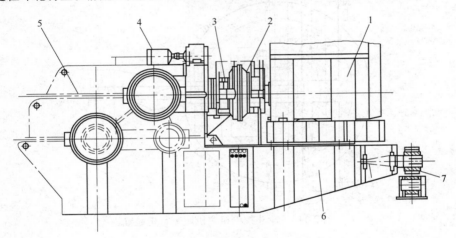

图 2-113 斗轮传动装置
1—斗轮电动机；2—液力耦合器；3—制动器；4—辅助电动机；
5—减速器；6—电动机底座；7—橡胶套筒

斗轮轴一端装在斗轮臂架伸出的胶带机架上，另一端装在三角支架上。在斗轮轴中部一段锥形轴上套着空心轴，减速器输出大齿轮与空心轴用螺栓连接。空心轴通过圆盘膜片用螺栓与斗轮连接，斗轮则固定在斗轮轴上。这种结构使斗轮轴支承斗轮和承受弯矩，而全部扭矩从大齿轮经空心轴传送至斗轮。因斗轮轴挠曲而引起的变形差由圆盘膜片吸收。斗轮相对于臂架，在垂直和水平面内均有倾斜。

斗轮进行挖掘时，斗轮臂需上下摆动，减速器内润滑油的油位随之发生变化，故减速器采用两台油泵强制润滑。

斗轮臂的变幅机构采用双绳双绞车提升系统，从绞车滚筒引出的钢丝绳经过支承架顶端滑轮组连接到斗轮臂头部的滑轮上。钢丝绳缠绕采用对称的双绳系统，在一套钢丝绳系统失灵的情况下，还能继续保持对称状态。

支承架与斗轮臂均为钢结构桁架。轮斗挖掘机的回转平台则是一个箱形焊接结构件，其前部门型立柱和上部配重臂均采用桁架结构，三者形成 C 形机架，斗轮臂尾部铰接在 C 形机架的门柱上。

回转平台的底面装有直径为 8.5m 的滚道，与履带行走装置底架上的下滚道相对应。上、下滚道间装有直径为 200mm 的单排滚球。

平台回转传动装置共有两套，呈 180°对称布置在平台上。每套装置包括电动机、制动器、摩擦片联轴器、三级行星齿轮减速器以及减速器输出轴小齿轮和与之啮合的大齿轮、与大齿轮同轴的两个小齿轮。两对小齿轮与底架上的大齿圈啮合。采用 55kW 的他激直流电动机，转速可在 300 ~ 1500r/min 之间进行无级调整。

轮斗挖掘机主机的履带行走装置主要由履带装置、转向机构、底架和履带支承装置等组成。主机共有三组六条履带，如图 2-114 所示，为纵向不对称布置形式，即一侧为两组，另一侧为一组。挖掘机上部结构的重量通过底架和支承装置分三点均匀地作用在三组履带的中心上，形成三角形稳定支承。

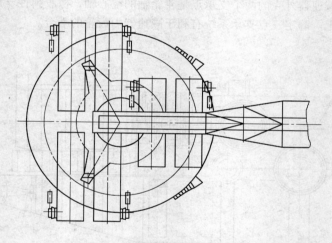

图 2-114　轮斗挖掘机主机履带行走装置

每组的两条履带用一根横轴连接，布置在同一侧的两组履带横轴各伸出一根杠杆，如图 2-115 所示，两根杠杆的重合部分是开口的，开口内装有履带转向油缸的活塞杠杆销轴，转向油缸的铰接点 d 固定在底架上。当油缸的活塞杆伸出时，活塞杆端的销轴从 e 点移向 e' 点，推动杠杆绕 b 点和 c 点摆动，两组履带各自转动一定角度后，机器即可转弯。a 点的一组履带不会转动，而是在上述两组履带的带动下转弯。当油缸的活塞杆从 e 点移向 e'' 点时，机器向另一方向转弯。

履带装置采用多支点支承，每条履带的支重轮为 12 个。六条履带都有传动装置，由电动机、万向联轴器、制动器和减速器等组成。电动机采用 55kW 交-直-交变频调速电动机，可实现行走速度在 0 ~ 6m/min 的范围内的无级调速。减速机采用一级蜗杆蜗轮、两级行星齿轮和一级圆

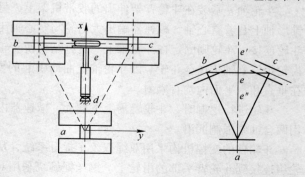

图 2-115　主机行走装置转向机构

柱齿轮传动。

底架下面为履带支承装置。在图 2-115 中，三组履带中的 b 和 c 采用球绞支承，这种连接方式允许履带在任意方向转动，从而使这两组履带可以实现转弯及适应地面各方向的高低不平。a 组履带的支承采用十字节连接，允许履带绕 x 和 y 轴转动，但不能在 xay 平面内转动，这种履带支承方式也能使 a 组履带适应地面高低不平的各种情况，使两条履带很好地与地面接触。

行走装置底架为箱形焊接构件，其中心有一球窝，支承着立轴，立轴上端与连接桥铰接。底架上固定着回转下滚道和大齿圈。其示意图如图 2-116 所示。

2.3.3.2　转载机

如图 2-117 所示，转载机的卸料臂 13 上面装有卸料胶带机 2；受料槽 3 装在胶带机上方、回转台 6 的中心位置处。受料胶带机下面铺设一台落料清扫胶带机。

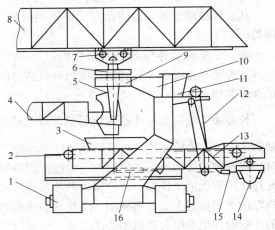

图 2-117　转载机

1—履带行走装置；2—卸料胶带机；3—受料槽；
4—伸缩桥；5—吊挂轴；6—回转台；7—滚轮；
8—连接桥；9—转台座；10—小 C 字形桁架；
11—司机室；12—变幅机构；13—卸料臂；
14—喂料台；15—小油缸；16—油缸

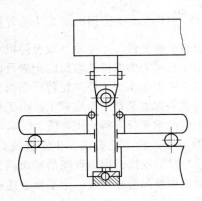

图 2-116　主机底架与连接桥连接示意图

在卸料臂的端部吊挂着喂料台 14，可通过铰接在卸料臂上的小油缸 15 对喂料台微调位置。为了使卸料点与工作面胶带机对中，卸料臂可通过油缸 16 来伸缩。卸料臂的变幅机构 12 采用绞车和钢丝绳滑轮组，为双绳单绞车提升系统。转载机采用双履带的行走装置。

2.3.3.3　连接桥装置

连接桥架和伸缩桥架均为钢结构桁架。连接桥的各种运动是无动力驱动的，它的位置由轮斗挖掘机主机和转载机的相对位置来确定。在图 2-116 中，连接桥的一端支承在底架中心的立轴上，与立轴采用十字形双向铰接，一上一下的两个水平放置的铰接轴是相互垂直的，这可使连接桥在两个方向上自由摆动。立轴的下端与底架采用球铰连接，立轴上部穿过回转平台处装有轴承，从而允许立轴绕其竖直的中心线转动，实现连接桥在水平面内的自由回转。

如图 2-117 所示，连接桥的另一端支承在转载机回转台 6 顶部的两排四个滚轮上，连接桥可在其上左右移动；其侧面也有两排侧向滚轮，可以防止连接桥移动时发生侧向移动。滚轮座铰接在回转台上，从而允许连接桥在竖直面内摆动。回转台支承在转载机小 C 字形桁架 10 上部的转台座 9 上，两者之间用单排滚球连接。回转台可以相对转台座在水平面内自由回转。连接桥在转载机支承上的三种运动，也是无动力驱动的。

伸缩桥一端与装于回转台下面的吊挂轴 5 相铰接，其铰接轴为水平的，允许伸缩桥在竖直面内自由摆动，并且可以和连接桥保持平行和同步回转。伸缩桥的另一端插入连接桥内，并受固定在连接桥内的上下轨道约束，不允许伸缩桥产生横向移动，只允许伸缩桥在连接桥内相对移动。伸缩桥架下部有两排滚轮支承在连接桥上。

伸缩桥与连接桥内有一台转载胶带机，两台落料清扫胶带机，其布置情况如图 2-111 所示，A、D 两个滚筒在连接桥架内，B、C 两个滚筒在伸缩桥架内。这种滚筒布置方式，当伸缩桥相对连接桥横向移动时，不会引起胶带总长度的变化。

2.3.4　主要机构分析

2.3.4.1　总体结构

从总体结构分析，目前在露天矿使用的轮斗挖掘机大致可分为斗轮臂能伸缩、不能伸缩两类。

A　斗轮臂能伸缩的轮斗挖掘机

这种轮斗挖掘机斗轮臂的长度相对机体可以伸长或缩短。按伸缩量的大小可以分为长伸缩量及短伸缩量两种。

长伸缩斗轮臂的轮斗挖掘机如前苏联生产的 psr-1600 $\frac{40}{10}$ 31 型轮斗挖掘机。其斗轮臂伸缩量为 31m。这种轮斗挖掘机采用整体的斗轮臂，并有相应的平衡重臂。当斗轮下放至停机水平时，斗轮臂尽量回缩，斗轮可与行走履带靠得很近，适用于开采需要保持缓坡面的土岩及底板允许比压较低的工作面。斗轮臂的伸缩可通过齿条或钢丝绳牵引来实现，使斗轮臂后端的支承轨轮沿平衡重臂上的轨道移动，斗轮臂的伸缩和升降的传动装置就装在平衡重臂上。由于沉重的斗轮臂伸缩会引起整机重心的改变，可通过平衡重臂上的配重车反向移动来补偿。

短伸缩斗轮臂的轮斗挖掘机如捷克生产的 KU-800 型迈步式轮斗挖掘机。斗轮直径 11m，斗轮臂伸缩量为 16m。斗轮臂分成两段，靠近机体的一段与机架铰接，用钢丝绳滑轮组调节其仰角；装斗轮的另一段可以进行伸缩移动。在机架的顶部用钢丝绳滑轮组及一个平衡架连接着机房和配重箱。当斗轮臂缩回时，机房和配重箱自动下降，并向挖掘机中心靠近，以减小机器重心的偏移量。

斗轮臂能伸缩的轮斗挖掘机的最大优点是工作中可减少行走装置前后移动的次数。对于工作面底板承压能力低的矿区，使用斗轮臂不能伸缩的轮斗挖掘机时，行走装置在工作面需要多次往返运动，会造成机器下沉，甚至陷住。

斗轮臂能伸缩的轮斗挖掘机的缺点是：斗轮臂伸缩功耗大；为平衡斗轮臂伸缩增加的机构使机重增大，结构复杂；物料从斗轮臂到卸料臂转载较复杂，并且容易漏撒物料。

B　斗轮臂不能伸缩的轮斗挖掘机

这种轮斗挖掘机的斗轮臂长度是一定的，斗轮臂的末端铰接在机架上，它的刚度比能伸缩斗轮臂好；去掉了附加的伸缩装置，结构简单，机重较轻；工作过程中稳定性较好；在轮斗挖掘机上物料运输连接性较好。因此，斗轮臂不能伸缩的轮斗挖掘机得到广泛的应用。

根据卸载臂的长短，这种轮斗挖掘机又可分为短卸载臂和长卸载臂两种。为了准确地卸载，机器工作时，卸载臂需要有适当的回摆角，卸载臂的摆动会造成整机重心的偏移，其偏移量与卸载臂的长短有关。因此，卸载臂的长短不同，所采用的平衡方法也不同。

a　短卸载臂的轮斗挖掘机

当卸载臂较短时，一般不采用单独的卸载臂平衡装置，如德国生产的 SchRs $\frac{1000}{1.5}$ 26 型轮斗挖掘机，斗轮直径 9m，卸料臂长 25m，当卸载臂摆动时，没有任何反向移动的可回转平衡重来进行机器重心偏移的补偿。

另一种卸载臂的轮斗挖掘机装有可回转的配重箱，用来平衡机器的重心。如德国生产的 SchRs $\frac{350}{5}$ 12.8 型轮斗挖掘机，斗轮直径 6.2m，卸料臂长 20m。在机架的尾部吊挂一个做成扇形柱体可回转配重箱。当卸载臂回转时，配重箱的回转机构可使配重箱相对卸载臂作反方向回转，以保持整机的稳定。

b　长卸载臂的轮斗挖掘机

在采矿工作中，轮斗挖掘机的挖掘水平和运输水平不在同一水平上，或即使在同一水平，也要减少移设工作面胶带机的次数，这样能给生产带来很大的好处。只有增加卸载臂的长度，才能满足上述要求。对于具有悬臂式的长卸载臂的轮斗挖掘机，必须采取有效的平衡措施。

一种是采用可回转的卸载配重臂。如德国制造的 SchRs $\frac{450}{10}$ 20 型轮斗挖掘机，斗轮直径 7.8m，卸载臂长 27m。配重臂安装在机器的顶部，可随卸载臂一起回转。另一种采用可回转的卸载配重平台。如德国制造的 SchRs $\frac{1000}{2}$ 21.5 型轮斗挖掘机，斗轮直径 10m，卸载臂长 41m。配重平台一端为卸载臂，另一端则为卸载臂的配重箱。斗轮臂的回转平台支承在卸载平台上，再支承在行走底架上。两个平台有各自的驱动装置，可独立回转。

由于露天矿的规模不断扩大，要求机械制造企业提供生产能力大、效率高、卸载距离长的大型轮斗挖掘机。20 世纪 50 年代以后出现的带连接桥的轮斗挖掘机，是在长卸载臂、斗轮臂不能伸缩的轮斗挖掘机的基础上发展起来的。它是露天矿专用的大型挖掘设备，是复杂的机械、金属结构和电气技术设备所组成的综合机组。

SRs1602 型轮斗挖掘机为带连接桥的轮斗挖掘机，由轮斗挖掘机、连接桥和转载机组成。这种机组的连接桥的两个支点分别支承在挖掘机和转载机上，不是呈悬臂状态，连接桥的长度可以根据采矿工艺要求选取较大值，使机组的卸载半径加长，从而增大了工作面胶带机每次移设的距离，提高了机组工作效率。这种机组可以满足较大的采宽要求，并允许挖掘机高于或低于运输水平进行工作。

带连接桥的轮斗挖掘机与不带连接桥的轮斗挖掘机和加上自移式胶带车进行比较，前者当机器进退调整位置时，只要伸缩桥没有全部伸出，转载机可以不必跟着移动；后者当机器每次向前推进时，胶带车也要进行相应的调整，并需要有专人负责轮斗挖掘机卸料胶带机与胶带车受料胶带机的对中，否则会造成撒料量过大，导致推土机工作量增大。尤其当轮斗挖掘机位于煤层上剥离作业时，撒落的剥离物会影响煤质。其次，前者的转载机卸料臂较长，为了保证较好地向工作面胶带机喂料，只能采用在轨道上行走的漏斗车。这样就要增加一根钢轨，也增加了胶带机的移设阻力。

比较以上两大类轮斗挖掘机不难发现，如机器采用垂直切片方式进行挖掘，对于斗轮臂能伸缩的轮斗挖掘机，前伸斗轮臂回摆斗轮切割土岩后，在工作面全宽上形成半径逐渐扩大的同心圆弧轨迹；而对于斗轮臂不能伸缩的轮斗挖掘机，则由于机器的挖掘半径不变化，切割土岩后形成月牙形周边的轨迹（图 2-118）。这样，后者由于切片厚度的减少就必须相应地调整斗轮臂的回摆速度，否则就会降低铲斗装满程度，影响机器生产能力。另外，由于斗轮臂不能伸缩，后者在挖掘过程中前后移动斗轮完全依靠行走装置来实现，而前者只需调整斗轮臂伸缩装置即可，因而大大缩减了行走装置的调动时间。一般估计，后者的调动时间约为前者的五倍。

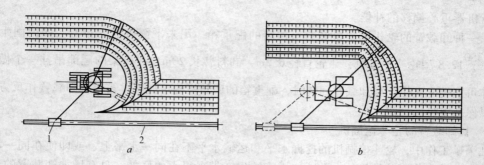

图 2-118　两种挖掘机轨迹的比较
a—使用斗轮臂能伸缩的轮斗挖掘机；b—使用斗轮臂不能伸缩的轮斗挖掘机
1—漏斗车；2—工作面胶带机

2.3.4.2　工作装置

工作装置是轮斗挖掘机的最重要部分，其主要参数决定了机器的生产能力。工作装置的部分零件在机器进行挖掘时直接接触矿石，磨损相当剧烈。掌握其使用特点与规律，有利于机器的维修，是保证轮斗挖掘机正常工作、提高效率的重要环节。

工作装置包括斗轮体与卸料装置、铲斗、斗轮传动装置等。

A　斗轮体与卸料装置

露天矿用轮斗挖掘机一般装有一个斗轮。最大的斗轮切割圆直径达 21.6m，最小的仅为 1.9m。常用的斗轮卸载方式为重力式，此外还有惯性卸载方式，但用得较少。两者的区别可根据斗轮切割速度 v_c 和极限切割速度 v_∞ 的比值 k_v 来确定：

$$k_v = \frac{v_c}{v_\infty} \tag{2-29}$$

斗轮极限切割速度（m/s）用下式计算

$$v_\infty = 2.22 \sqrt{D} \tag{2-30}$$

式中　D——斗轮切割圆直径，m。

重力卸载式斗轮的 $k_v < 1$，而惯性卸载式的 $k_v > 1$。不同卸载方式的斗轮如图 2-119 所示。k_v 值如下：

有格式	0.2 ~ 0.4
无格式与半格式	0.5 ~ 0.7
端面卸载重力式	0.95 ~ 1.1
惯性卸载式，物料不升高	1 ~ 1.2
物料升高	1.32 ~ 1.45

早期生产的轮斗挖掘机采用有格式斗轮。斗轮的卸载侧分成许多扇形格室，一般每个格室装一个铲斗，个别有装两个铲斗的。格室与铲斗相通，其底部为倾斜的卸料槽。当铲斗随斗轮转到上部时，斗内的物料经过相应的格室，沿卸料槽滑下，卸至斗轮侧面的胶带机上。为了防止被挖掘物料装满铲斗与格室时从侧面撒漏，在铲斗开始卸料前的卸料槽敞开侧固定着扇形挡板。这种斗轮的卸料槽随斗轮转动，因而卸料速度较慢，斗轮转速较低，不适于卸黏性物料。其优点是不易卡料，卸载过程中物料对斗轮的磨损较小。

无格式斗轮取消了铲斗的单独料格室。圆环形斗轮体的轮缘外侧均匀地固定着一定数量的

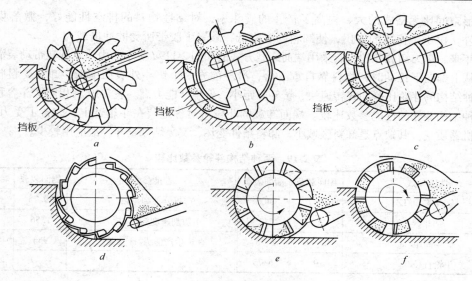

图 2-119　斗轮的基本形式

a—有格侧面卸载重力式斗轮；b—无格侧面卸载重力式斗轮；c—半格侧面卸载重力式斗轮；

d—端面卸载重力式斗轮；e—物料不升高惯性卸载式斗轮；

f—物料绕过斗轮中心升高惯性卸载式斗轮

铲斗。环形框架内侧为一空腔，装有固定于斗轮臂上的卸料槽和圆弧形挡料板。当铲斗旋转挖掘物料时，挡板可防止物料撒落入斗轮体的内腔。只有铲斗旋转到斗轮上部卸载区时，才允许物料从铲斗中卸出。这种斗轮的卸料槽不随斗轮转动，卸料速度快，斗轮转速比有格式斗轮高。在斗轮直径相同的情况下，无格式斗轮的生产能力比有格式要高。另外，这种斗轮的结构允许铲斗调转180°固定，可满足机器进行上挖和下挖作业。其缺点是由于卸料时间较短，但当物料湿度和黏度大时，容易挤在环形装料空间中而无法卸出。磨蚀性大的物料对圆弧形挡板的磨损大。

大型轮斗挖掘机采用无格式斗轮时，在斗轮内部设有特殊的卸料装置，否则由于落料高度太大而损伤运输机胶带。图 2-120 所示的六种卸料装置中，目前常用的为固定斜板式和旋转锥体式。单滚筒式在苏联等国一些轮斗挖掘机上采用。盘式用于德国个别轮斗挖掘机。

半格式斗轮综合了有格式和无格式斗轮的优点，一般用于斗轮直径大于17m的大型轮斗挖掘机。这种斗轮在斗轮体圆环框架的里侧装有若干径向的小半截隔板，使每个铲斗下所对应的空间分成半格室。半格室的非卸载侧有倾斜板，而它的卸载侧是敞开的。斗轮体内腔装有固定于斗轮臂的卸料板和圆弧形挡板，同时还要在卸载侧的相应位置装设圆环形侧挡板。半径式斗

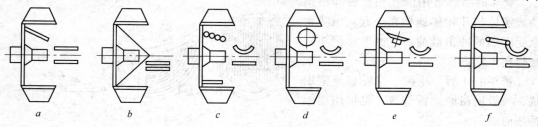

图 2-120　斗轮卸料装置

a—固定斜板式；b—旋转锥体式；c—辊式；d—单滚筒式；e—盘式；f—带式

轮的环形空间比无格式的大，提高了铲斗的满斗率，对黏性物料的排空性能好，撒落物料较少。此外，由于半格室的作用，使卸料高度降低，减轻了胶带所受的冲击载荷。

　　近年来，重力卸载斗轮也有采用端面卸载方式的如图 2-119d 所示。由斗轮旋转带动装满物料的铲斗从上部向下转动时，物料靠自重下落，沿着前方一个铲斗外表面下滑，卸在受料胶带机上。这种结构的斗轮比侧卸式转速快，铲斗间距小，但生产能力高。表 2-19 为相同铲斗容积和斗数的两种结构斗轮的性能参数比较。端面卸载的斗轮可对称地装在斗轮臂上，改善了受力情况，减轻了机器质量。其缺点是卸料区域小，卸料条件变坏，又易堵塞铲斗，故应用较少。

表 2-19　两种结构斗轮参数比较

性能参数	侧面装载	端面装载	性能参数	侧面装载	端面装载
铲斗容积/L	400	400	每分钟卸斗数	39.73	61.12
铲斗数	12	12	切割速度/m·s^{-1}	1.56	1.8
铲斗间距/m	2.356	1.767	理论生产能力/m^3·h^{-1}	953	1467
斗轮直径/m	9	6.75			

　　俄罗斯在惯性卸载或离心卸载的斗轮研究和生产上有重大进展。在 аргв-630 型和 ар-1250-оц 型轮斗挖掘机使用的基础上，又制造了 арц-1600 型和 арц-2500п 型轮斗挖掘机，设计了 арц-3150п 型轮斗挖掘机。这几种轮斗挖掘机都采用了离心卸载斗轮。这种斗轮的特点是斗轮切割速度大于其极限切割速度。如 арц-1600 型轮斗挖掘机，斗轮切割速度 $v_c = 6.26\text{m/s}$，斗轮直径 4m，则极限切割速度为 4.44m/s。离心卸载斗轮的优点是，在与重力卸载斗轮相同生产能力条件下，斗轮的外形尺寸较小，质量较轻，可适当减轻整机质量。缺点是斗轮驱动功率需加大，工作面灰尘大，切割元件磨损严重。

　　B　铲斗

　　铲斗的结构应保证：挖掘与装料过程能耗要低；消除铲斗切割周边及内部表面黏结物料的现象；在斗轮卸载范围内全部卸完物料；限制被挖掘物料的块度尺寸；降低切割元件进出工作面所产生的外载荷不均匀性；防止物料的撒落。

　　斗轮上装设的铲斗数量根据机器生产能力的大小取为 6 ~ 18 个，轮斗挖掘机的铲斗容积为 70 ~ 6600L。

　　铲斗的前部常用圆柱销、后部用楔块或螺栓与斗轮体连接在一起。当斗轮承受剧烈的冲击载荷时，也可将铲斗直接焊在斗轮体上。

　　铲斗由斗唇、斗齿、斗底和斗壁组成，一般用耐磨钢板焊成，也可用钢板冲压而成。

　　如图 2-121 所示，斗唇的形状有圆弧形、梯形和花瓣形三种。圆弧形铲斗比

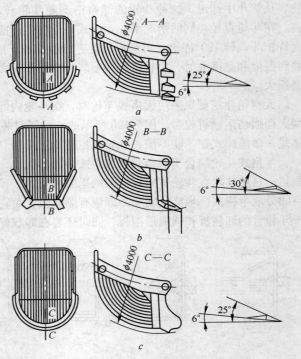

图 2-121　斗唇的形状
a—圆弧形；b—梯形；c—花瓣形

较有利于装载和卸载，适于挖掘黏性物料，但制造比较困难，往往用带圆角的矩形铲斗来代替。对于磨蚀性小的松散土岩，可使用不装斗齿的花瓣形铲斗。

斗齿在挖掘过程中以楔劈作用来破碎土岩，应有以下特点：合理地切削几何形状；较长的使用寿命，磨损后尽可能保持其外形不变；易于更换，装配牢固可靠。斗齿装于铲斗斗唇的中部、侧面和拐角处，一般称为门齿、侧齿和角齿。挖掘软岩时，可采用只装宽角齿的铲斗。为了减少挖掘时的摩擦阻力，斗唇及斗齿都要有后角，一般取为 5°~10°，侧齿还要留有进给角。斗齿的刃角对软岩可取 25°~30°，硬岩取 35°~40°。后角与刃角之和为切削角。实验表明，切削角大于 30°以后，挖掘阻力会迅速增加。一般挖掘硬岩的切削角不超过 40°。合理的切削角大小与土岩性质有关，可通过试验确定。

斗齿的材料过去多采用高锰钢，但对于挖掘磨蚀性较大的矿岩使用寿命太短。目前常用的斗齿以铸钢或高强度合金钢为基体，表面堆焊碳化钨硬质合金或其他耐磨材料，可使斗齿达到足够的使用寿命。

为了挖掘硬岩，可在斗轮体上相邻的两个铲斗之间安设预截器（图2-122）。预截器的形状与铲斗相似，但它没有斗底，不能装载。预截器的高度可与铲斗等高或为铲斗高度的70%~80%，预截器可降低斗轮工作时的冲击载荷，减少物料的块度，但需要增加斗轮驱动功率。

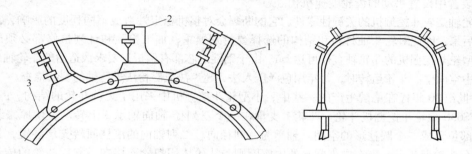

图 2-122　铲斗与预截器
1—铲斗；2—预截器；3—斗轮体

C　斗轮臂头部布置与斗轮传动装置

在斗轮臂头部集中布置着斗轮、斗轮传动装置和受料胶带机及其给料系统。它们的工作参数和质量决定了整机质量和生产能力；它们的布置尺寸直接影响工作面开采工艺的一些技术参数。因此，要特别重视斗轮臂的布置，要求配置紧凑，最大限度地降低其质量。据统计，工作机构质量减轻 1t，整机可减轻 6~9.5t。

斗轮臂头部轮廓的水平投影应成箭头形。箭头的顶点相当于切割工作点，斗轮臂的轴线通过此点将箭头分成两个夹角，称为水平自由切割角。该角的大小与斗轮直径、减速器和胶带机的配置与外形尺寸有关。这一自由切割角不能越过斗轮臂向工作面回摆的摆角，否则就会引起斗轮头部最外轮廓边缘与挖掘的边帮相碰。因此，水平自由切割角不能过大。斗轮头部垂直面内自由切割角直接影响工作面的最大坡面角，也不能过大。根据近些年来俄罗斯露天矿使用的17 种轮斗挖掘机的统计表明，水平或垂直自由切割角的范围为 18°~53°。

斗轮传动装置的功率较大，减速器的减速比也较大，而且要求其质量轻、结构紧凑。因此，减速器的外壳常用钢板焊接结构。为改善斗轮臂头部自由切割角，减速器采用扁高外形。

如图 2-123 所示，斗轮减速器有三种布置形式：与胶带机同侧、装在斗轮内部或与斗轮同侧。这些布置形式的选择，取决于斗轮臂的重心位置。理想的重心位置是在斗轮臂的中心线

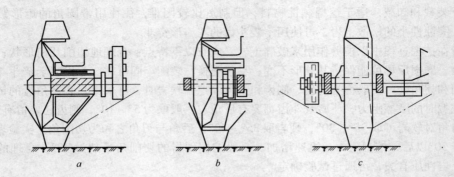

图 2-123　斗轮减速器的布置形式

a—减速器与胶带运输机同侧；*b*—减速器装在斗轮内部；*c*—减速器与斗轮同侧

上，并且要适应开采工艺的要求，使减速器在斗轮臂的侧面不要探出太多，因此常使斗轮电动机轴与斗轮轴垂直。一般可采用圆锥齿轮或蜗轮蜗杆传动，后者只适用于电动机功率在 200kW 以下的传动。为了挖掘不同切割阻力的土岩，斗轮转速应具有几个挡次，最简单的方法是在斗轮传动装置中设置手动的齿轮变速机构。

斗轮轴是轮斗挖掘机的关键性零件。它的断裂会对整机稳定性造成不同程度的影响，甚至产生严重后果。因此对轮斗轴材料和结构的选择要特别慎重，加工检验和计划检修都必须严格要求。大型轮斗挖掘机的斗轮轴直径可达 1m。由于钢锭的芯部有偏析，要求锻造后的斗轮轴应掏空并珩磨中空内壁。斗轮运转时，每年用色泽压入法、超声法或磁粉法进行轴的裂纹检查。

20 世纪 80 年代在德国生产的一些中、小型轮斗挖掘机中采用了无轴斗轮的结构。图 2-124 所示为 S630 型轮斗挖掘机斗轮。斗轮 1 支承在一个三列径-轴向轴承 3 上转动，使原来装配斗轮轴的部位形成一个圆柱形的空间。轴承为一列径向、二列轴向的滚柱回转支承装置，其外座圈固定在斗轮臂 2 上，带有内齿圈 6 的内座圈则与斗轮体用螺栓连接在一起。斗轮的传动装置由五台油马达 4 和行星减速器组成，它们均布于上述圆柱形空间内，牢固地装在斗轮臂上。位于传动装置输出轴的五个小齿轮 5 与内齿圈相啮合。当油马达被高压油驱动后，小齿轮带动齿圈转动，从而实现斗轮的旋转。这种结构使传动系统简化，结构紧凑，斗轮头部质量减轻，斗

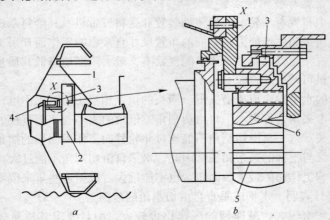

图 2-124　无轴斗轮

a—斗轮装配图；*b*—X 局部放大

1—斗轮；2—斗轮臂；3—三列径-轴向轴承；4—油马达；5—小齿轮；6—内齿圈

轮的平面自由切割角也可减小。

中小型斗轮一般采用单台电动机驱动，大型设备的斗轮电动机可达 2～4 台。德国玛恩公司的一台日产 $20 \times 10^4 \text{m}^3$ 轮斗挖掘机的斗轮传动装置采用了 3 台 840kW 电动机驱动，减速器采用类似 WD520 型轮斗挖掘机行走装置的差动减速器，减速器的输出端共有六个齿轮驱动直径为 6.5m 的大齿轮，使斗轮旋转。这种结构可减少齿轮的模数和直径，质量减轻约 25%。

在一些轮斗挖掘机中，斗轮减速器的输出轴常常做成空心的，以便将它套在斗轮轴上。减速器在斗轮轴上形成两个支点，电动机底座与减速器固定在一起，底座下的自动调整支承成为第三个支点，这种静定三支点支承系统可以保证减速器内的齿轮不会由于斗轮臂变形而影响啮合质量。WD520 型轮斗挖掘机的斗轮减速器属于这种结构。

斗轮传动系统中应设有制动器，使正在工作的斗轮断电后很快停住，并防止其倒转，此外在检修斗轮时，也需要制动。有的斗轮还装有辅助电动机，以便在检修时快速转动空载斗轮。还应设有机械或电气的防止过载装置，如电磁粉末联轴器、安全型液力联轴器、闸块式或多盘摩擦片式联轴器等。

2.3.4.3　臂架与变幅机构

轮斗挖掘机的斗轮臂和卸载臂在挖掘作业时需经常升降，这可通过变幅机构来完成。

轮斗挖掘机的臂架多采用桁架结构，用型钢和钢管焊接而成。小型轮斗挖掘机由于臂架较短而采用板梁或箱形梁结构。轮斗挖掘机的平衡重臂架和立柱一般也都是桁架结构，回转平台和底架则用型钢或钢板焊接而成。一些大型轮斗挖掘机中钢结构部分质量约占整机质量的 50%。

以前的钢结构件都采用铆钉连接，近年来采用高强度螺栓连接。螺栓孔在制造厂预先钻好，到现场组装时将螺钉孔进行铰孔，然后打入紧配合螺栓进行连接。如采用焊接结构组件，事先焊好的组件外形尺寸应不超过铁路或公路的允许运输限度。

中小型轮斗挖掘机的臂架变幅机构一般采用油缸驱动，大型设备则采用绞车和钢丝绳滑轮组提升系统。中型轮斗挖掘机有采用双绳单绞车提升系统，但为了生产安全可靠，目前的大、中型设备多采用双绳双绞车提升系统。每套绞车设有二套制动器，即工作制动器和保险制动器，前者为闸块式，后者为带式或多盘式。

提升钢丝绳采用钢芯、而不用麻芯的。使用经验表明，用麻芯的钢丝绳当绳芯内的浸渍油被挤干后容易引起变形而损坏，寿命较短。一般选用预变形无扭劲顺捻钢丝绳，其表面绳股应具有较大直径的钢丝，以增加钢丝绳的耐磨性。为保证双绳提升系统中两根钢丝绳受力均匀，每根钢丝绳的末端装有可以单独进行调节的紧绳装置。

在钢丝绳滑轮组系统中，为了检修方便，每个滑轮应尽量单独固定。钢丝绳与滑轮槽的偏摆角应小于 2.5°～3°。轮斗挖掘机的提升设备和其他类型悬挂系统的钢丝绳的安全系数是指钢丝绳断裂载荷和最大静载荷之比，应小于 6，而司机室提升钢丝绳则应不小于 10。系统中的滑轮和滚筒直径至少应为钢丝绳直径的 18 倍，平衡滑轮直径至少为钢丝绳直径的 10 倍。一般选取 20～25 倍之间。为考虑大型设备的绞车滚筒缠绕长度的需要而加大直径，但大多不超过 30 倍。

中型轮斗挖掘机的变幅机构，提升绞车一般采用交流电动机驱动，而大型设备中的重型绞车都采用直流电动机驱动。

2.3.4.4　行走装置

轮斗挖掘机的行走装置有以下几种：迈步式、迈步轨道式和履带式，其中以履带行走装置最为普遍。

迈步行走装置由于接地比压低，适用于底板比较松软的露天矿，在俄罗斯、捷克等国家的部分轮斗挖掘机中采用这种装置。

迈步轨道行走装置是在综合了轨道和履带装置的优点，摒弃它们的缺点基础上发展起来的。在一些生产能力超过 3000m³/h 的轮斗挖掘机和排土机中获得应用。

如图 2-125 所示，机器底架 1 用四个液压千斤顶 4 支承在四轮小车 8 之上，小车车轮则支在装于履板 7 的底部轨道 9 上。支承底盘 5 通过下部支承回转装置 6 与底架的下部相连接。挖掘机上部回转平台 2 通过上部回转装置 3 支承在机器底架上。挖掘机支承在千斤顶和履板上的小车上进行作业，可通过装于履板末端的绞车 11 沿着履板而移动，绞车的钢丝绳固定在小车上。沿履板移动一个单位行程后，用液压千斤顶降下底架，这时机器支承在底盘的底板上，而履板则被千斤顶抬起，通过上部轨道 10 挂在小车车轮上。用同一牵引绞车将履板沿运动方向向前移动，然后用千斤顶使履板落地。继续推出千斤顶的活塞杆，机器带着支承底盘一起被抬起，这就完成了一个行走循环，机器朝直线方向前进。当机器正好支在支承底盘上需要改变行走方向时，底架和履板一起通过下部回转支承转过要求的角度，然后放下履板，挖掘机即可沿着履板朝要求的方向移动。

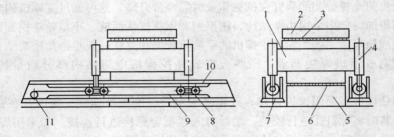

图 2-125　迈步轨道行走装置

1—底架；2—上部回转平台；3—上部回转装置；4—液压千斤顶；
5—支承底盘；6—下部支承回转装置；7—履板；8—四轮小车；
9—底部轨道；10—上部轨道；11—绞车

迈步轨道行走装置具有以下优点：转弯较快而平稳，在履板上工作时调整切片厚度较容易，接地比压较小，行走阻力较低，零部件磨损较小，在支承底盘上工作稳定性较好。其缺点是质量较大，迈步时需上抬机器，消耗功率大，周期性移动，速度较慢。

用于轮斗挖掘机的履带行走装置除双履带外，还有三组履带和四组履带的。

图 2-126a 所示为三组履带结构，类似双履带。德国早期生产的 SchRs $\frac{500}{3}$16 型轮斗挖掘机采用此结构。目前已很少见到。图 2-126b 为三组双履带纵向非对称式结构，一侧两组，另一侧为一组，转弯时控制两组一侧履带。轮斗挖掘机正反向挖掘深度相等。在边坡附近驶离时比较容易。在一些大中型轮斗挖掘机中普遍采用这种结构，如德国的 SchRs $\frac{1900}{5}$20 型和 SRs(k) 2000 $\frac{28}{3}$ 型前苏联的 apц-2500п 型轮斗挖掘机等。图 2-126c 为三组双履带纵向对称式结构，转弯时控制三角形顶点一组履带，转弯阻力小。当卸载臂与开采方向垂直时，负载重心偏移，由单组履带承担。这种结构用得较少，如捷克 KU-300 型轮斗挖掘机。图 2-126d 为三组履带纵向非

对称式结构，如德国的 SRs2400 $\frac{36}{10}$ 型、SchRs $\frac{3600}{5}$ 50 型轮斗挖掘机。图 2-126e 为三组四履带纵向对称式结构，如德国的 SchRs $\frac{4500}{12}$ 44 型、SchRs $\frac{6600}{17}$ 51 型轮斗挖掘机。这两种结构与图 2-126b、图 2-126c 类似，大型轮斗挖掘机采用。由于 12 条履带靠得很近，履带接地面积几乎形成整块，这种布置形式的履带接地比压比单条履带要高，可以减小履带接地面积。图 2-126f 为四组履带结构，每组履带都有各自的转向机构，结构复杂，如美国 1060wx 型、俄罗斯的 арц-1600 型轮斗挖掘机。

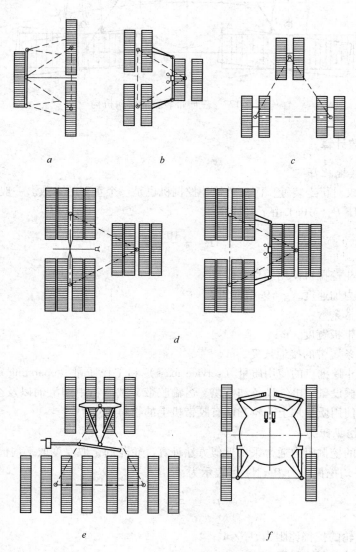

图 2-126 多履带装置

在 60 年代以前多履带行走装置的转向机构，采用螺杆-螺母装置。图 2-127 所示为三履带装置的转向机构，用调整两组履带的方法，效果较好。目前履带的转向，几乎全是采用油缸控制的，结构简单，操作方便。

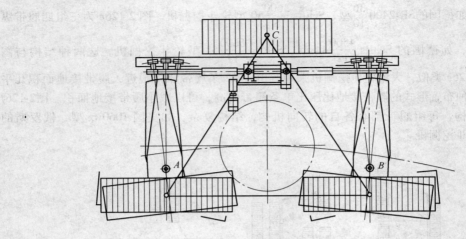

图 2-127　三履带装置的转向机构

2.3.5　主要参数计算

2.3.5.1　接地比压

接地比压不仅对行走装置，而且对轮斗挖掘机也是一个重要的参数。一般对于履带行走装置的平均接地比压 P_m（MPa）由下式计算

$$P_m = \frac{10^{-2}Gg}{nBL} \tag{2-31}$$

式中　　G——轮斗挖掘机使用质量，t；

g——重力加速度，$g = 9.81 \text{m/s}^2$；

n——履带条数；

B——履带板宽度，m；

L——一条履带的接地长度，m。

必须区别轮斗挖掘机的使用质量（service mass）和工作质量（operating mass），使用质量包括钢结构、机械设备、电气设备和电缆、运输胶带、减速箱中润滑油以及全部平衡的质量，而工作质量则是使用质量加上斗轮和所有胶带机上的物料质量。

2.3.5.2　挖掘阻力

斗轮挖掘机的挖掘阻力通常采用近似方法计算，轮斗的铲取厚度取平均值（为最大铲取厚度的 2/3），则平均挖掘阻力 P_w（N）可表示为：

$$P_w = \frac{2}{3}\sigma_w S_{max} bi \tag{2-32}$$

式中　　σ_w——斗轮的挖掘比阻力，N/m^2；

S_{max}——轮斗的最大铲取厚度，m；

b——铲斗的铲取宽度，m；

i——同时参与挖掘的轮斗数。

2.3.5.3　功率

轮斗挖掘物料所需功率 N_w（kW）

$$N_{\mathrm{w}} = \frac{\sigma_{\mathrm{w}} Q_{\mathrm{j}}}{36 \times 10^5} \tag{2-33}$$

式中　Q_{j}——斗轮的技术生产率，m^3/h。

斗轮提升物料所需功率 $N_{\mathrm{u}}(\mathrm{kW})$

$$N_{\mathrm{u}} = \frac{Q_{\mathrm{j}} \gamma d_{\mathrm{L}}}{72 \times 10^5} \tag{2-34}$$

式中　γ——被挖掘物料的实体容重，$\mathrm{N/m}^3$；

　　　d_{L}——斗轮的直径，m。

驱动斗轮总功率 $N_{\mathrm{z}}(\mathrm{kW})$

$$N_{\mathrm{z}} = N_{\mathrm{w}} + N_{\mathrm{u}} = \frac{Q_{\mathrm{j}}}{36 \times 10^5}(\sigma_{\mathrm{w}} + 0.5 \gamma d_{\mathrm{L}}) \tag{2-35}$$

驱动斗轮的电动机功率 $N_{\mathrm{d}}(\mathrm{kW})$

$$N_{\mathrm{d}} = \frac{N_{\mathrm{z}}}{\eta_{\mathrm{d}}} \tag{2-36}$$

式中　η_{d}——斗轮机构的传动效率，一般取 $0.75 \sim 0.8$。

2.3.5.4　生产率

斗轮挖掘机的生产率是指在单位时间内从工作面上挖掘、装载到运输工具或排土场的土壤和矿岩的总体积（按实体体积计算）。

技术生产率 $Q_{\mathrm{j}}(\mathrm{m}^3/\mathrm{h})$

$$Q_{\mathrm{j}} = Q_{\mathrm{L}} \frac{k_{\mathrm{m}} k_{\mathrm{w}}}{k_{\mathrm{s}}} \tag{2-37}$$

式中　　Q_{L}——斗轮挖掘机的理论生产率，m^3/h，按设计值计算；

k_{m}、k_{w}、k_{s}——分别为铲斗装满系数、挖掘条件影响系数、物料的松散系数，其值见表2-20。

表 2-20　斗轮挖掘机的计算系数

被挖掘物料性质	k_{m}	k_{w}	k_{s}
砂、砂土、小块砂石	$1.0 \sim 1.05$	1.0	$1.20 \sim 1.30$
煤、砂质黏土、砾石	$1.0 \sim 0.95$	0.95	$1.30 \sim 1.40$
坚硬砂质黏土岩	0.90	0.80	$1.40 \sim 1.50$
坚硬黏土岩及页岩	0.85	0.70	$1.50 \sim 1.60$
一般爆破的铜、铁矿岩	0.80	0.65	$1.60 \sim 1.80$

实际生产率 $Q_{\mathrm{s}}(\mathrm{m}^3/\mathrm{h})$

$$Q_{\mathrm{s}} = k_{\mathrm{L}} Q_{\mathrm{j}} \tag{2-38}$$

式中　k_{L}——斗轮挖掘机的利用系数，是考虑工作条件、现场组织工作的完善程度等因素的影响，一般取 $k_{\mathrm{L}} = 0.70 \sim 0.85$。

斗轮挖掘设备台数的确定可参照单斗挖掘机的计算方法。

复习思考题

2-1　单斗挖掘机按用途和结构可分为哪几种，各有何特点？

2-2　试画出 WK-10 型挖掘机的简图，说明其主要组成，并标注各部分的主要运动。

2-3　画出 WK-10 型挖掘机推压、提升、回转和行走的机械传动系统图，并说明如何实现推压过载保护及对应的四个减速器有何特点？

2-4　WK-10 型挖掘机的中央枢轴及回转辊盘各有何作用，中央枢轴的轴向间隙怎样调整？

2-5　WK-10 型挖掘机上有几种润滑方式，举例说明各用于何处，对照气压系统图说明各元件的名称及功用。

2-6　正铲挖掘机的斗杆与动臂主要有哪几种组合的结构形式，各有何特点？

2-7　正铲斗底可分为哪几种，各有何特点？

2-8　简述 WK-10 型挖掘机铲斗的结构及斗底如何开闭，为什么升斗钢丝绳要经常处于拉紧状态？

2-9　齿条推压和钢丝绳推压两种机构各有什么特点？

2-10　履带行走机构主要由哪几个部件组成？

2-11　如何区分多支点和少支点履带，各自特点及适应场合？

2-12　说明液压挖掘机的工作原理。

2-13　与机械式挖掘机比较，液压挖掘机有什么特点？

2-14　分析液压挖掘机与机械式挖掘机的挖掘力有何不同？

2-15　说明 H85 型液压挖掘机的组成部分及运动。

2-16　试述挖掘机恒功率变量系统和恒压变量系统的工作原理。

2-17　液压挖掘机的主要参数包括哪些？

2-18　说明并分析分功率变量系统和全功率变量系统的原理。

2-19　试述全功率恒压组合变量系统的原理。

2-20　液压挖掘机的功率如何计算？

2-21　试比较分析几种机械式单斗挖掘机的异同。

2-22　露天矿选用轮斗挖掘机作为采矿设备时，应考虑哪些问题？

2-23　与其他挖掘设备比较，轮斗挖掘机有哪些优点？

2-24　紧凑型轮斗挖掘机有什么特点，结构上应怎样考虑？

2-25　WUD $\frac{400}{700}$ 型轮斗挖掘机由哪几部分组成，各起什么作用？

2-26　画出 WUD $\frac{400}{700}$ 型轮斗挖掘机的斗轮传动系统图，并说明其特点。

2-27　画简图说明 WUD $\frac{400}{700}$ 型轮斗挖掘机平台回转装置和结构及其特点。

2-28　分别说明 WUD $\frac{400}{700}$ 型轮斗挖掘机的平台和卸料臂是怎样回转的？

2-29　试述 WUD $\frac{400}{700}$ 型轮斗挖掘机的履带传动装置的工作原理。

2-30　斗轮相对于斗轮臂在垂直和水平面内怎么倾斜，为什么？

2-31　SRs $\frac{1602.25}{3.0}$ (1000kW) + VR $\frac{101.10}{1.0}$ 型轮斗挖掘机主要由哪几部分组成，各部分起什么作用？

2-32　画出 SRs $\frac{1602.25}{3.0}$ (1000kW) + VR $\frac{101.10}{1.0}$ 型轮斗挖掘机的斗轮传动系统图，并说明其特点。

2-33　SRs $\frac{1602.25}{3.0}$ (1000kW) + VR $\frac{101.10}{1.0}$ 型轮斗挖掘机采用什么形式的斗轮臂变幅机构，有何结构特点？

2-34　试述 WUD $\dfrac{400}{700}$ 型轮斗挖掘机与 SRs $\dfrac{1602.25}{3.0}$（1000kW）+ VR $\dfrac{101.10}{1.0}$ 型轮斗挖掘机的主要区别。

2-35　决定轮斗挖掘机结构形式的主要因素有哪些？

2-36　斗轮臂不能伸缩的轮斗挖掘机可分为哪几种？

2-37　带连接桥的轮斗挖掘机具有哪些特点？

2-38　何谓重力卸载、惯性卸载？

2-39　分别说明有格式、无格式和半格式斗轮的结构特点。

2-40　什么是预截器，有什么作用？

2-41　试述无轴斗轮的结构特点及工作原理。

2-42　轮斗挖掘机的履带行走机构除双履带外，还有哪些形式？

3 装运机械

在露天矿生产过程中，除了各种挖掘机可用于装载自卸汽车、电机车、内燃机车和高强度胶带输送机等专用运输设备外，还有一些铲、装、运机械，如前端式装载机、铲运机、推土机、排土机和半移动式矿用破碎站等，本章将介绍这些机械的结构组成、工作原理及主要参数计算。

3.1 前端式装载机

3.1.1 概述

前端式装载机（简称前装机）不仅对散状物料进行铲装、搬运和卸载，而且可以进行推土、平整场地作业；此外，还可以用来对岩石、硬土进行轻度挖掘工作。在矿山、建筑、道路、水电和国防建设等国民经济各个部门得到广泛的应用。它对于加快工程建设速度、提高工程质量、减轻劳动强度具有重要的作用。

根据行走装置的不同前装机可分为轮胎式和履带式两种。露天矿一般采用轮胎式前装机。在国外，这种前装机和重型自卸卡车相配套的采矿方法，在一些石灰石矿、磷酸盐矿、油页岩矿和煤矿中使用。特别在美国，前装机取代露天矿用单斗挖掘机和拉铲已形成明显的趋势。这是因为，前装机和机械式单斗挖掘机相比，有以下特点：

（1）机动灵活，能在爆破后 15min 驶入工作面，迅速投入生产；

（2）具有较高的经济指标，当生产率相同时，前装机的价格为其他机械的 20% ~25%；

（3）在缓坡上作业的性能比较好。

前装机的主要缺点是：生产率仅为相同斗容机械式单斗挖掘机的 50% ~70%；对矿岩块度的适应性差，当爆破质量不好和块度大时采装效率低；轮胎消耗量大。

在露天矿中，轮式前装机可作为采矿、剥离用的主要采装设备，直接向汽车、铁路车辆、移动式破碎机或其他设备的受矿漏斗装载，也可以作为采、装、运设备，独立完成采装工作，其合理运距一般在 150m 以内。此外，还可以作为拉钩时的采装设备，以及为机械式单斗挖掘机、拉铲作清扫工作的辅助设备。因此，轮式前装机在露天矿是一个很有发展前途的机种。

目前露天矿用大型前装机的传动方式基本上分为两种：柴油机-液力机械传动、柴油机-电力传动（即电动轮式）。两种传动方式竞相发展着。近年来，美国的马拉松勒托尼公司研制了 TCL-1000 型拖电缆式电动轮前装机。这种机型由于取消了柴油机，直接从电网取得便宜的电能，预计今后会得到迅速发展。我国霍林河、伊敏河等大型露天煤矿近年从马拉松勒托尼公司购进一批容量为 13m³ 的 L-1000 型大型电动轮式前装机，用于剥离表土工作。

电动轮式前装机是 20 世纪 80 年代发展的品种。柴油机驱动交流发电机发电，然后变成直流，驱动轮边的各个直流电动机，再驱动每个车轮上的行星传动装置。车轮转矩是由司机通过调速踏板控制的。当调速踏板在完全踏下位置时，供给最大电流。随着踏板向上返回，动力制动起作用。在返回到最上面位置时，电动机受到反向电磁力矩的作用而达到迅速停车。

与一般液力机械的前装机相比，电动轮式前装机具有以下特点：

（1）采用柴油机-发电机-电动机组，传动系统简单。

（2）取消了效率比较低的液力变矩器，也不用变速箱和主传动等易损件，维修工作量少。由直流电动机直接传动轮边减速器，其传动效率高。液力机械的总传动效率约为 0.6，而电动轮的效率在 0.77 左右。

（3）利用直流电动机的牵引特性驱动车轮。不用齿轮变速，操作方便；司机仅需要进行前进和后退控制，因此，特别适宜于倾斜工作面工作。

（4）利用可控硅整流与电脑控制，能够合理地分配液压系统的功率和牵引功率，控制轮胎打滑。

据统计，世界上生产大型前装机 ［斗容为 5m³ 或功率在 335.565kW（450hp）以上］ 的厂家集中在美国，如卡特彼勒、克拉克、达特、马拉松勒托尼等。目前最大斗容的前装机是克拉克 675 型，额定斗容为 18.4m³。

我国自 1958 年开始试制前装机以来，已形成斗容为 5m³ 以下的 ZL 型系列产品（Z 代表装载机，L 代表轮式），一些中小型露天矿已采用国产前装机进行剥离工作。

在露天矿，前装机经常与自卸卡车配合进行装载作业，最常用的典型作业方式如图 3-1 所示，其作业效果较好，特别适宜于铰接式前装机作业。整个作业循环包括四个工序：

（1）前装机以低速、直线驶向料堆，接近料堆时，放下动臂，转动铲斗，使铲斗刀刃接地，铲斗斗底与地平面成 3° ~ 7°，插入料堆。

（2）铲斗以全力插入料堆，并间断地操纵铲斗转动和动臂上升，直至铲斗装满，把铲斗上翻至运输位置。

（3）前装机满载后退，然后转向，驶向自卸卡车，同时提升动臂至卸载高度卸料。

（4）空车返回，同时动臂下降至运输位置。

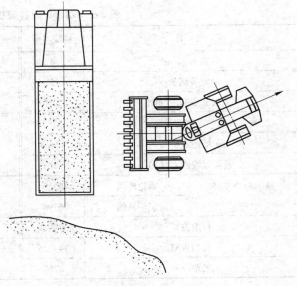

图 3-1 前装机的作业方式

由上述作业过程可见，前装机的装卸工作是在行走中配合以工作装置的动作来实现的。其中，铲装工序为主要工序，它借助于插入力，并用转斗和动臂提升的配合动作来完成，此时所需的功率最大。

3.1.2 ZL-50 型前装机

ZL-50 型前装机采用轮胎行走，柴油机-液力机械传动，其主要组成见图 3-2，技术参数见表 3-1。

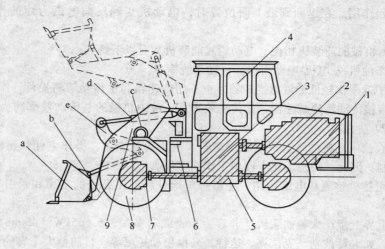

图 3-2 ZL-50 型前装机

1—柴油发动机；2—液力变矩器；3—变速箱；4—驾驶室；5—车架；
6—前、后桥；7—转向铰接装置；8—车轮；9—工作装置；
a—铲斗；b—动臂；c—动臂油缸；d—转斗油缸；e—摇臂

表 3-1 ZL-50 型前装机技术特征参数

名　　称		特征参数	名　　称		特征参数
铲斗容积/m³		3	轮距/mm		2200
额定装载量/t		5	动臂举升时间/s		7.5
最大卸载高度/mm		3050	液力变矩器系数		4.7
最大卸载高度时卸载距离/mm		1283	行走速度 /km·h⁻¹	前进Ⅰ挡	0~12
最大牵引力/kN		134.3		前进Ⅱ挡	0~38
最大爬坡能力/(°)		28		后退挡	0~16.5
最小转弯半径 /mm	后轮外侧	5613	发动机额定功率/kW		163
	铲斗外侧	6598	发动机额定转速/r·min⁻¹		2200
行走方式		轮胎式	整机重量/t		15.8
轮胎规格		24~25	外形尺寸(长×宽×高) /m×m×m		7.08×2.94 ×3.37
轴距/mm		2760			

3.1.2.1 工作装置

ZL-50 型前装机的工作装置属于无铲斗托架式。如图 3-3 所示，它由铲斗 1、连杆 2、动臂 3、摇臂 4、转斗油缸 5 和动臂油缸 6 以及液压系统等零部件组成。图中 A、B、C、D、E、F 分别表示各构件之间的铰接点。动臂与车架铰接于 G 点。铲斗、摇臂分别与动臂铰接于 A、D 点，连杆的两端分别与铲斗、摇臂铰接于 B、C 点，转斗油缸的两端分别与摇臂、车架铰接于 E、F 点。动臂油缸的两端分别与车架、动臂铰接于 I、H 点。

A、B、C、D 4 个铰接点和 D、E、F、G 4 个铰接点各构成一个四连杆机构，这两个四连杆机械，便构成了工作装置的连杆机构。在动摇臂油缸与转斗油缸的作用下，就可完成装卸作业的各种动作。

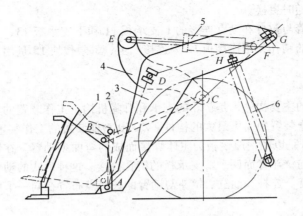

图 3-3 ZL-50 型前装机的工作装置

1—铲斗；2—连杆；3—动臂；4—摇臂；5—转斗油缸；6—动臂油缸

　　这种无铲斗托架式工作装置，其铲斗直接装在动臂上，转斗油缸通过连杆机构控制铲斗的转动。由于取消了托架，可使铲斗的装载量相对增加，为目前国内外前装机广泛使用。

　　A　铲斗

　　前装机的铲斗除作装卸工具外，运料时还兼作车厢，所以容积较大。它是一个较复杂的焊接件。如图 3-4 所示，斗壁 4 和侧板 7 组成具有一定容量的斗体，这是铲斗的基本部分。斗壁为弧形，便于装卸货物。铲装时作为斗壁一部分的斗底经常与物料相接触，磨损很快。因此，要采用耐磨合金钢，以延长铲斗的使用寿命。由于在装料时铲取力很大，单纯由斗壁和侧板形成的斗体还不具有足够的刚度。因此，在斗体上边用角钢 10 沿斗体长度方向焊接，给斗体上缘增设一根横梁；下边用加强板 3 与斗壁底边焊接。同时，加强板 5 也起到加强斗体刚度的作用。

　　在铲斗的上方用挡板 9 将斗壁加高，以免铲斗举到高处时撒料。加强板 8 则是用来加强挡板刚度的。

　　在铲斗的切削边（底边）和侧壁上焊接着用耐磨合金钢板制成的主刀板 2 和侧刀板 6。为了减少铲装阻力和延长主刀板的寿命，在主刀板上装有楔形斗齿 1，斗齿与主刀板之间用螺钉

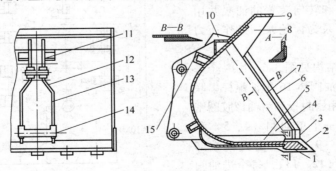

图 3-4 铲斗

1—斗齿；2—主刀板；3，5，8—加强板；4—斗壁；6—侧刀板；

7—侧板；9—挡板；10—角钢；11—上支承板；12—连接板；

13—下支承板；14—销轴；15—限位块

连接，以便在磨损后随时更换。

在铲斗背面焊接着与拉杆和动臂连接的上支承板 11 和下支承板 13，上、下支承板上开有与拉杆和动臂相连接的销孔，用连接板 12 来连接。上、下限位块 15 是用来限制铲斗上转和下转的极限位置的。

B　动臂

动臂是工作装置的主要构件，是铲斗的支承和升降机构，工作装置的其他零件都装在动臂上。因此，动臂是工作装置中受力最大的构件。ZL-50 型前装机的工作装置属于双板单摇臂式，如图 3-3 所示，其动臂是以两块厚钢板为主体焊接而成的弯曲型动臂。在铲斗中心线两侧，两个双板式动臂对称地与铲斗背面两个下支承板的销孔铰接。这种形式的动臂，可使摇臂安在动臂的内部，从而使摇臂、连杆、油缸、铲斗与动臂的铰接点布置在同一平面内。这种动臂结构比较复杂。

C　连杆机构

在前装机工作时，当动臂油缸作用使动臂上抬或下降的过程中（此时转斗油缸封闭），连杆机构应使铲斗在提升中保持平移或接近平移运动。通常，要求铲斗在上、下限位置时的转角差不大于 15°，以免造成装满物料的铲斗撒斗。

当动臂处于任意卸料位置不动时（此时动臂油缸封闭），在转斗油缸作用下，通过连杆机构使铲斗下转卸料，卸料角（即下转角）应尽量大些。通常，要求卸料角不小于 45°，以保证卸料干净。

此外，连杆机构应具有良好的传递动力的功能，以便将转斗油缸的动力传递给铲斗。运动中不与其他构件发生干涉，工作中不影响司机视线，而且具有足够的强度与刚度等。

ZL-50 型前装机的连杆机构（图 3-3）是由两个四连杆机构（ABCD 与 DEFG）所组成的六杆机构，只有一个摇臂 CDE，而且在运动中摇臂的转向与铲斗的转向相反，故称为反转连杆机构。这种机构的铲取力特性适于铲装地面以上的物料，但不利于地面以下的挖掘。由于其结构简单，应用较广。

D　工作机构的液压系统

图 3-5 为 ZL-50 型前装机的工作机构液压系统，由油箱、油泵、多路换向阀、单向顺序阀、举升油缸和转斗油缸等组成。通过操纵多路换向阀完成动臂的升降和铲斗的翻转动作。工作机构和转向装置的油泵共用一个油箱。工作油泵为齿轮泵，工作压力为 10MPa。

多路换向阀的结构见图 3-6。由一个进油阀体 15、一个回油阀体 16 用长螺杆串联固结在一起。阀体用密封板和耐油橡胶圈密封；进油阀体内有一个单向阀（4、5）和一个溢流阀（7、8、9、10），分配阀端部装有滑阀回位装置（12、13），每个进油阀体的外侧均有两个油口，分别与相应的油缸进出油嘴相通。

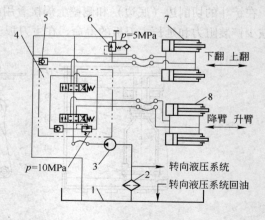

图 3-5　工作机构液压系统

1—工作油箱；2—过滤器；3—齿轮油泵；
4—多路换向阀；5—单向阀；6—单向顺序阀；
7—转斗油缸；8—举升油缸

3.1.2.2　行走装置

ZL-50 型前装机采用轮胎式行走装置，

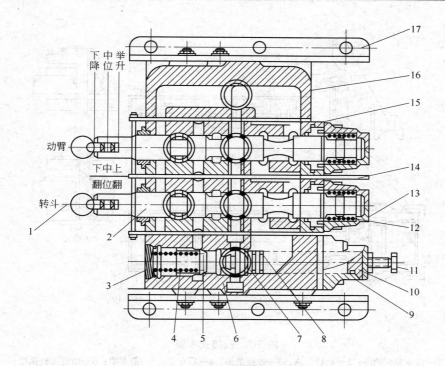

图 3-6　多路换向阀结构

1—操纵杆；2—滑阀；3—螺丝盖；4—单向阀弹簧；5—单向阀门；6—进油阀体；
7—溢油阀门；8—溢流阀弹簧；9—溢流阀盖；10—溢流阀弹簧座；
11—压力调整螺钉；12—滑阀回位弹簧；13—盖；14—密封板；
15—进油阀体；16—回油阀体；17—连接角钢

它包括车架、传动系统、转向装置、制动装置、车轮等。

A　车架

图 3-7 所示为 ZL-50 型前装机的铰接式车架，前车架 5 与后车架 4 用销轴铰接而成。后车架是车架的主体，为长方形结构，在后车架上装有发动机、传动系统、操作系统、驾驶室和油箱等。

前车架为方形底架和立体三角形结构，工作装置和转向机构装于其上。通过转向机构，使前车架相对于后车架转动，从而使前装机能实现大幅度转向。前后车架相对转动时，车轮相对于车架不发生偏转，通常称这样的转向方式为"折腰转向"。

B　传动系统

前装机传动系统的基本作用是，将动力按需要传递给驱动轮和其他操纵机构。ZL-50型前装机的传动系统采用柴油机-液力机械传动方式，由液力元件和机械元件组合而成，两者的配合使前装机既有较快的行走速度，又有较多级的速度变换，以适应不同牵引力的要求。

ZL-50 型前装机的传动系统如图 3-8 所示，它包括离合器、液力变矩器、变速箱、分动箱、万向传动装置、驱动桥、最终传动等部分。

纵向后置的柴油机 1，通过液力变矩器 2，将动力传给变速箱 3，变速箱采用行星齿轮式动力换挡变速箱，有两个行星排。变速箱经万向传动装置 4、6 将动力传给前、后驱动桥 5、7，

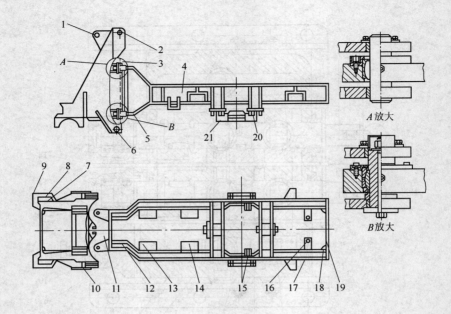

图 3-7　铰接式车架

1—转斗油缸销座；2—动臂销座；3—铰接销轴；4—后车架；5—前车架；6—动臂油缸销座；
7—转向销座；8—前板；9—底板；10—铰接座；11—铰接架；12—转向油缸销座；
13—变速箱支架；14—变矩器支架；15—发动机前支架；16—发动机后支架；
17—配重支架；18—连接板；19—后架；20—销轴；21—桥架

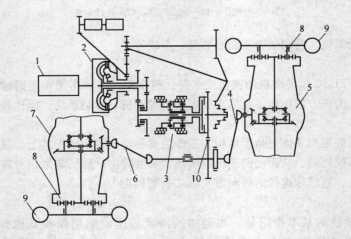

图 3-8　传动系统

1—柴油机；2—液力变矩器；3—变速箱；4，6—万向传动装置；5—前驱动桥；
7—后驱动桥；8—最终传动；9—驱动车轮；10—分动箱

通过最终传动（也称轮边减速器）8，最后将动力传给前、后驱动车轮 9。分动箱 10 包括一对常啮合齿轮及其外侧壳体，它可根据需要将变速箱传来的动力，同时传给前、后驱动桥或只传给前桥。

　　前装机行走时，由于所遇到的道路阻力的大小，以及当它在装载和行走时的不同工况和对它的不同要求，需要通过变速箱与换挡的方法，使柴油机满足要求。此外，变速箱还设有后退挡，以适应倒车需要。离合器用来在换挡和前装机启动时，使柴油机的动力和变速箱分离开，从而实现顺利换挡和空载启动。液力变矩器可使前装机启动更加平稳，在行走中减少换挡次数，使驾驶操作简便，提高工作效率。万向传动装置把离合器和变速箱与前、后驱动桥连接起来。由于离合器、变速箱和前、后驱动桥各部件的输入轴、输出轴都不在一个平面，而且有些轴的相对位置并非固定不变，所以需要用万向节来连接。

　　前装机的驱动桥是指万向传动装置之后、驱动车轮之前的传动机构，包括主传动装置、差速器、半轴、最终传动和桥壳等零部件。驱动桥的功用是将变速箱传来的动力，经主传动器中螺旋锥齿轮传动后降低转速，增大转矩，并将纵向传递的动力变为横向传递，然后经差速器中行星齿轮、半轴齿轮、半轴，将动力传至最终传动齿轮，经再一次降低转速，增大转矩后，转动驱动车轮，使前装机行走。

　　当前装机行走时，左、右驱动车轮在同一时间内所滚过的路程未必相等，例如在转弯时，或路面高低不平时，以及左、右驱动车轮的新旧不同或充气程度不等时，都会产生类似的情况。差速器能保证左、右驱动车轮在上述情况下正常驱动。左、右驱动车轮同为一个主传动装置所驱动。但不装在同一根轴上，而是将轴分成左、右两段半轴，由能起差动作用的差速器将两半轴连接起来。

　　ZL-50 型前装机采用行星齿轮式最终传动。这种减速器具有结构紧凑、零件承受扭矩大等特点。

　　液力变矩器是液力机械传动系统中的重要部件，它是利用液体作为工作介质来传递动力，即通过液体在循环流动过程中液流动能的变化来传递动力的。这种传动称为液力传动。装有液力变矩器的机械性能具有下列优点：

　　（1）当作用于机械上的外载荷增加时，它能自动增大牵引力，降低速度，避免柴油机熄火，也简化了驾驶员的换挡操作，改善了劳动条件。

　　（2）有利于提高柴油机和传动系统零部件的使用寿命。因为液力变矩器是靠油液来传递能量的，泵轮和涡轮不是刚性连接，因而能吸收振动和冲击，从而可降低传动系统中的动载荷。

　　（3）具有无级变速的性能，故能减少变速箱的挡数，简化了结构，也可以使机器在很低的速度下行走，并可以平稳启动。

　　液力变矩器的缺点是效率较低，从而机器的经济指标较低。

　　图 3-9 为 ZL-50 型前装机的液力变矩器。这是一种双涡轮液力变矩器（图 3-10）。第一涡轮 6 和第二涡轮 8 相邻布置在泵轮 10 和导轮 9 之间，属于单级液力变矩器。采用相邻布置的双涡轮可使单级变矩器运用更为合理，能取得较好的经济效果，但结构较复杂。

　　前装机柴油机的动力，由弹性板 5 传给液力变矩器的泵轮 10。圆盘形弹性板的外缘，用螺钉与柴油机的飞轮 1 固定在一起，而其内缘则与变矩器循环圆外壳 3 用螺钉相连接。循环圆外壳又与泵轮相连接，而泵轮本身还和齿轮 12 用螺钉连接在一起。上述各件构成了液力变矩器的主动部分。主动部分的左端用轴承 2 支承在飞轮中心孔内，右端用两个轴承 11 支承在导轮套管轴 13 上。导轮套管轴与变速箱壳体固定在一起，而导轮 9 用花键套装在管轴上，当泵轮带动涡轮旋转时导轮是固定不动的。

　　当泵轮启动后，借助于循环圆内的工作液，带动第一涡轮 6 和第二涡轮 8 同时旋转。第一涡轮用花键套在第一涡轮轴 15 上，涡轮轴右端带有齿轮，从第一涡轮输出的动力，通过该齿

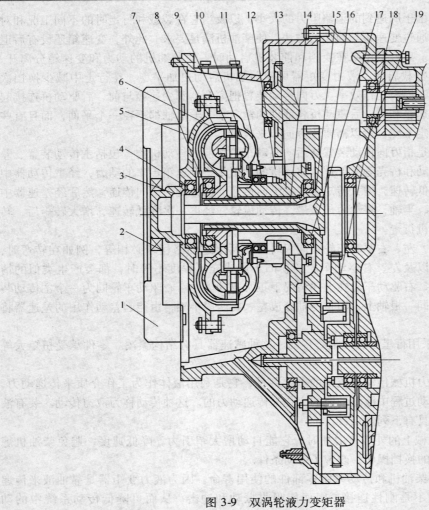

图 3-9　双涡轮液力变矩器

1—飞轮；2,4,7,11,17,19—轴承；3—循环圆外壳；5—弹性板；6—第一涡轮；8—第二涡轮；9—导轮；10—泵轮；
12—齿轮；13—导轮套管轴；14—第二涡轮套管轴；15—第一涡轮轴；16—隔离环；18—自由轮机构外环齿轮

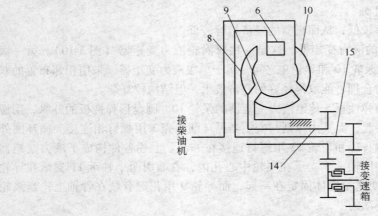

图 3-10　液力变矩器传动简图
（图中序号意义同图 3-9）

轮输入变速箱。第一涡轮轴左端以轴承 4 支承在循环圆外壳内，其右端以轴承 19 支承在变速箱中。第二涡轮也以花键套装在第二涡轮套管轴 14 上，套管轴与齿轮制成一体，其左端用轴承 7 支承在第一涡轮轮毂中，而其右端则用轴承 17 支承在导轮套管轴内。第二涡轮的动力即由涡轮套管轴上的齿轮输入变速箱内。第二涡轮输出齿轮直径比第一涡轮输出齿轮直径大得多，而与它们啮合的两个变速箱输入齿轮大小却正好相反。

从图 3-10 可以清楚地看出，变速箱中第一、第二涡轮轴上齿轮常啮合的两齿轮间由自由轮机构相连接。自由轮机构也称超越离合器。与第一涡轮轴齿轮啮合的齿轮是自由轮机构的外环齿轮 18。自由轮机构与变速箱输入轴为单向连接。当前装机行驶阻力小时，第二涡轮传给变速箱输入轴齿轮的转速大于第一涡轮传给变速箱输入轴齿轮的转速，由第二涡轮带动输入轴转动，而第一涡轮带动外环齿轮空转。

当外载荷增大时，第二涡轮所带动的齿轮转速被迫下降，下降到小于或等于第一涡轮所带的齿轮转速时，自由轮机构处于楔紧状态，动力则通过第一、第二涡轮同时向变速箱输入轴提供。这时，两个涡轮像一个整体，以更大的扭矩驱动输出齿轮来克服新增加的外载荷。

3.1.3 主要参数计算

3.1.3.1 铲斗容积

A 铲斗基本参数的确定

铲斗宽度应大于前装机轮胎外侧宽度，每侧为 50~100mm，如铲斗宽度小于前装机轮胎外侧宽度，铲斗铲取物料后所形成的料堆阶梯地面会损伤轮胎侧壁，并增加行驶阻力。

在确定铲斗各部分尺寸时，可参照同类型的铲斗进行计算。一般把铲斗的回转半径 R_0 作为基本参数，然后进一步计算其他参数。

如图 3-11 所示，铲斗横截面积

$$S = R_0^2 \left\{ 0.5k_q(k_Z + k_R\cos\gamma_1)\sin\gamma_0 - k_r^2\left[\cot\frac{\gamma_0}{2} - 0.5\pi\left(1 - \frac{\gamma_0}{180}\right)\right] \right\}$$

铲斗几何容积为铲斗横截面积与铲斗净宽度之乘积，即 $V_R = SB_0$，故

$$R_0 = \sqrt{\frac{V_R}{B_0\left\{0.5k_q(k_Z + k_R\cos\gamma_1)\sin\gamma_0 - k_r^2\left[\cot\frac{\gamma_0}{2} - 0.5\pi\left(1 - \frac{\gamma_0}{180}\right)\right]\right\}}} \tag{3-1}$$

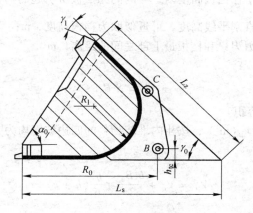

图 3-11 铲斗基本参数

式中　V_R——平装斗容量，m^3；

　　　B_0——铲斗内侧宽度，m；

　　　k_q——铲斗斗底长度系数，$k_q = 1.4 \sim 1.53$；

　　　k_z——斗后壁长度系数，$k_z = 1.1 \sim 1.2$；

　　　k_R——挡板高度系数，$k_R = 0.12 \sim 0.14$；

　　　k_r——斗底和后壁直线间的圆弧半径系数，$k_r = 0.35 \sim 0.4$；

　　　γ_1——挡板与斗后壁的夹角，通常 $\gamma_1 = 5° \sim 10°$；

　　　γ_0——斗底与斗后壁的夹角，通常 $\gamma_0 = 45° \sim 52°$。

在图 3-11 中，$L_q = k_q R_0 = (1.4 \sim 1.53)R_0$，$L_z = k_z R_0 = (1.1 \sim 1.2)R_0$，挡板高度 $L_R = k_k R_0 = (0.12 \sim 0.14)R_0$，铲斗圆弧半径 $R_1 = k_z R_0 = (1.1 \sim 1.2)R_0$，铲斗与动臂铰销距斗底的高度 $h_{tc} = (0.06 \sim 0.12)R_0$，铲斗侧壁切削刃相对斗底的倾角 $\alpha_0 = 50° \sim 60°$。在选择 γ_1 时，应保证侧壁切刃与挡板的夹角为 90°。

B　斗容的计算

根据确定的铲斗几何尺寸即可计算铲斗容量（图 3-12）。

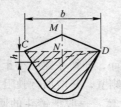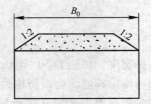

图 3-12　前装机铲斗斗容计算图

a　平装斗容（几何容积）V_R

铲斗平装斗容分为有挡板和无挡板两种。

对于装有挡板的铲斗

$$V_R = SB_0 - \frac{2}{3}h^2 b \tag{3-2}$$

式中　$\frac{2}{3}h^2 b$——考虑由于在挡板高度内，斗两侧无挡板所引起的物料容积的减少；

　　　　h——挡板垂直刮平线高度，可近似取为挡板高度，m；

　　　　b——铲斗斗刃刃口和挡板最上部之间的距离，m。

对于无挡板的铲斗

$$V'_k = S'B_0 \tag{3-3}$$

b　额定斗容（堆装容积）

铲斗堆装的额定斗容 $V_H(m^3)$，按斗内堆装物料的四边坡度均为 1∶2 计算，对于装有挡板的铲斗：

$$V_H = V_R + \frac{b^2 B_0}{8} - \frac{b^2}{6}(h + c) \tag{3-4}$$

式中　c——物料堆积高度，m。

物料堆积高度 c 可由作图法确定（图 3-12）：由斗刃刃口和挡板最下部之间作一连线，再由料堆尖端 M 点作直线 MN 与刮平线 CD 垂直，将 MN 垂线向下延长，与斗刃刃口和挡板最下部之间的连线相交，此交点与料堆之间的距离，即为物料堆积高度 c。

对于不装挡板的铲斗：

$$V_H = V'_R + \frac{b_1^2 B_0}{8} - \frac{b_1^3}{24} \tag{3-5}$$

式中 b_1——斗刃刃口与斗背最上部之间的距离，m。

在实际计算中，铲斗横截面面积 S 可采用下述简化计算方法确定（图 3-13）：将已知的横截面分成若干块简单几何图形，方法是找出铲斗底部内圆弧部分的中心 G 点，通过 G 点作 BE 线与 CD 线平行，然后找出铲斗横截面内从圆弧过渡到直线的过渡点 I、F，再分别连接 IG 和 FG，即将铲斗横截面分成四块面积：扇形面积 $IGFI$、三角形面积 $IBGI$、$FGEF$ 和梯形面积 $BCDEB$。根据各部分尺寸，求出上述四块面积之和即得铲斗横截面面积 S。

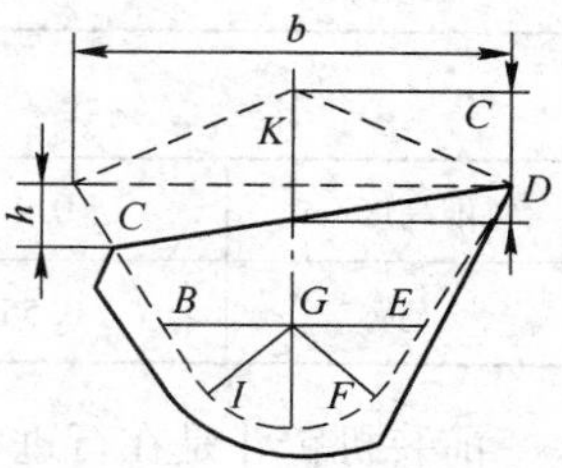

图 3-13 铲斗横截面面积
简化计算图

3.1.3.2 插入阻力及功率

前装机在进行铲装作业中的作业阻力，主要是铲斗插入料堆时的插入阻力和提升动臂或转斗时的铲起阻力。铲起阻力由油缸克服，当工作装置的作业速度一定时，即可根据铲起阻力值计算所需工作装置液压系统的功率。

A 插入阻力

插入阻力是前装机铲斗插入料堆时，料堆对铲斗的反作用力。它由下列各项阻力组成：铲斗前端的水平切削刃和两侧壁切削刃上的阻力，铲斗底、侧壁内表面与物料的摩擦阻力，铲斗的外表与料堆之间的摩擦阻力。这些阻力与物料性质、料堆高度、铲斗插入料堆深度和铲斗结构等因素有关。经试验研究得到的下列公式，可近似计算插入阻力

$$P_c = 10BL_c^{1.25} k_1 k_2 k_3 k_4 \tag{3-6}$$

式中 B——铲斗宽度，cm；

L_c——铲斗插入料堆深度，cm；

k_1——考虑物料块度大小、松散程度的系数，对于松散程度较好的物料，块度小于 300mm 时，$k_1 = 1.0$；块度小于 400mm 时，$k_1 = 1.1$；块度小于 500mm 时，$k_1 = 1.3$；如松散程度较差，上述各值应增大 20%～40%；对于小颗粒物料（如砾石等），$k_1 = 0.75$；对于粉状物料（如沙），$k_1 = 0.45～0.5$；

k_2——考虑物料种类的系数，见表 3-2；

k_3——考虑料堆高度的系数，见表 3-3；

k_4——考虑铲斗形状的系数，它综合考虑斗侧壁、斗底与地面倾角、前刃形式和斗齿的影响，一般在 1.1～1.8 之间，其中对于前刃不带齿的铲斗，k_4 取较大值。

B 附着重力、机器自重和牵引力

铲斗插入料堆的力取决于前装机的附着力，而前装机的附着力又取决于附着重力和地面的附着系数。附着重力是指驱动车轮所承受的那部分机器重力，大型轮式前装机一般为四轮驱动，因此，其附着重力 G_φ 就是前装机的自重 G_M。

表 3-2　物料种类影响系数 k_2

散装物料种类	容重/t·m⁻³	系数 k_2	散装物料种类	容重/t·m⁻³	系数 k_2
磁铁矿	4.5~4.2	0.2	石灰石	2.65	0.10
铁矿	3.8~3.2	0.17	砾石	2.3~2.45	0.10
花岗岩	2.75~2.8	0.14	河沙	1.7	0.06
砂质页岩	2.65~2.75	0.12	煤	1.2~1.3	0.04~0.045
泥页岩	2.4~2.5	0.08	炉渣	0.8~0.9	0.09

表 3-3　料堆高度影响系数 k_3

料堆高度/m	0.4	0.6	0.8	1.2	1.4
k_3	0.55	0.80	1.00	1.10	1.15

　　前装机铲斗是在行进中插入料堆的，如不计惯性力的影响，前装机在水平地面欲克服插入阻力 P_c 所需要的牵引力为

$$P_Q = P_c \tag{3-7}$$

　　而牵引力的最大值受地面附着条件限制，对轮式前装机

$$P_Q \leqslant P_\varphi \tag{3-8}$$

式中　　P_φ——附着力，$P_\varphi = G_\varphi \varphi$；

　　　　G_φ——附着重力；

　　　　φ——附着系数，见表 3-4。

表 3-4　车轮的滚动阻力系数和附着系数

路面种类	滚动阻力系数 f	附着系数 φ	
		高压轮胎	低压轮胎
沥青路面	0.018~0.02	0.05~0.07	0.60~0.75
混凝土路面	0.015~0.02	0.05~0.07	0.60~0.75
碎石路面	0.02~0.03	0.40~0.50	0.50~0.55
矿石层路面	0.09~0.14		0.60~0.75
干砂路面	0.015~0.03	0.40~0.50	0.50~0.60

　　因此，为克服最大插入阻力 P_{cmax} 所必需的附着重力 G_φ，可通过下式求得

$$G_\varphi = \frac{P_{cmax}}{\varphi} \tag{3-9}$$

　　当前装机沿着平坦地面匀速前进时，铲斗插入料堆的作用力就是前装机的牵引力。牵引力大，说明前装机插入料堆的能力强，爬坡和加速性能好，因而可缩短作业循环时间，提高生产力。但牵引力值受附着条件限制，如果设计所选择的牵引力值过大，则机器在作业中因附着力不足，不仅发挥不出所需要的牵引力，反而使轮胎由于经常处于滑转状态而加速磨损，无益地消耗功率。因此，牵引力值的选取应考虑前装机附着条件，并且使之与行走机构的额定滑转率

相一致。额定牵引力相应于行走机构额定滑转率的牵引力可用下式来确定

$$P_\mathrm{H} = G_\varphi \varphi_\mathrm{H} \tag{3-10}$$

式中 G_φ——前装机空载附着重力；

φ_H——额定附着重力系数。

前装机的额定牵引力值一般均选得比其他机种低。轮式前装机的额定附着重力系数可取 $\varphi_\mathrm{H} = 0.45 \sim 0.55$ 之间。如果路面条件较好，可选大值；路面条件较差和大中型机型，φ_H 宜选取小值。

C 牵引功率和发动机总功率计算

前装机在进行铲装作业时，发动机净功率 N 消耗于两部分：牵引功率 N_1 和驱动油泵功率 N_2。

牵引功率

$$N_1 = \frac{P_\mathrm{R} v_\mathrm{T}}{3600\eta} \tag{3-11}$$

式中 P_R——额定轮缘切线牵引力，N，$P_\mathrm{R} = P_\mathrm{H} + P_\mathrm{f}$；

P_f——车轮滚动阻力，N，$P_\mathrm{f} = G_\varphi f$；

f——滚动阻力系数，见表3-3；

v_T——前装机插入料堆的理论作业速度，轮式前装机为 $3 \sim 4\mathrm{km/h}$；

η——传动系统总效率，液力机械传动 $\eta = 0.6 \sim 0.75$。

驱动油泵功率为前装机上的工作油泵（空载）、转向油泵（空载）所需要功率之和，即

$$N_2 = \sum \frac{P_i Q_i}{\eta_\mathrm{b}} \times 10^{-3} \tag{3-12}$$

式中 P_i——油泵的输出压力，Pa；

Q_i——油泵的理论流量，$\mathrm{m^3/s}$；

η_b——油泵总效率，一般取 $\eta_\mathrm{b} = 0.75 \sim 0.85$。

发动机的净功率应为 $\qquad N = N_1 + N_2$

发动机总功率 $\qquad N_0 = k(N_1 + N_2)$

式中 k——考虑发动机附件（风扇、空压机、消声器、空气过滤器等）所需功率，$k = 1.05 \sim 1.10$。

D 行走功率计算

前装机在水平良好的土路上匀速行驶时所需的发动机净功率 N' 消耗于两部分：行走功率和驱动油泵功率，即 $N' = N_1' + N_2$。

行走功率

$$N' = \frac{P_\mathrm{Rmin} v_\mathrm{max}}{3600\eta'} \tag{3-13}$$

式中 P_Rmin——在水平良好土路上的行走阻力，N；

v_max——在水平良好土路上匀速行驶的最大速度，km/h；

η'——液力机械传动效率，一般变矩器带有闭锁离合器，在良好路面上行驶时，闭锁离合器结合，故可认为这时传动系统是机械传动，取 $\eta' = 0.85 \sim 0.88$。

P_{Rmin} 可按式（3-14）求出

$$P_{Rmin} = gG_M\varphi_{min} + k\frac{Fv_{max}^2}{3.6^2}g \qquad (3-14)$$

式中　G_M——机器质量，kg；

　　φ_{min}——在水平良好土路上行驶时路面阻力系数，$\varphi_{min} = 0.025 \sim 0.035$；

　　k——机器行驶时流线型系数，$k = 0.06 \sim 0.07$；

　　F——机器正面投影面积，m^2。

根据牵引工况和运输工况计算出的发动机功率，取其中的大值来选择发动机，并应符合发动机的系列标准。

3.1.3.3　生产率

前装机的生产率，是指它在每班或每小时装载或装运矿岩的吨数或立方米数。由于生产条件的不同，可分为技术生产率和实际生产率。

A　技术生产率

技术生产率是指前装机在一定的生产条件下，即考虑铲斗装满系数和装载难易程度，连续工作 1h 的装载能力。技术生产率 $Q_j(m^3/h)$ 按下式计算：

$$Q_j = \frac{3600V_R k_m}{t_p k_s} \qquad (3-15)$$

式中　V_R——铲斗的几何容积，m^3；

　　k_m——铲斗的装满系数，取决于物料的种类和块度、铲斗的形状和尺寸、装载机的结构和司机熟练程度；装载砂石时，$k_m = 0.9 \sim 1.2$；装载经过破碎的块度小于 40mm 的石灰石、碎石和块度小于 50mm 的砾石时，$k_m = 1 \sim 1.2$；装载经过破碎的块度小于 50mm 的坚硬岩石时 $k_m = 0.7 \sim 1.0$；

　　k_s——矿岩的松散系数；

　　t_p——前装机装载或装运一次的工作循环时间，s，

$$t_p = t_1 + t_2 + t_3 + t_4$$

　　t_1——铲斗装满时间，它包括铲斗插入、翻转和动臂提升到卸料或运输位置所需的时间；

　　t_2——前装机载重行走到卸料点所需的时间；

　　t_3——铲斗卸料时间；

　　t_4——前装机返回时间。

时间 t_2 和 t_4 可根据运距和前装机的行走速度算出。

B　实际生产率

实际生产率是指前装机在具体的生产条件下，在一个工作班内实际达到的装载能力。它要考虑工作面实际情况产生的时间损失，如交接班、更换工作面以及生产管理和技术上的原因而引起的停歇时间。实际生产率（m^3/班）按下式计算：

$$Q_s = k_L T Q_j \qquad (3-16)$$

式中　k_L——前装机每班时间利用系数，可取为 $0.75 \sim 0.85$；

　　T——每班工作时间，h。

3.1.4 选型原则与设备配套

3.1.4.1 选型原则

（1）选择前装机应以系列产品为主，并且尽量使设备型号一致，给矿山管理和维修工作提供方便，从而延长前装机的使用寿命和运营成本。

（2）前装机作为露天矿主要采装设备时，应进行生产能力的计算。要选择铲取力和功率较大、适应性较强的前装机，并能与采用的汽车等运输设备相互配套。

（3）前装机作为露天矿辅助设备时，不但要考虑额定载重量和牵引力等主要技术性能是否适应矿山生产复杂性的要求，而且还要考虑作业项目的零散性对装载效率的影响。

（4）前装机的选择除应计算其生产能力外，还应根据所装物料的物理机械性质和工作环境进行铲取力、插入力、牵引力和发动机功率的校核计算；做到科学、合理地选用矿山生产设备。

（5）前装机有轮胎式和履带式两种类型。轮胎式前装机的行走速度快，机动灵活，应用较广。履带式前装机主要用于松软黏土质矿床或表土的铲装工作。选型时，可参考表3-5。

表 3-5 履带式与轮胎式前装机性能的比较

性能比较内容	爬坡能力/%	对储堆的压实性/%	作业速度/km·h⁻¹	多性能	年生产能力	装运成本	相同斗容设备价格	可铲爆堆高度/m	行走稳定性	主要应用范围
履带式	65	25~30	<1.3	差	低	较高	高	7~8	差	软地面，清理地面和堆土作业
轮胎式	25	70~80	<29	好	高	较低	低	8~11	好	硬地面，储堆工作和公用事业建筑

3.1.4.2 前装机与挖掘机的配套关系

在国内外的大型露天矿山，前装机主要作为辅助设备使用。如爆堆的堆积，清理工作面、填塞炮孔、清除积雪和排土倒堆等。其作用与推土机相似。当把前装机作为辅助设备时，其台数与挖掘机台数之比为（1~1.5）:1，斗容与挖掘机斗容之比为（0.8~1）:1。

前装机具有机动灵活、重量轻、操作方便和造价低等许多优点。所以在中小型矿山有可能逐渐成为主采设备，取代单斗挖掘机。

露天矿用前装机斗容与挖掘机斗容的关系如图3-14曲线所示。由曲线的坐标及斜率可以看出，露天矿山所配用前装机的斗容大约与挖掘机斗容相等。所以，前装机斗容与矿山产量之间的关系相当于挖掘机斗容与矿山产量的关系。关于前装机台数的确定，目前普遍认为，如果完全用前装机代替挖掘机承担正规装载作业，其斗容及台数宜为采用相应单斗挖掘机的1.3~1.5倍。

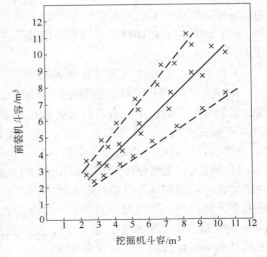

图 3-14 前装机斗容与挖掘机斗容的关系

3.1.4.3　设备台数计算

A　按矿山设计生产能力计算台数

已知露天矿山设计生产能力，生产所需的前装机数量可按下式计算

$$N_b = \frac{A_n k_j}{ZmQ_b} \qquad (3-17)$$

式中　N_b——生产所需的前装机数量，台/班；

$\quad\quad A_n$——矿山年剥总量，t；

$\quad\quad k_j$——工作不均衡系数，一般取 $k_j = 1.10 \sim 1.20$；

$\quad\quad Z$——前装机日工作班数；

$\quad\quad m$——前装机年工作天数；

$\quad\quad Q_b$——前装机的班生产能力，t/班。

在一般情况下，前装机可由前述有关公式计算选取，也可根据推荐指标确定。目前多是把计算值和推荐值综合起来考虑，确定出较合理的数据。

B　前装机数量的确定

（1）根据工作量和其他作业条件，按上述公式计算结果来确定生产中应有的前装机台数。

（2）当前装机与挖掘机相配合做辅助装运卸设备时，应根据矿岩性质和作业条件选用前装机。其设备总台数应根据矿山产量及采场具体布置方案而定。一般是 2～3 台挖掘机配备一台前装机。

（3）零散辅助作业所需要的前装机数量，可按实际工作时间而定：小于 4h，配备一台；大于 4h，每增加 5 个工作面，增加一台前装机。全矿选型最好统一，以便管理。

3.2　露天铲运机

3.2.1　概述

露天用的铲运机虽然与地下用的铲运机同名，但与地下铲运机是截然不同的两种设备。露天铲运机铲运斗是通过前进进行切土、装料、运输、卸料及撒布物料的拖行或自行设备。在矿山作业中，露天铲运机在松软、松散的土壤中进行表土剥离、挖掘堑沟、平整地面及填筑路堤等工作，也可配合挖掘机、水力开采机械等进行辅助作业。本节主要介绍露天铲运机实际应用技术。

3.2.1.1　国内外现状与发展趋势

1961 年 4 月郑州工程机械制造厂、天津工程机械研究所和厦门工程机械厂组成的联合设计组，研制开发了我国第一台自行式铲运机，型号为 C-6106，斗容为 7～8m³。第二年又开发了 C3-6 型拖式铲运机，斗容为 7～8m³。经过几十年的发展，我国已开发出斗容为 7m³ 和 9m³ 的 CL 型自行式铲运机两个品种、斗容为 1～13m³ 的 CTY 系列拖式铲运机 16 个品种。

国外露天铲运机使用较早。1910 年美国就制成斗容为 5.4m³ 的拖式铲运机，1938 年自行式铲运机在美国问世。目前在世界范围内，以美国为代表的露天铲运机技术日益完善、技术先进的露天铲运机不断出现。美国生产自行式铲运机的企业有 3 家，共 18 个品种，其中以 Caterpillar 公司最大，品种最多，达 12 种；生产拖式铲运机的企业有 23 家，品种达 112 种，其中最大的是 Reynolds 公司，其品种有 35 种。

国外露天铲运机发展趋势：

（1）向大型化、大功率、高速方向发展。铲斗容量普遍在十几立方米以上，最大达 $55m^3$。功率达 780kW。行驶速度达 55km/h。

（2）广泛采用新技术、新结构，不断推出新产品。为了满足各国的环保与节能要求，生产铲运机企业纷纷采用低排放、高性能的发动机，例如 Caterpillar 公司 2003 年开发成功的 ACERT（先进的低排放技术）柴油机，2004 年就用在最新型的 6212G、631G、627G、637G 铲运机中。其他型号的铲运机大都采用新的电子控制系统。发动机排放完全符合 EPA 排放标准，不但油耗小，可靠性也高。由于采用了先进的 EMSⅢ电子监视系统，从而减少了维修时间。采用新的 HEUI 燃油系统，不仅降低了排入有害成分含量，而且优化了发动机的性能。铲运机还应用了许多新技术和新结构，如将铲刀刃链接到曲柄机构上由油马达驱动回转，使切削刃在工作中产生摆动以减少切削阻力，提高铲斗充满程度，该结构适用于铲、装黏重土壤；利用激光制导，使铲斗刃控制在水平内，提高了铲运机的寿命与功效、降低了能耗改善了工作质量；拖式铲运机设有后挂钩及液压输出端口，可牵挂两台铲运机同时作业。

（3）提高作业效率。大型自行式铲运机普遍采用带锁定装置的油悬挂机构，在运土与空车回程时，车速可达 50～55km/h，司机不会感到颠簸。在作业悬挂锁定时，能发出最大牵引力。在铲运机头部与尾部设计助铲、牵引碰挂机构，这样铲运机机群作业时，两台连成一体，一个铲，另一个助铲，可以取消拖拉机和推土机助铲。美国 Rimbile 公司最新开发的用于露天铲运机的单天线 sitevision GPS 系统是三位自动控制系统，使驾驶室内实时定位并与设计信息相结合，便于操作者了解准确的坡度信息，而不需要依靠人工测量和人工坡度检测，铲运机可以更有效地工作。

（4）重视操作条件。Caterpillor 公司新推出的 4 种 G 系列铲运机都按人机工程学原理设计了驾驶室，室内空间增大 11%。新的可调节的布座椅可在 4 个不同位置进行调节回转和锁紧。从而为司机在铲、装、运过程中提供最佳的位置。坐垫采用空气缓冲垫。操纵的方向柱也进行了修改，增加了司机的伸腿空间，把传统的 3 个控制杆合成为一个操纵杆。简化了司机的操作。变速箱采用自动行星动力换挡变速箱，挡位一般在 6～8 位。该变速箱换挡不需要人工操作。它可以根据路面状况和阻力自动切换到最合适的挡位行驶。从而减轻了司机操作的劳动强度，提高了工作效率。

（5）采用新工艺新材料。铲运机铲斗刃由镍、铬、钼、锰等耐磨合金钢制造。从而使铲斗的使用寿命提高 3～5 倍。铲运机的机架采用低合金高强度钢制造，寿命长。轮胎采用新的花纹、宽断面、特殊橡胶材料制造，耐磨性好，承载能力高。

3.2.1.2 分类与优缺点及适用范围

A 分类

露天铲运机分类及其特点见表 3-6。

表 3-6 露天铲运机的分类及特点

分　类	简　图	特　点
拖式	履带式 轮胎式	由履带或轮胎拖拉机牵引，履带拖拉机牵引的经济运距 200～300m，轮胎拖拉机牵引的经济运距 300～800m

分　类	简　图	特　点
半拖式	履带半拖式 轮胎半拖式	铲运机重力的一部分通过牵引装置传至牵引车，增加附着力，改善附着性能；转弯半径比拖式小，机动性高。但在牵引车上必须设置与铲斗牵引架相适应的牵引机构。经济运距 500～1500m
自行式	单发动机式 电动轮式 双发动机式 链板装斗式 螺旋装斗式 履带式铲运推土机	结构紧凑，机动性好，运输速度高，生产率比拖式和半拖式高一倍。适用于大量土方作业，经济运距 1000～2000m。单发动机式由于牵引力限制，作业时需助铲。电动轮式和双发动机式加速性能好，牵引力大，爬坡性能强。链板装斗式和螺旋装斗式作业时无需助铲（装土阻力可减少 60％），但装土时间增加 30％。履带式铲运推土机接地比压低，附着性能及机动性能好，适用于狭窄地区作业，经济运距在 500m 以内
铲斗串联式	双发动机双铲斗串联式 单发动机双铲斗串联式	由两个或两个以上铲斗串联组成铲运机组，可由单个或两个发动机驱动，生产率高，经济运距 1000～3000m

国产铲运机产品分类型号标志见表 3-7。产品型号按类、组、型分类原则编制。一般由类、组、型代号与主参数代号两部分组成。

表 3-7 露天铲运机型号标准

类	组	型	特 性	代号及含义	主参数	
					名 称	单 位
铲土运输机械	铲运机 C（铲）	履带式		C 履带机械铲运机	铲斗几何容量	m³
			Y（液）	CY 履带液压铲运机		
		轮胎式 L（轮）	Y（液）	CL 轮胎液压铲运机		
		拖式 T（拖）		CT 机械拖式铲运机		
			Y（液）	CTY 液压拖式铲运机		

B 优缺点

优点：

（1）机动性好，可以开采分散的矿体。

（2）铲运机以平铲法取土，不仅能开采厚的矿层，对薄的水平或缓倾斜矿层也能适应。能剔除缓倾斜夹层，可按品级分采分运。

（3）铲运机具有采、装、运功能，设备简单。条件合适时，生产成本低，劳动生产率高。

（4）对运输道路要求不高，并能在斜坡上作业。

（5）可以将剥离与覆土造田结合起来，无需增加过多费用。

缺点：

（1）作业有效性受气候影响较大，雨季和寒冷季节工作效率低。

（2）只能挖松软的不夹砾石和含水不大的土岩。

（3）经济合理的运距有限。

C 使用范围

（1）露天铲运机适用于表土、煤和松软物料的采掘、排弃、并可作覆土回填工作，对较致密的土岩需用机械犁预先松动。一般适用于Ⅱ级以下土质，若遇Ⅲ、Ⅳ级土质时，应对其进行预先翻松。

（2）土壤湿度不超过 10%～15%，土壤中不含巨砾石。

（3）斗容为 6～10m³ 铲运机的运距不大于 500～600m；斗容为 15m³ 铲运机的运距不大于 1000m；斗容大于 15m³ 铲运机的运距可达 1500m。

（4）作业区的纵向坡度因牵引方式而不同，对于用拖拉机牵引的铲运机：空载上坡不大于 13°；下坡不大于 22°；重载上坡不大于 10°；下坡不大于 15°。自行式铲运机：上坡时不大于 9°；下坡时不大于 15°。

3.2.2 CL-7 型铲运机

3.2.2.1 结构组成及传动系统

CL-7 型铲运机外形见图 3-15，主要由传动系统、工作装置、液压系统、制动系统、电气系统及操作系统等组成，其主要技术参数如表 3-8 所示。

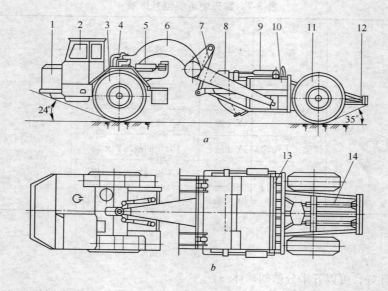

图 3-15　CL-7 型铲运机

a—主视图；b—俯视图

1—发动机；2—单轴牵引车；3—前轮；4—转向支架；5—转向油缸；6—辕架；7—提升油缸；
8—斗门；9—斗门油缸；10—铲斗；11—后轮；12—尾架；13—卸土板；14—卸土油缸

表 3-8　CL-7 型铲运机技术特征参数

名　称	特征参数	名　称	特征参数
铲斗容积/m³	平装 7/堆装 9	最小转弯半径/m	7
铲斗切削宽度/m	2.7	最小离地间隙/m	0.42
铲斗切土深度/m	0.3	行走制动气压/MPa	0.68 ~ 0.7
铲斗卸土方式	强制式	车轮规格/mm	23.5 ~ 25
铲斗操纵方式	液压		
发动机型号	6135k-12d	轴距/m	5.92
发动机额定功率/kW	141.3		
发动机额定转速/r·min⁻¹	2100	轮距/m	2.1
行走速度 /km·h⁻¹	1 挡（前进） 6	外形尺寸（长×宽×高） /m×m×m	10.625 × 3.222 × 3.0
	2 挡（前进） 13		
	3 挡（前进） 28		
	4 挡（前进） 36	整机重量/t	17.3

　　CL-7 型自行式铲运机的传动系统由柴油机 1、分动箱 2 经前传动轴 11 输入到液力变矩器 5、变速箱 6、齿轮传动箱 7，再经过传动轴 12，使动力向前输入到差速器 9、轮边减速器 10，最后驱动车轮使机械运行，其传动系统简图见图 3-16。

　　A　分动箱

　　分动箱和飞轮相连，发动机的动力经分动箱分别传递到工作装置油泵、转向油泵和液力机

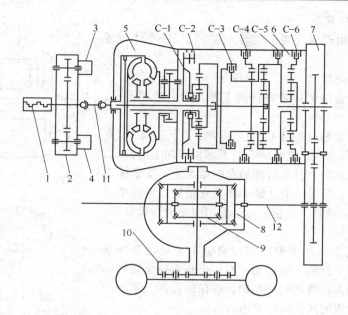

图 3-16　CL-7 型铲运机传动系统

1—柴油机；2—分动箱；3—工作油泵；4—转向油泵；5—液力变矩器；6—变速箱；7—齿轮
传动箱；8—主传动；9—差速器；10—轮边减速器；11—前传动轴；12—传动轴；
C-1、C-3—离合器；C-2、C-4、C-5、C-6—制动器

械传动部分。

B　液力变矩器

变矩器为四元件单级综合式，它的第一和第二导轮都装在自由轮上，导轮可在泵轮旋转方向上自由转动，如旋转方向相反时，则被卡死。变矩器能使发动机功率得到充分利用，并根据外界阻力的变化自动调节输出的转矩和转速，又能使传动部件减少冲击。

变矩器上还装有自动闭锁机构。当变速器在高速挡位置、变矩涡轮达到预定转速时，可接通闭锁油路，实现自动闭锁，使变矩器的泵轮和涡轮非刚性连接，以提高效率。当变矩涡轮转速降低到预定值时，闭锁自动排除而解除闭锁。

C　行星动力换挡变速箱

CL-7 型单轴牵引车采用行星齿轮式液压动力换挡变速箱。变速箱实际上是由两个行星变速器串联组合而成，前行星变速器有一个行星排，后行星变速箱有 3 个行星排。整个行星变速箱具有两个离合器 C-1、C-3 和 4 个制动器 C-2、C-4、C-5、C-6，采用液压操纵。

D　主传动换挡变速箱

主传动为一级螺旋锥齿轮传动，由主动螺旋锥齿轮、被动螺旋锥齿轮、差速器、主传动壳及轴承等组成。差速器为行星差速器，有两个锥形半轴齿轮，四个锥形行星齿轮，一个十字轴和差速器壳。被动螺旋齿轮和差速器壳用铆钉连接在一起。

E　轮边减速器和车轮

轮边减速器为一级行星齿轮机构，主要由太阳轮、行星轮、内齿圈和支承齿轮的行星轮架、轮壳及连接轴等组成。内齿圈用花键和桥壳连接轴相连，行星轮架用螺栓固定在轮毂上，行星轮和轮毂是转动的。制动器装在车轮轮毂的内侧。

3.2.2.2　工作装置

工作装置主要由转向支架、辕架、前斗门、铲斗体与尾架组成。

A　转向支架与辕架

铲运机工作装置由铲运斗靠转向支架与牵引车相连接，见图3-17。

转向支架由上立轴（图3-17中未画出）、下立轴1、支架体3、水平轴6等组成。支架体3的下部带有向下的凹口，可通过水平轴6安装在牵引车后部的牵引梁5上，支架体上部带有向后的凹口，可通过下立轴1和上立轴连接着辕架曲梁前端的牵引座2。这样，就使铲运斗和牵引车成铰接状态，利于转弯。

自行式铲运机靠转向支架来实现牵引车与铲运斗的联结，可实现两者两个自由度的运动，即一个垂直铰实现转向运动，一个水平铰实现两者间的摆动，以保证在凹凸不平的工地作业时，铲运机的四轮同时着地。

水平铰介于牵引车与转向支架间，垂直铰介于转向支架和铲运斗之间，后者具有上、下铰点。因此，牵引车可相对于铲运装置在垂直面内左右摆动各20°，在水平面内左右转动各90°。

辕架的结构如图3-18所示。辕架由钢板卷制或弯曲成形后焊接而成。曲梁2为整体箱型断面，其后部焊在横梁4的中部。臂杆5亦为整体箱型断面，按等强度原则作变断面设计，其前部在横梁4的两端。因此辕架横梁4在作业时主要受扭，故设计成圆形断面。联结座6为球形铰座。

B　前斗门和铲斗体

前斗门如图3-19所示，由钢板及型钢变形后焊接而成。前斗门可绕球销联结座2转动，以实现斗门的启闭。斗门侧板9将斗门体和斗门臂10连为一体，又可加强斗门体的强度和刚度。

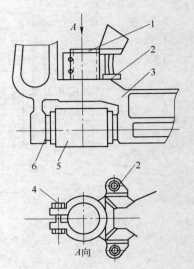

图 3-17　转向支架

1—下立轴；2—辕架牵引座；
3—支架体；4—紧定螺栓；
5—牵引车的牵引梁；
6—水平轴

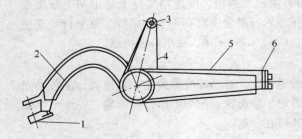

图 3-18　辕架

1—牵引座；2—曲梁；3—提斗油缸支座；
4—横梁；5—臂杆；6—铲斗球销联结座

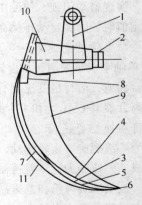

图 3-19　前斗门

1—斗门油缸支座；2—斗门球销联结座；
3，8—加强槽钢；4—前臂；5，7—加强板；6—扁钢；
9—斗门侧板；10—斗门臂；11—前罩板

铲斗体的结构如图 3-20 所示，用钢板和型钢焊接而成，是具有侧壁和斗底的箱型结构。

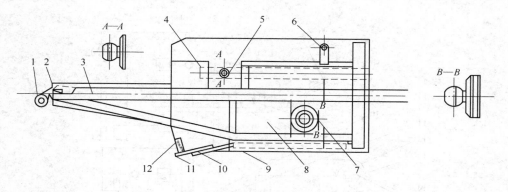

图 3-20 铲斗体

1—提斗油缸支座；2—铲运斗横梁；3—侧梁；4—内侧轨道；5—斗门臂球销支座；6—斗门油缸支座；
7—辕架臂杆球销支座；8—斗体侧壁；9—斗底；10—刀架板；11—前刀片；12—侧刀片

左、右侧壁中部各焊有前伸的侧梁 3，铲运斗横梁 2 则焊接在侧梁的前端，横梁两边焊有提斗油缸支座 1。斗门臂球销支座 5、斗门油缸支座 6 和辕架臂杆球销支座 7 均焊接在斗体侧壁 8 上。两侧壁内侧上方焊有内侧导轨 4，以引导卸土板滚轮沿轨道滚动，进行正常的卸土作业。

C 尾架

尾架由卸土板和钢架两部分构成，如图 3-21 所示。

卸土板为铲运斗的后壁，与左、右推杆 9，上滚轮 12、下滚轮 8 及导向架 3 焊为一体，可以在油缸的作用下前后往复运动，以完成卸土动作。4 个限位滚轮 5 的支架焊在导向架 3 的后端，卸土时沿尾架上的导轨滚动。上滚轮 12 沿铲斗侧壁导轨滚动，下滚轮 8 沿斗底滚动。

钢架 2 为一立体三脚架，与铲斗体后部刚性连接，铲运机的后轮支承在钢架上。钢架后端的顶推板 4 可供其他机械助铲用。两只卸土油缸安装在前支座 7 和后支座 6 之间，以实现卸土板前后方向的推移，而完成卸土。

3.2.2.3 液压系统

CL-7 型铲运机液压系统包括液压转向系统和工作装置液压系统。

A 液压转向系统

CL-7 型铲运机采用铰接车体转向，利

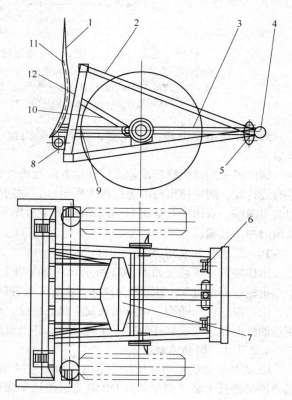

图 3-21 尾架

1—卸土板；2—钢架；3—导向架；4—顶推板；5—限位滚轮；6—油缸后支座；7—油缸前支座；8—下滚轮；9—左、右推杆；10—上推杆；11—推板；12—上滚轮

用液动四连杆机构靠油缸驱动，其液压系统如图 3-22 所示。

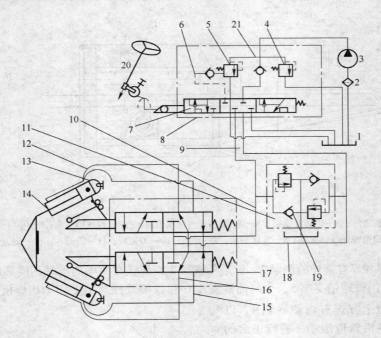

图 3-22　液压转向系统

1—油箱；2—滤油器；3—油泵；4—溢流阀；5—流量控制阀；6—控制油路；7—分配阀；
8—分配阀组；9,10,12,13,15,18—外管路；11—双作用安全阀；14—转向油缸；
16—油管路；17—换向阀；19,21—单向阀；20—转向机及臂

液压转向系统由转向机及臂、转向分配阀组、双作用安全阀组、换向阀组及液压缸等组成。

转向机采用球面蜗杆滚轮式，转动方向盘通过转向垂臂及拉杆操纵分配阀，实现左右转向或直线行驶。阀杆拉出与推进行程为 9.5mm，中间位置保持车辆直线行驶。溢流阀 4 的限制压力为 10MPa。双作用安全阀 11 用来消除由于道路不平、驱动轮碰到障碍物而引起的作用在油缸内的冲击载荷。

B　工作装置液压系统

工作装置液压系统如图 3-23 所示。它是由两个铲斗升降油缸 8、两个斗门开闭油缸 6、两个卸土板进退油缸 5、多路换向阀 4、油泵 2 及管路等组成。多路换向阀装在驾驶室右侧箱体内，由三组三位六通阀、单向阀和安全阀等组成。从油泵输出的压力油通过多路换向阀，分别使各油缸动作，完成铲斗升降、斗门开闭、卸土板进退等动作。

3.2.2.4　制动系统

CL-7 型铲运机采用气压制动系统，如图 3-24 所示。主要部件如空气压缩机、油水分离器、压力控制器及主制动阀与黄河 JN150 型载重汽车通用，其作用原理相同。

制动系统气压为 0.68～0.70MPa。储气筒用铲斗横梁代替，压力控制阀保证内部压力不超过 0.7MPa。

CL7 型铲运机车辆采用气压式简单非平衡式制动器，它利用气室 1、4、9、和 13 驱动凸轮工作。该系统中设有快速放气阀，使制动动作灵敏迅速。气动转向阀仅用于铲运机由于某种原

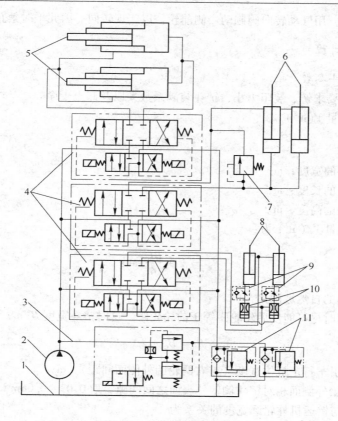

图 3-23 工作装置液压系统

1—油箱；2—油泵；3—溢流阀；4—多路换向阀；5—卸土板进退油缸；

6—斗门开闭油缸；7—溢流阀；8—铲斗升降油缸；

9—节流阀；10—油锁；11—过滤器

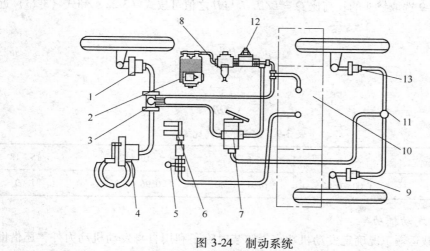

图 3-24 制动系统

1—前右气室；2—空压机；3—气动转向阀；4—前左气室；5—气压表；6—气喇叭；

7—主制动阀；8—油水分离器；9—后左气室；10—储气筒；

11—速放阀；12—压力控制器；13—后右气室

因液压转向失灵时，用气动转向阀制动一侧前轮，以实现转向。因此平时禁止使用。

3.2.3　主要参数计算

3.2.3.1　铲斗参数

在设计铲斗时要求铲、装阻力小，铲斗装满系数大以及卸土干净。

铲斗的几何容量 $V(m^3)$

$$V = BLH \tag{3-18}$$

式中　B——铲斗的宽度；m；

　　　　L——铲斗的长度，m；

　　　　H——铲斗的高度，m。

铲斗的堆装容量 $V_m(m^3)$ 为：

$$V_m = V + \frac{BL^2}{4}\tan\varepsilon \tag{3-19}$$

式中　ε——土壤的自然坡度角，(°)。

选择铲斗宽度时尽可能使后轮轮距等于前轮轮距，这时铲斗宽度 $B(m)$

$$B = B_0 + 2\Delta \tag{3-20}$$

式中　B_0——牵引车行走机构宽度（左右两轮胎外侧面间距），m；

　　　　Δ——轮胎外侧面相对铲斗侧壁外表面之间间隙，取 $0.03 \sim 0.06m$。

铲斗宽度 B_r 与铲运机外轮廓宽度的关系为

$$B_r = B_0 + 2\Delta' \tag{3-21}$$

式中　Δ'——辕架臂侧壁厚度，m。

设计时应使铲运机外轮廓宽度比铁路运输限制宽度尺寸小 $20 \sim 30mm$。

推荐按表 3-9 选取铲斗的长高比 $\Omega = L/H$。L 与 H 之值可按式（3-22）和式（3-23）近似计算：

$$L = \sqrt{\frac{\Omega V}{B}} \tag{3-22}$$

$$H = \sqrt{\frac{V}{\Omega B}} \tag{3-23}$$

表 3-9　铲斗的长高比 Ω

铲斗几何容量/m^3	4 ~ 6	6 ~ 8	10 ~ 12	15 ~ 18
Ω	1.00 ~ 0.82	0.91 ~ 0.80	0.96 ~ 0.85	1.00

3.2.3.2　发动机功率

（1）按满载运输工况确定发动机功率。铲装时除了利用自身发动机动力外，还借助铲运机发动机动力的帮助；而运输工况全靠自身发动机的动力，为了提高生产率，要求满载下能以较高的车速行驶，因此满载运输工况往往所需功率最大。

铲运机在水平地面上以满载最高速度行驶时所需功率 $N_e(kW)$

$$N_e = \left(fG + \frac{k_w F v_{Tmax}^2}{3.6^2}\right)\frac{v_{Tmax}}{3600\eta_m} + N_p \tag{3-24}$$

式中　f——滚动阻力系数，铲运机采用大型越野低压轮胎，考虑在经过碾压的干燥土路上高速行驶，取 $f = 0.04$；

　　　G——铲运机总重力，N；

　　　k_w——流线型系数，一般为 $0.6 \sim 0.7 N \cdot s^2/m^4$；

　　　F——迎风阻力面积，可近似取轮距乘车高，m^2；

　　v_{Tmax}——满载最高行驶速度，一般取 $40 \sim 55 km/h$；

　　　η_m——传动系数的总效率，液力式：$0.65 \sim 0.7$，机械式：$0.80 \sim 0.85$；

　　　N_p——驱动辅助油泵（变矩器和变速箱油泵）所消耗的功率，kW。

（2）校核在工作速度下能否发出足够的牵引力。在发动机功率已确定的情况下，铲运机发出的牵引力 $P_k(N)$

$$P_k = \frac{3600(N_e - N_p)\eta_m}{v_{THmin}} \tag{3-25}$$

式中　v_{THmin}——铲运机铲装时理论车速，一般取 $2.5 \sim 3.5 km/h$，车速过高，司机操纵跟不上；

　　　N_e——发动机功率，kW。

要求牵引力大于驱动轮的附着力，即：

$$P_k > R_A \varphi_H$$

式中　R_A——驱动轮上的垂直载荷，空载时 $R_A = (0.60 \sim 0.70)G$，满载时 $R_A = (0.50 \sim 0.56)G$；

　　　φ_H——附着系数（额定打滑率20%左右），一般取 $0.60 \sim 0.70$。

3.2.3.3　生产能力及设备数量计算

台班生产能力 $Q(m^3)$

$$Q = 480\frac{V_m k_m k_1}{k_s T} \tag{3-26}$$

式中　k_m——铲斗装满系数，它与土壤类别相关，见表3-10；

　　　k_1——工作时间利用系数，两班工作时取0.85，三班工作时取0.7；

　　　k_s——土壤松散系数，见表3-10；

　　　T——一个工作循环需要的时间，min；

$$T = \frac{L_1}{v_1} + \frac{L_2}{v_2} + \frac{L_3}{v_3} + \frac{L_4}{v_4} + t_1 + 2t_2 \tag{3-27}$$

　　L_1、L_2、L_3、L_4——铲取路程，m；

　　　v_1、v_2、v_3、v_4——铲取速度，m/min；

　　　t_1——每一循环中换挡时间，约0.17min；

　　　t_2——在两端转向所耗时间，约1min。

铲运机台年生产能力 $Q_a(m^3/a)$

$$Q_a = Qn \tag{3-28}$$

式中　n——年工作班数，班/a。

表 3-10　铲运机作业时装满系数及松散系数

土壤类别	原土容重 /t·m⁻³	不同作业坡度的装满系数 k_m			松散系数 k_s
		−10%	0	+5%	
干　沙	1.5~1.6	0.6	0.65	0.7	1.1
湿沙（湿度为 12%~15%）	1.6~1.7	0.75	0.9	0.9	1.15~1.2
沙土和黏性土 （湿度为 4%~6%）	1.6~1.8	1.2	1.1	—	1.2~1.4
干黏土	1.7~1.8	1.1	1.0	—	1.2~1.3

铲运机台数 N（台）计算

$$N = \frac{A}{Q_a} \tag{3-29}$$

式中　A——年物料装运量，m^3/a。

3.2.4　选型原则

3.2.4.1　根据使用条件

铲运机按牵引车与铲斗的组装方式，可分为自行式与拖式两种。自行式铲运机的牵引车与铲斗具有统一底盘，分开后不能独立运行。由专用牵引车拉铲斗的称为拖式铲运机，一般它由履带拖拉机牵引，运行速度低，总长度大而转向不灵活，多用于运输距离小于 600~700m 的土方工程中。自行式铲运机运行速度高，运输距离长。

露天采矿用的自行式铲运机有两种基本类型：轮胎自行式铲运机和履带自行式铲运机。轮胎自行式铲运机合理运输距离较长，运行速度和生产率较高，因此近年来在露天矿应用较广。履带自行式铲运机一般在短距离和松软地面的小规模剥离作业中作短期或定期之用。轮胎自行式铲运机广泛地用于覆盖层的剥离作业，有时也用来给选矿厂装运矿石，其他次要作业有修坝、筑路和修路等。

轮胎自行式铲运机又分为 4 种类型，每一种各有其适用条件：

（1）三轴式适于在良好的平路上以高速作固定的长距离铲运作业。

（2）两轴式用于中等运距，有一定坡度和底板条件适中的散装铲运作业。

（3）串接动力式铲运机，有三轴和两轴的。三轴串接动力式铲运机通常是一种大装载量的设备，适于在坡度适中的较好道路上作长距离铲运。两轴串接动力式铲运机主要用于极恶劣的条件——坡度较陡、地板条件和路面较差等情况下的短途到中距离运送。它们在适宜条件下都能自行装载。

在某些条件下，如露天矿坑较深而不规则，不能进行倒堆排土，这时常常要装载和运输矿岩，适合这种条件的设备可有多种方案，其中铲运机的装载费用最低，在中短距离运送时，运输费用也比较适当。

在开采散装矿物又需连续运行时，通常选用普通的两轴自行式铲运机（单机式或串接动力式）。在大多数情况下，采用 1~2 台大小相称的履带式拖拉机进行推装，也可用松土机助推，可以达到最好的效果和最低的费用。

3.2.4.2 经济合理运距

按经济合理运距选择露天铲运机，其最佳距离为100~2500m，其中，运距在100~600m时选用拖式铲运机最经济，运距在600~2000m时选用轮胎自行式铲运机；运距短、场地狭窄、泥湿岩土选用履带自行式铲运机。一般是铲斗容量小、运距短，铲斗容量大、运距长。

设计计算台数时，柴油驱动铲运机出车率按50%~70%考虑。

3.3 矿用推土机

3.3.1 概述

推土机是以履带式或轮胎式牵引车底盘配以悬式推土板等作业装置的自行式铲土运输机械。由于它牵引力大、机动灵活、越野性强，具有挖、填、压实和短距离运、卸作业的能力，常用来规整料堆、修筑铁路、清理和平整工作面，以及作为牵引和顶推其他设备的动力车等，是露天矿必备的辅助机械。

国外履带式推土机是在20世纪30年代发展起来的，而轮胎式推土机比履带式推土机大约晚出现10年。由于履带式推土机具有良好的越野性能和牵引性能，所以生产和使用的最多。随着工程数量的增加和规模的扩大，为了缩短施工周期、提高投资的效果，出现了各种新型、高适应性的推土机，并向着快速、强力和高效的方向发展。

我国是在新中国成立后开始生产推土机的。近年来，推土机制造业有了较快的发展，产品和产量增多。新产品都采用了液压操纵、液压-机械传动等技术，大型推土机后面挂有松土器，还研制了湿地推土机和水下推土机，并生产了轮胎式推土机。

目前，我国推土机的型号标准很多，表3-11为一种常见的标准。

表 3-11 推土机型号标准

组	型	特性	代号及含义	主参数		老型号
				名称	单位	
推土机 T（推）	履带式	Y（液）	机械操纵履带式推土机（T）	功率	马力	T_1、T_2
			液压操纵履带式推土机（TY）			T_2
		S（湿）	湿地履带式推土机（TS）			
	轮胎式（L）		液压操纵轮胎式推土机（TL）			

3.3.1.1 工作方式

推土机的工作方式有直铲作业、斜铲作业、侧铲作业和松土器的劈松作业等多种。

A 直铲作业

直铲作业是推土机的主要工作方式，它包括铲土、运土及卸土三种作业。铲土时，推土机在前进中落下推土板，并使其切入土壤进行铲土。当推土板前积满土壤时，将其提升至地面。推土机继续向前运行，把土壤运到卸土位置（通常在100m以内）。卸土方法有两种：一种是随意弃土法，推土机将土壤运至卸土处后，略将推土板提高即退回原铲土地点，卸掉的土壤无堆放要求；另一种是按施工要求把土壤运到卸土处，将推土板提升一定高度，推土机继续前进，土壤即从推土板下放卸掉，然后将推土板略提高一些，推土机退回原铲土地点，如此重复作业。

B 斜铲作业

这种工作方式是把土石方横向推运，推运过程中，物料沿已斜置α角（见图3-25）的推

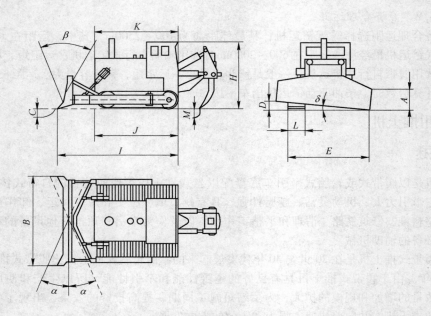

图 3-25 履带式推土机的基本参数

A—推土板高度；B—推土板宽度；C—最大推土深度；D—推土板一端最大倾斜高度；
E—履带车宽度；K—履带车全长；H—司机室的高度；I—推土机的长度（不包括
松土器）；J—履带长度；L—履带板宽度；M—最大松土深度（指单齿松土器时）

土板移向推土机一侧。

C 侧铲作业

侧铲作业时，推土板绕推土机纵轴线在垂直面内摆动一定的角度 δ（见图 3-25），一般不超过 ±9°。推土板较低一侧的侧刃参加工作。

D 松土器的劈松作业

大型推土机后部均挂有液压控制的松土器。工作时，松土器切入表层一定深度。随着推土机行走，松土器将固结表层断裂弱化，破坏和松散坚硬的表面及软岩。常用的松土器有 1～3 个齿。单齿松土器的挖掘能力大。用重型单齿松土器劈松岩石的效率比常规的钻孔爆破法要高。劈松作业需要有较大的牵引力，必要时可用另一台推土机助推。

履带式推土机的各部尺寸及工作参数如图 3-25 所示。

3.3.1.2 推土机的种类

推土机的形式有各种各样，通常可以按行走装置、推土装置、传动方式及发动机功率等分类。

按照行走装置的形式划分，推土机分为轮胎式和履带式两种。轮胎式推土机机动性好，行驶速度快，接地比压较大（一般为 196kPa 左右），附着性能较差，在潮湿松软的情况下容易打滑、陷车；在坚硬锐利的岩石路面作业时，轮胎磨损较快，所以在采矿中应用不多。履带式推土机按接地比压 p 不同，又分为高比压（$p > 98kPa$）推土机（主要用于大中型土方工程和剥离岩石）、中比压（$p = 58.8 \sim 96kPa$）推土机（用于一般性推土作业）和低比压（$p = 9.8 \sim 29.4kPa$）推土机（用在湿地和沼泽地上作业）。由于履带式推土机适应性强、牵引力大、越野和牵引性能好，所以得到了广泛的应用。

按照推土装置的形式不同，推土机可分为直铲倾斜式和角铲式。这两种推土机的推土板都能在垂直面内倾斜一个角度（一般不小于6°），但直铲倾斜式的推土板与纵轴线的夹角固定（90°），而角铲式的推土板可在水平面内绕推土机纵轴线摆动（90°~60°）。

按照推土板起落的操纵方式不同，可分为钢丝绳-卷筒式和液压操纵起落式两种推土机。钢丝绳-卷筒式结构简单，推土板靠自重下落或切入土壤，切土刀小，适用于一些小型推土机；液压操纵方式可强制推土板切入，操纵比较简单，并能限制过载，所以得到普遍应用。

按传动方式划分，推土机有机械传动、液力机械传动、全液压传动和电传动几种。机械传动的推土机结构简单、传动可靠、传动效率高，但牵引性能较差；液力机械传动的推土机操纵简便、轻巧，牵引力和速度能随推土阻力的变化自动调整，改善了牵引性能，并能防止发动机过载，从而提高其生产率；而全液压传动的推土机重量轻，结构紧凑，转向性好，牵引力和速度无级调整，能充分利用发动机功率，但由于调节的范围不大、效率不高、价格较贵，所以其应用尚不太广；电传动式推土机是利用柴油机带动发电机—电动机，驱动行走装置，牵引力和行走速度可无级调整，能原地转弯，但由于重量大、结构复杂、成本高，目前主要用在大功率的轮胎式推土机上。一般当功率超过450kW时，采用电传动较经济。

按发动机的功率大小，推土机可分为小型（74.57kW以下）、中型（74.57~238.624kW）和大型（238.624kW以上）三种。

3.3.2 TY410 型推土机

TY410 型推土机是一种履带行走、液力机械传动、液压操纵的大型推土机，主要由工作装置、履带行走的基础牵引车和液压操纵系统三部分组成（图3-26），其主要技术特征参数见表3-12。

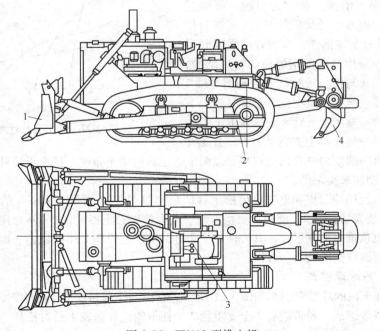

图 3-26 TY410 型推土机

1—推土装置；2—履带行走的基础牵引车；3—液压操纵系统；4—松土装置

表 3-12　　TY410 型矿用推土机技术特征

名　称	特征参数	名　称	特征参数
传动与控制方式	液力机械传动，液压操纵	托带轮数量	2
推土板尺寸（宽×高）/m×m	4.7×1.9	行走速度调整	手动换挡，前进和后退各有四种速度
推土深度/mm	711.2	最大行走速度/km·h⁻¹	12.7/12.6
松土器形式	三齿，重型单齿	对地比压/kPa	101.3
松土深度/mm	1397.0	柴油发动机功率/kW	313.194
牵引力/kN	667.2	外形尺寸（长×宽×高）/m×m×m	7.6×4.13×3.8
行走方式	履　带		
支重轮数量	7	整机重量/kN	482.6

　　TY410 型推土机能提供四种前进和后退的速度，其牵引力特性曲线如图 3-27 所示。

3.3.2.1　工作装置

　　TY410 型推土机有推土装置和松土器两种作业装置。

　　推土装置如图 3-28 所示。推土板 1 用高强度钢制造，能承受较大的冲击载荷。刀片 2 采用专门的碳钢制造，沿推土板分为三段，可以互换，使用方便。边刀片（又称角刀）3 装在刀片 2 的两端，是低合金铸钢件，有很好的强度和耐磨性。主支臂 6 是用高强度钢焊接的箱形结构，其前端通过联结块与推土板铰接，后端用耳轴 7 与履带架相铰接。推土板及主支臂可绕耳轴上下摆动。推土板的一端用上支臂 8 支承在推土板和主支臂之间，另一端连接上支臂油缸 9。上支臂

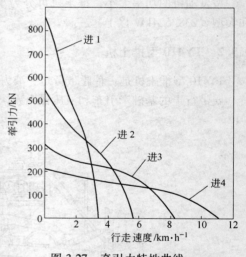

图 3-27　牵引力特性曲线

由一螺杆及具有内螺纹的空管两截组成，以调节推土板的铲土角度。推土板的升降是通过两个提升油缸 10 的动作来实现的。

　　该推土机上使用的三齿和重型单齿松土器的结构如图 3-29 所示。齿杆 3 的端部装有齿帽 1，在松土刃上装有防护套 2，磨损后更换方便。重型单齿松土器（图 3-29b）尾部凸出，可作为另一台推土机顶推时的支承点，其刀杆 4（见图 3-30）与刀座 2 用圆柱销 3 固定，由油缸通过杠杆 1 来控制圆柱销的插入和拔出。

3.3.2.2　基础牵引车

　　TY410 型推土机的基础牵引车如图 3-31 所示。它由两个履带架 6、履带 7、连接履带架的横梁及驱动装置等组成。履带架有 7 个支重轮 2 个托带轮。导向轮 1 通过推杆、张紧油缸和张紧弹簧 4 进行张紧。导向轮、托带轮与支重轮、履带的结构分别如图 3-32、图 3-33 和图 3-34 所示。

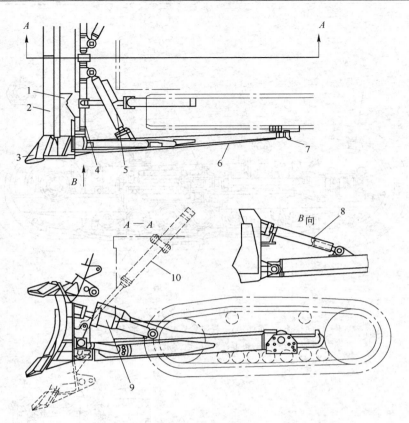

图 3-28　推土装置

1—推土板；2—刀片；3—边刀片；4，5—臂杆；6—主支臂；

7—耳轴；8—上支臂；9—上支臂油缸；10—提升油缸

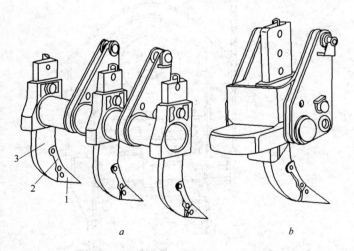

图 3-29　松土器

a—三齿松土器；b—重型单齿松土器

1—齿帽；2—防护套；3—齿杆

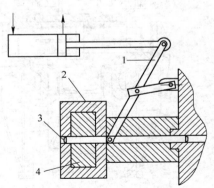

图 3-30　重型单齿松土器

齿杆的固定位置

1—杠杆；2—刀座；

3—圆柱销；4—齿杆（刀杆）

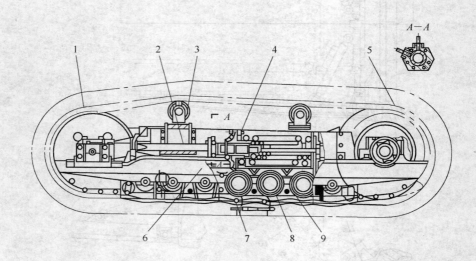

图 3-31　基础牵引车
1—导向轮；2—连杆；3—托带轮；4—张紧弹簧；5—驱动轮；
6—履带架；7—履带；8—单边支重轮；9—双边支重轮

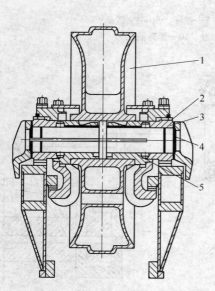

图 3-32　导向轮装置
1—导向轮；2—浮动密封；
3—支承座；4—轴；
5—轴承

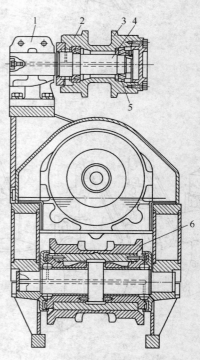

图 3-33　托带轮与支重装置
1—支架；2—浮动密封；
3—托带轮；4—轴；
5—轴承；6—支重轮

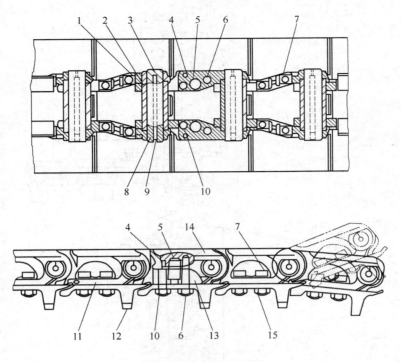

图 3-34　履带

1—密封圈；2—隔板；3—细销；4，6，10—螺钉；5—销轴；7—螺母；8—空心销轴；
9—粗槽；11—轨链节；12—履带板；13，14—半轨节；15—螺栓

图 3-35 为履带基础牵引车的驱动系统。动力从柴油发动机 1 通过功率分配器 6 及液力变矩器 2 进行功率分配。除驱动四台油泵外，主要是经液力变矩器及万向联轴器 3 进入变速箱 4，从圆锥齿轮 A、B 输出，通过左右转向离合器 7、一级圆柱齿轮传动箱 9、驱动链轮 8，带动履带 10 行走。操纵左右转向离合器 7 及制动器 5，可实现机器的行走、转向和停止。

A　液力变矩器

履带车驱动系统中采用的三单元、单级液力变矩器如图 3-36 所示。当发动机带动齿形联轴器 11 旋转时，泵轮 2 和驱动齿轮 3 一起转动，液体在离心力作用下从泵轮 2 中部沿叶片向外流动，以很大的速度按螺旋形状冲击涡轮 1 的叶片，流入导轮 10，改变流向后又流回泵轮中部，使涡轮 1 及涡轮轴 2 和万向联轴器 6 转动。

驱动齿轮 3 与齿轮 9 啮合，带动回油泵 7 工作。

变矩器上还装有安全阀和溢流阀。当进入液力变矩器的油压超过 850kPa 时，安全阀动作溢流。溢流阀的作用是保持变矩器的排油压力恒定（440kPa），保证变矩器内有充足的油高效工作。

B　变速箱

履带车的变速箱主要由六排行星齿轮机构及六套摩擦片式制动器组成，其传动系统如图 3-37 所示。

在行星齿轮中，除了第 Ⅱ、Ⅵ 排为双行星轮的轮系外，其他各排均为单行星轮的轮系（图

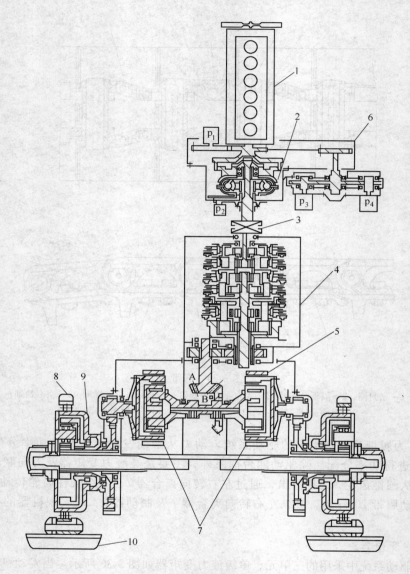

图 3-35 履带车传动系统
1—柴油发动机；2—液力变矩器；3—万向联轴器；4—变速箱；5—制动器；
6—功率分配器；7—转向离合器；8—驱动链轮；9—传动箱；10—履带
p_1—变速油泵；p_2—回油泵；p_3—转向油泵；p_4—工作装置油泵

3-38a）。当齿圈 1 固定不动时，两者的区别仅在于太阳轮 2 与系杆 3 的转向不同。第 I、II、III、IV 排行星轮系的系杆相互连接。第 V 和 VI 排行星轮系的系杆连接在一起，并且与制动器 5 连接。

摩擦片式制动器的工作原理如图 3-39 所示。摩擦片 2 的内齿与齿圈 6 的外齿相啮合。摩擦片 3 用销轴 4 固定在壳体上，不能旋转。当压力轴推动活塞 5 时，摩擦片 3 和 2 相互压紧，齿圈 6 被固定不能转动。变速箱中的六个摩擦片式制动器的结构及动作过程相似。当油压消失时，借助弹簧 1 使活塞 5 很快返回，摩擦片 2 与 3 分离，齿圈 6 可能自由转动。

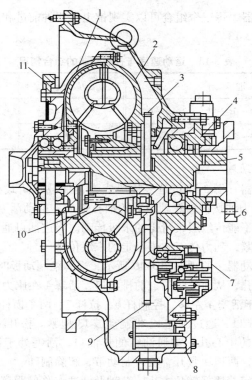

图 3-36 单级液力变矩器

1—涡轮；2—泵轮；3—驱动齿轮；4—导轮轴；5—涡轮轴；6—万向联轴器；
7—回油泵；8—过滤器；9—回油泵传动齿轮；10—导轮；11—齿形联轴器

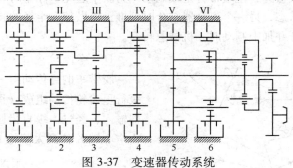

图 3-37 变速器传动系统

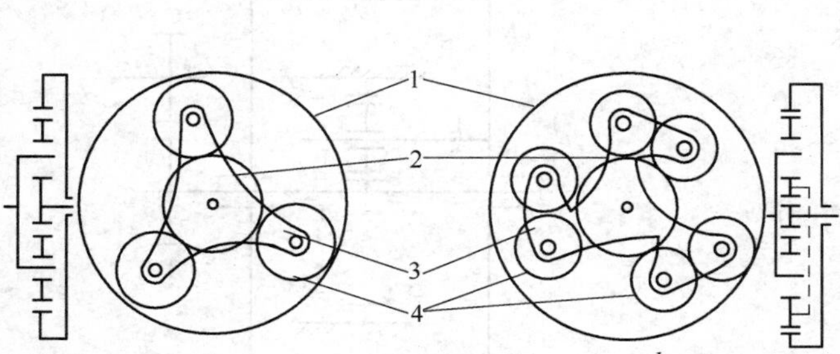

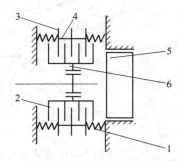

图 3-38 单、双行星轮的行星轮系

1—齿圈；2—太阳轮；3—系杆；4—行星轮

图 3-39 摩擦片式制动器原理

1—弹簧；2，3—摩擦片；4—销轴；
5—活塞；6—齿圈

变速箱中的六个制动器，每三个组合可以实现推土机四种前进和后退的速度。各种速度对应制动器的组合情况见表3-13。

表 3-13　运动速度与各制动器的组合情况

方　向	前　进	后　退	方　向	前　进	后　退
1 挡	1—4—5	2—4—6	3 挡	1—4—6	2—4—6
2 挡	1—3—5	2—3—5	4 挡	1—3—6	2—3—6

C　转向离合器与制动器

履带行走的转向离合器（图3-35）是多片湿式弹簧加载常闭式离合器，共有两套，分别装在锥齿轮 A 的两侧。压力油从锥齿轮轴中部的油孔输入，推动活塞与压板外移，压缩弹簧，使摩擦片相互分离，动力不能传给履带行走的末级传动。当进油口通回油路时，在弹簧的作用下，压板使摩擦片相互压紧，动力传至履带行走的末级传动。

行走机构采用带式制动器，原理如图3-40所示，当脚踏制动板时，摆杆 1 转动，芯轴 2 左移逐渐堵住活塞 4 的中心孔，从而关闭油缸的排油口，活塞 4 在压力油作用下左移，直到芯轴 2 的排油口打开为止。由于活塞 4 左移，控制杆 6、拉杆 7、两个横杆 8 使转杆 9 动作，两个顶块 10 向内移动拉紧制动带 11，通过闸瓦 12 将制动鼓 13 抱紧。松开脚踏板时，芯轴 2 在弹簧 3 作用下右移，打开活塞 4 的中心孔，沟通油缸的排油口，活塞处于浮动状态。在控制杆、拉杆、横杆、转杆的作用下，两顶块张开，松开制动带，解除制动。

脚踏制动板的程度决定着摆杆转角大小、芯轴及活塞左移的距离，控制脚踏力可以改变制动力矩的大小。

两个离合器结合或松开，使履带行走或制动。为安全起见，停车时可以加上制动。当一个离合器松开处于自由状态，另一个离合器结合时，推土机做较大半径的转弯。若一个离合器结合、另一个离合器松开并加上制动时，机器急转弯。

D　终传动

履带车的终传动由一级直齿圆柱齿轮和一级行星齿轮传动组成（图3-41）。动力从联轴器输入，经过一级直齿圆柱齿轮 C 和 D 减速，由空心轴 K 传到太阳轮 E。齿圈 G 固定在箱壳

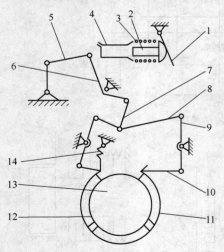

图 3-40　带式制动器

1—摆杆；2—芯轴；3，14—弹簧；4—活塞；5—连杆；
6—控制杆；7—拉杆；8—横杆；9—转杆；10—顶块；
11—制动器；12—闸瓦；13—制动鼓

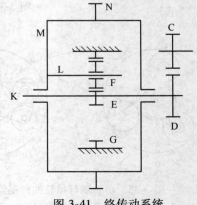

图 3-41　终传动系统

上，动力通过系杆 L、轮毂 M（与系杆螺栓连接）带动轮毂外缘的链轮 N 和履带啮合传动。

3.3.2.3 液压系统

TY410 型推土机的液压系统（图 3-42）是一个多泵-多油缸的开式系统。该系统由液力变矩器供油回路、变速回路、转向控制回路和工作装置控制回路等组成，实现向液力变矩器及润滑系统的供油、履带车的变速、转向和制动以及工作装置的控制。

A 工作装置的控制回路

工作装置的控制回路包括推土板倾斜与升降、松土器倾斜与升降和松土器齿固定四个油路。

松土器固定的油路由变速泵 6 供油。当手动控制阀 63 移向右位时，油缸 62 的活塞腔进油，活塞杆伸出。通过杠杆 1 移动插销（圆柱销）3 使松土器固定（图 3-30）。如果手动控制阀 63 移向左位，活塞杆缩回，通过杠杆 1 使松土器齿杆 4 与松土器 2 分离。

推土板倾斜、升降和松土器倾斜与升降的控制油路用油，由工作装置油泵 47 从油箱 49 经磁过滤器 48 吸油后供给。这三个系统为串联油路，不能同时动作。回油经带安全阀的过滤器 38 回油箱 49，三个系统分别由结构基本相同的主控制阀 36、44 和 57 控制。不同之处是推土板升降动作除有升、降、锁固三个状态之外，还有一个浮动状态，此时油缸的两腔都通油箱，因此该主控制阀有四个位置。主控制阀由手动先导阀控制伺服油缸动作，伺服油缸推动主阀芯移动。

松土器的升降或倾斜由选择阀 53 决定，该阀的位置由手动先导阀 61 控制。安全阀 54 起松土器过载保护作用。单向阀 42、43、55、56 是为补油而设的。二位二通阀 52 在松土器倾斜时起单向闭锁作用，使其定位可靠。单向节流阀 37 的作用是限制推土板倾角变化的速度不致太快。当推土板下降时，压力油进入油缸 39 的活塞腔，活塞杆腔经阀组 40 的节流孔回油。在节流孔两端形成的压差作用下，二位二通阀芯动作，油缸两腔沟通，使推土板能迅速下降，不受油泵 47 排量的限制。

B 液力变矩器及润滑回路

变矩器回路由变速泵 6、压力阀组 18、转向控制阀组 8、变矩器 31 以及安全阀 32 和溢流阀 22 等组成。

当变速泵 6 工作时，压力油进入压力阀组 18，移动其中的二位二通阀至左位，切断变矩器与油箱间的通路。当压力升高到 1.96MPa 时，其中的溢流阀打开，使变速泵来的压力油送往变矩器 31。转向泵 3 工作时，其压力油经转向控制阀组 8 后，直接进入变矩器 31。

变矩器 31 油口的压力由安全阀 32（整定压力为 850kPa）控制，出口压力由溢流阀 22 控制在 440kPa。由溢流阀 22 排出的油经冷却器 20 与从安全阀 32 溢出的油汇合后，大部分进入变速箱 21，润滑传动齿轮，然后回转向油箱 1；另一部分经节流阀 33 去动力分配箱 34 润滑齿轮传动，然后流入变矩器油箱 30。回油泵 28 从油箱 30 经磁过滤器 29 吸油，润滑和冷却转向制动器 27，油压由安全阀 24 控制在 127kPa，排出的油回到油箱 1 中。

C 变速回路

控制履带车变速箱中摩擦式离合器的油路由油缸 17、压力阀组 18 及变速阀组 19 等组成。变速油路由变速泵 6 供油，从油箱 1 经磁过滤器 2 吸油，通过带有安全阀的过滤器 7 进入压力阀组 18。

变速的瞬时，油流入变速阀组 19 中的某油缸 17，因阀组 18 中三位九通换向阀的节流小孔的作用，B 端压力低于 A 端，换向阀快速移至左位，使阀组 18 中的二位二通阀的控制油路通油箱，换成右位，变矩器进油路接油箱，不再供油。

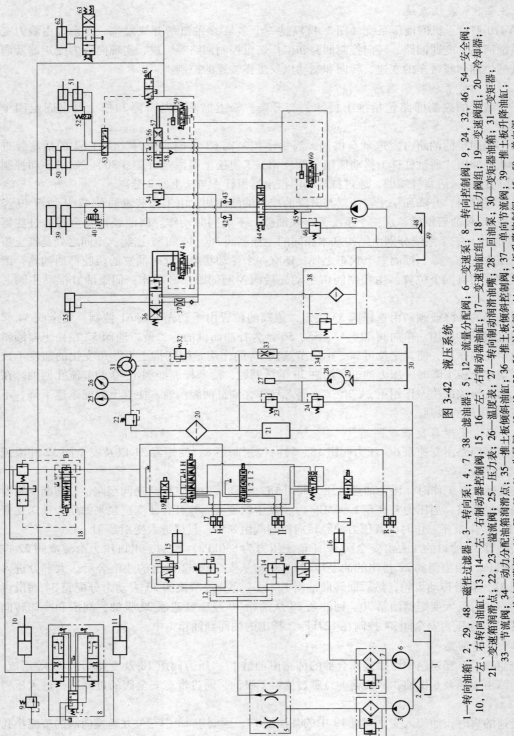

图 3-42　液压系统

1—转向油箱；2、29、48—磁性过滤器；3—转向泵；4、7、38—滤油器；5、12—流量分配阀；6—变速泵；8—转向控制阀；9、24、32、46、54—安全阀；
10、11—右转向油缸；13、14—左、右制动器控制阀；15、16—左、右制动器油缸；17—变速油缸组；18—压力阀组；19—变速阀组；20—冷却器；
21—变速箱回油管；22、23—溢流阀；25—压力表；26—温度表；27—转向制动润滑油嘴；28—回油泵；30—变矩器油箱；31—变矩器；
33—节流阀；34—动力分配油箱润滑油点；35—推土板倾斜油缸；36—推土板倾斜控制阀；37—单向节流阀；39—推土板升降油缸；
40—快速下降阀；41、59、60、61—先导阀；42、43、55、56—补油阀；44—推土板升降控制阀；45、58—单向阀；
47—工作装置油泵；49—工作装置油箱；50—松土器升降油缸；51—松土器倾斜油缸；52—松土器倾斜定位阀；
（二位二通阀）；53—选择阀；57—选择阀；62—松土器齿固定油缸；63—松土器齿拆卸控制阀

油逐渐充满变速箱离合器的油缸，三位九通换向阀 B 端的压力也逐渐升高，该阀又经过中间位置移到右位，直到 A、B 端的油压都升到 19.6MPa，保证变速箱中离合器的正常结合。此时阀组 18 中的溢流阀打开，变速泵 6 向变矩器 31 供油，使其处于额定的结合状态。

变速阀组 19 由五位六通高低速控制阀、五位四通变换阀、二位四通进退行走变换阀及两个二位阀组成（见图 3-42）。前三个为手动阀，控制变速箱中六个离合器油缸的进出油。五位阀中的四个位置对应变速箱的四种组合方式，得到推土机四种前进或后退的速度，另一个位置为发动机空载启动时的位置。这三个阀为并联油路供油，因此可以同时动作。变速阀组中的二位阀，一个是手动换向阀，起总开关作用，决定阀组的状态（工作与否）；另一个为液控两位五通换向阀，在发动机启动前、变速泵 6 未供油时，在弹簧作用下该阀处于左位，进、退行走变速油缸都不能进油。只有在高、低速控制阀处于最左端的零位时，发动机启动后，变速泵 6 供油才能使两位五通阀处于右位，给进、退离合器油缸供油，因此保证了空载启动。

D 转向及制动回路

如图 3-42 所示，齿轮泵 3 从油箱 1 经磁过滤器 2 吸油，压力油经过带有安全阀的过滤器 4 进入流量分配阀 5，然后分成转向和制动两个回路。

转向油路由两个手动二位五通转向阀和一个二位三通换向阀控制，后者起供油作用，与前两个阀联动。前两个阀分别控制左右行走离合器油缸的进油或回油。当履带车直线行驶时，两个转向阀都处于左位，压力油通过转向控制阀组 8 进入变矩器及润滑油路。安全阀 9 限定转向油路中的油压在 16.7MPa 以内，从而控制转向离合器传递的最大扭矩。

制动油路的流量经流量分配阀 12 后分成相同流量的两个油路，通过控制阀组 13 和 14 分别进入制动油缸 15 和 16。制动阀用脚踏操纵，其中的安全阀控制油路中的压力不超过 2.45MPa，以控制最大的制动力矩。脚踏制动阀时，活塞向外移动，履带制动。

3.3.3 主要参数计算

推土机的主要参数包括：铲推阻力、最大牵引力、行走速度、最小转弯半径、接地比压、生产率和发动机额定功率。正确地选择和合理地确定这些参数，对于充分发挥推土机的效能、改善推土机的工作性能有着重要的意义。

3.3.3.1 铲推阻力

铲推阻力是指推土机铲推土壤时铲刀所承受的阻力。作用在铲刀上的铲推阻力包括：切削土壤阻力 R_Q、推土板前面积土的推移阻力 R_t、刀刃和土壤的摩擦阻力 R_{m1} 和土壤沿推土板上移时的摩擦阻力的水平分力 R_{m2}，如图 3-43 所示。铲推阻力的计算以推土机在水平地段切土结束、即将提升推土板的瞬间所产生的最大铲推阻力 R_φ 时的工况为准，可按下式计算

$$R_\varphi = R_Q + R_t + R_{m1} + R_{m2}$$

$$= k_b B h_\rho + \mu_2 M_t g + \mu_1 k_t BX + \mu_1 M_t g \cos^2\gamma \qquad (3-30)$$

式中 M_t——推土板前面土壤的质量，kg，$M_t = G_t/g$，其中：

$$M_t = \gamma_0 \frac{B(A - h_\rho)^2}{20 k_L \tan\varphi_0} \qquad (3-31)$$

B、A——分别为推土板的宽和高，m；

μ_1、μ_2——分别为土壤与钢铁、土壤与土壤的摩擦系数，见表 3-14；

h_ρ——平均切削深度，m；

γ——刀片的切削角，（°）；

k_b——切削阻力系数，按表 3-15 选取；

k_ξ——刀片磨损后，压入土壤的比压阻力系数，其值见表 3-15；

X——刀片磨损后与地面的接触宽度，一般取 $X = 0.7 \sim 1.0$m；

φ_0——土壤的自然安息角，（°），沙为 35°，黏土为 35° ~ 40°，种植土为 25° ~ 40°；

γ_0——密实土壤在自然温度下的平均容重，N/m^3，见表 3-16；

k_L——侧漏等影响土量折算系数，其值见表 3-17；

g——重力加速度，m/s^2。

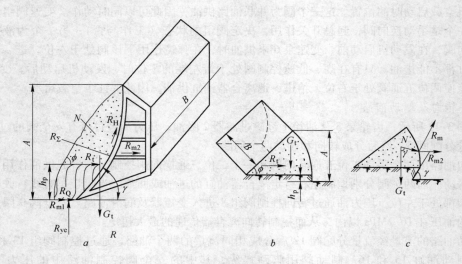

图 3-43　铲推阻力计算图

a—铲推阻力计算简图；b—铲刀前的积土重量；c—土壤沿刀片上移的摩擦阻力

表 3-14　土壤的摩擦系数

土壤名称	沙	干黏土	泥灰土	湿黏土	碎　石
μ_1	0.73	0.75 ~ 1.00	1.00	—	0.84
μ_2	0.58 ~ 0.75	0.70 ~ 1.00	0.75 ~ 1.00	—	0.30

表 3-15　切削阻力系数和比压阻力系数

土壤级别	土　壤　名　称	k_b	k_ξ
Ⅰ	沙、轻沙质土，轻和中等湿度的松散黏质土，种植土	10 ~ 30	250
Ⅱ	黏质土，中细沙砾，轻微或松散黏土	30 ~ 60	600
Ⅲ	密度黏土质，中等黏土，重湿度或松散黏土，轻泥炭	60 ~ 130	1000
Ⅳ	含碎石或卵石的黏土质，重的或很重的湿黏土，中等坚实煤岩，有少量杂质的石砾堆积物	130 ~ 250	250

表 3-16　密实土壤在自然温度下的容重

土壤类别	硬状态	半硬状态	硬塑状态	软塑状态	半流动状态	流动状态
黏　土	21.07	20.58	20.09	19.11	18.62	17.64
亚黏土	21.07	20.58	19.60	18.62	18.13	17.64
沙质土	20.09	19.60	19.11	18.62	18.13	17.64

表 3-17　土量折算系数 k_L

A/B	0.15	0.30	0.35	0.40	0.45
非黏性土壤	1.10	1.15	1.20	1.30	1.50
黏性土壤	0.70	0.80	0.85	0.90	0.95

3.3.3.2　最大牵引力

推土机的最大牵引力和最大切线牵引力受附着条件的限制。

最大牵引力（附着力）P_φ 可按下式计算

$$P_\varphi = \varphi G_\varphi \tag{3-32}$$

式中　φ——行走机构与地面的附着系数，按表 3-18 选取；

　　　G_φ——行走机构的附着重量，N，履带式推土机为其使用重量，即推土机的结构重量加上司机重量及油、水、工具等作用时必须附加的重量。

表 3-18　履带与地面的附着系数

支承面种类	铺砌的路面	干燥的土路	柔软的沙质路面	沼泽地	细沙地	收割过的草地	开垦的田地	凝结的道路
φ	0.6~0.8	0.8~0.9	0.6~0.7	0.5~0.6	0.45~0.55	0.7~0.9	0.6~0.7	0.2
ψ	0.05	0.07	0.10	0.10~0.15	0.10		0.10~0.12	0.03~0.04

切线牵引力是在牵引装置作用下，地面产生的平行于地面并向着行驶方向的总推力，其最大值为

$$P_{max} = (\varphi + \psi) G_\varphi \tag{3-33}$$

式中　ψ——行走地面与地面的附着系数，见表 3-18。

3.3.3.3　行走速度

推土机的实际行走速度 v(km/h) 由下式确定

$$v = 0.377 \frac{n_a r_2}{i}(1 - \delta_0) \tag{3-34}$$

式中　n_a——发动机额定转速，r/min；

　　　r_2——驱动轮节圆半径，m；

　　　i——总传动比；

　　　δ_0——理论滑转率，履带式为 1.10~0.15，轮胎式为 0.25~0.30。

3.3.3.4　最小转弯半径

推土机的最小转弯半径 R_{min}(m) 按下式计算

$$R_{min} = \frac{1}{2}\sqrt{(B_0 + B_a)^2 + (L + 2l)^2} \tag{3-35}$$

式中　B_0——履带轨矩，m；

　　　B_a——推土板切削刃宽，m；

　　　L——履带接地长度，m；

　　　l——推土板切削刃至履带接地之间的距离，m。

3.3.3.5　接地比压

推土机的平均接地比压 q(kPa) 是使用重量与履带接地面积之比，一般按下式计算

$$q = \frac{G_s}{2Lb} \tag{3-36}$$

式中　G_s——推土机的使用重量，kN；

　　　b——履带板宽度，m。

3.3.3.6　生产率

推土机的生产率是指推土机每小时所完成的土方量，可用每铲最大排土量、推土作业生产率和平地作业生产率三种方式表示。

（1）每铲最大推土量即推土板一次所推的最大土方量

$$V = \frac{B(A - h_\varphi)}{2\tan\varphi_0} k_c \tag{3-37}$$

式中　k_c——土的充盈系数，一般取 0.5 ~ 1.2。

（2）推土作业生产率 $Q_1(\text{m}^3/\text{h})$ 可按下式计算

$$Q_1 = \frac{3600 k_t k_s k_{cv}}{T} \tag{3-38}$$

式中　k_t——推土机作业时间利用系数，一般取 0.85 ~ 0.90；

　　　k_s——推土板土量损漏系数，取决于运土距离 S_2，$k_s = 1 - 0.005 S_2$；

　　　k_{cv}——坡度作业影响系数，按表 3-19 选取。

　　　T——一个推土周期的循环时间，s：

$$T = \frac{S_1}{v_1} + \frac{S_2}{v_2} + \frac{S_1 + S_2}{v_1 + v_2} + 2t_1 + t_2 + t_3$$

　　　S_1——切土距离，m，一般取 6 ~ 10m；

　　　S_2——运土距离，m；

　　v_1、v_2——分别为铲土和返回速度，m/s；

　　　t_1——换挡时间，换挡一次取为 4 ~ 5s，动力换挡可不计；

　　　t_2——提起或放下推土板的时间，一般取 1 ~ 2s；

　　　t_3——推土机调头的时间，一般取为 10s，穿梭工作时不计此项。

表 3-19　坡度作业影响系数 k_{cv}

坡度/%	0 ~ 5	5 ~ 10	10 ~ 15	15 ~ 20
上　坡	1.0 ~ 0.67	0.67 ~ 0.5	0.5 ~ 0.4	—
下　坡	1.0 ~ 1.33	1.33 ~ 1.94	1.94 ~ 2.25	2.25 ~ 2.68

（3）推土机平地作业的生产率 $Q_T(\text{m}^2/\text{h})$ 是以每小时平地面积来评定的，大小为

$$Q_T = \frac{3600(B\sin\alpha_0 - b_0)Lk_0}{n\left(\dfrac{L}{v} + t_2\right)} \tag{3-39}$$

式中　α_0——推土板在水平面内与推土机行走方向所夹的角度，（°）；

　　　b_0——两相邻平整地段的重叠部分宽度，一般取 0.3 ~ 0.5m；

　　　L——平整地段长度，m；

　　　n——每一段平整次数；

　　　v——推土机平地时的行走速度，一般为 0.8 ~ 1.0m/s。

由式（3-38）或式（3-39）可制定和绘制推土机生产率与运距、速度间关系的推土量表及作业性曲线，用以组织推土机作业。

3.3.3.7 发动机额定功率

发动机的额定功率可根据推土机最低前进挡速度和作业时所需的最大牵引力来确定。机械传动的推土机的发动机的额定功率 N_0（kW）按下式确定

$$N_0 = \frac{P_x v_T}{264\eta} + \Sigma N_y \tag{3-40}$$

式中　P_x——推土机作业所需的切线牵引力，N；

　　　　v_T——最低前进挡速度，m/s；

　　　　η——推土机的机械传动效率；

　　　ΣN_y——推土机上所有辅助油泵所消耗的功率，kW，由于间歇工作，可近似取为发动机功率的 3% ~ 5%。

对于液压传动的推土机，其发动机的额定功率为

$$N_0 = \frac{P_x v_T}{2646 i k k_m k_n \eta} + \Sigma N_y \tag{3-41}$$

式中　　i——变矩器最大效率工况的传动比；

　　　　k——变矩器最大效率工况的变矩系数；

　k_m、k_n——分别为变矩器最大效率工况与发动机共同工作点的扭矩传递系数和速度传递系数，近似计算可取 k_m、$k_n \geqslant 0.9$；

其他符号意义同前。

3.4　排土机

3.4.1　概述

露天开采时，将覆盖在矿体上部和其周围的岩土剥离及运输到专设的场地排弃，这种接受排弃岩土的场地称为排土场。在排土场用一定的方法堆放岩土的作业称排土工作。排土是保证矿物正常开采的重要环节之一。有关资料表明，在整个剥离工作过程中，排土工作人员约占全矿总人数的 10% ~ 15%，排土成本约占剥离单位成本的 6%。排土场不仅占地面积大，一般为采场面积的 2 ~ 3 倍，而且堆置高度也很大。因此合理地组织排土工作，对提高露天开采的经济效益具有重要的意义。排土工作的效率首先取决于排土场的位置和排土工艺的合理选择；其次与提高排土工作的机械化程度和劳动生产率有关；另外保证整个排土系统机械设备的正常运转，减少维修时间，提高出动率也是重要因素之一。

由于排土设备的结构不同，有相应不同的排土方法。

用推土机排土，主要用自卸汽车或铁道运输将剥离下来的岩土运到排土场，推土机再将岩土堆置到预定地点。该方法工序简单，堆置高度大，作业灵活，基建量小，投资省，适合于任何岩石硬度的中小型露天矿。

用推土犁排土，设备简单，投资少，适应性强。一般由铁道运输岩土，适应于大、中型露天矿，但移道步距较小，排土线移动频繁，排土台阶高度受限制。

用挖掘机排土，生产能力大，受气候影响小，铁道移道步距大，但设备投资大，机动性小，适合于大中型露天矿。

用前装机或铲运机排土，作业灵活，具有装、运、卸、推四种功能，受外界因素影响较

小。当与铁道运输配合时，也可作为转排设备。前装机运距一般不大于 100~200m。铲运机也可作为剥离设备，运距可长可短，适用于中小型露天矿。前装机设备结构复杂，检修要求高，使用寿命短，排土成本较高，多用于大中型露天矿。

上述各种排土作业均为间断的。带式排土机最大的特点是连接作业，生产能力大，一次排弃宽度大，辅助作业时间少，自动化程度高，适宜于大型露天矿采用，只适宜排弃剥离物的坚固性系数 $f < 3$ 的软岩，而中硬以上或不适合胶带运输的大块岩石，需经预先破碎。冬季物料冻结对其生产能力影响也较大，气温低于 $-25℃$ 时，应有防寒措施。

3.4.2　带式排土机的分类及其结构特点

按其整体结构特点的不同带式排土机可分为悬臂式排土机和延伸式排土机，悬臂式排土机按行走装置数量可分为单支承排土机和双支承排土机，单支承排土机按结构的型式又分有单 C 型和双 C 型结构架排土机。

带式排土机的行走结构有履带式、步行式、轨道式和步行轨道式四种。履带行走机构应用的最多，根据机重和允许对地比压可以选择 2、3、4、6、12 条履带。履带行走机构的特点是移动速度较快，移动时能耗低。步行式行走机构只能使排土机在机体纵轴方向上沿着与排料臂相反的方向移动，因此当排土机垂直地面输送机工作时，排土机须转 90° 才能平行输送机移动，作业效率将降低 6%~8%。轨道式和步行轨道式行走机构结构简单，维修工作量小，但移动性能不如履带式好。

目前带式排土机上输送机的条数趋于减少，因为带式输送机数量多，转载点的漏斗数也要多，容易堵塞。中小型单支承的排土机一般只布置两条输送机，双支承的排土机则设三条带式输送机。

具有单 C 型结构架的单支承式排土机，其受料臂与排料臂的回转中心是重合的。由于受料臂一端支承在回转平台中部，另一端支承在可移动地面输送机侧面的轨道上，并可沿其移动，因此不需要专门的受料臂平衡装置，结构简单，质量较轻，并且能适应地面一定的起伏变化。

双 C 型结构架的单支承式排土机特点是受料臂与排料臂的回转轴各安装在一个 C 型机构架上。该种类型排土机受料臂的受料端常常不支承在地面输送机的轨道上，而由钢丝绳悬挂。其受料臂和排料臂中各有一条带式输送机，将剥离物从受料端运至排料端，堆弃在排土场上。受料臂与排料臂通过电动机、减速器驱动，可以分别绕各自的回转中心转动，一般排料臂与回转平台一起回转。由于排料臂较长，常配有平衡臂。采用双 C 型结构架的排土机，机器质量较大，其行走装置为多条独立驱动的履带装置组成。

双支承式排土机有两个行走装置，故称为双支承。支承排料臂及其平衡臂等主要重量的为三组六条履带行走装置，支承受料臂的为一个双履带行走装置。两个履带行走装置各自独立驱动。双支承式排土机在两个履带行走装置中间设有转载臂，其一端铰接在排料臂回转平台的上部钢结构上，并可以绕其回转，另一端固定在双履带行走装置上部的平衡架上，转载臂也称连接桥。

双支承式排土机一般设有三条带式输送机，分别布置在受料臂、转载臂和排料臂内。剥离物从移动式地面胶带输送机上的卸料车落入受料输送机内，经转载输送机，进入排料输送机，从排料端卸到排土场上。受料臂与地面输送机夹角不得小于 20°，在水平面内受料臂可以左右回转各 90°，排料臂可以左右各回转 65°。由于增加了转载臂，允许两个履带行走装置处于不同的水平上，加大了排土范围，增大了地面输送机的移道距离，减少了移道次数。

排土机的种类和规格很多，经常是为了适应某矿山生产条件，改进或专门设计特殊需要的排土机。截至目前，排土机的最大生产能力已达到 $240000m^3$（实方）/d，最大排料臂长度

225m，卸料高度 60m，胶带输送机的带宽 3200mm，带速 7.8m/s，装机功率 8600kW，整机质量 5300t。

延伸式排土机主要由旋转底座、固定支架、悬臂、主排土胶带输送机、横向布料输送机和操作控制室等组成。旋转底座位于排土机的一端，设有驱动装置和胶带张紧装置，是排料臂的回转中心。通过输送机将物料送入排料输送机上，排料输送机安装在固定支架的悬臂内。固定支架是分段的，除第一段的一端支承在旋转底座上外，其他支承的基础埋在已排过的岩土堆上，在基础上铺有圆弧状的轨道，支承固定支架的车轮可以沿轨道行走，并绕旋转底座回转，使排土机按扇形面积排弃。固定支架旋转靠对称布置的多对油缸驱动，油缸一端与固定支架相连，另一端是一个面积较大的支脚置于岩土堆的顶面上，几对油缸同步动作，把固定支架一步步地向前移动。悬臂由钢丝绳牵引在固定支架内可以伸缩。横向布料输送机吊挂在悬臂的端部，以转运来自悬臂内输送机上的岩土，可向悬臂左右两侧的范围内排土。也可以摘掉横向布料输送机，直接从悬臂端部排料。操纵控制室位于固定支架上，用来操纵悬臂胶带输送机的伸缩和横向布料输送机的摘挂。排土机开始作业时，固定支架长度短，随着排土场高度的增加，排土机可接长固定支架继续排土，从而可以把岩石土堆置在所需要的地方。

延伸式排土机在排土作业开始后，逐渐形成设计生产能力，初期排土场建设投资少，排土高度大，占地面积小，但需定期加长固定支架的输送机。

3.4.3 A_2Rs-B5000.60 型排土机

A_2Rs-B5000.60 型排土机各字母及数字的含义是，A_2 表示双支承式排土机，R 表示履带行走，s 表示回转式上部结构，B 表示胶带输送机，其排料臂长 60m。

如图 3-44 所示，A_2Rs-B5000.60 型排土机主要由排料臂、转载臂、回转平台、配重臂、支

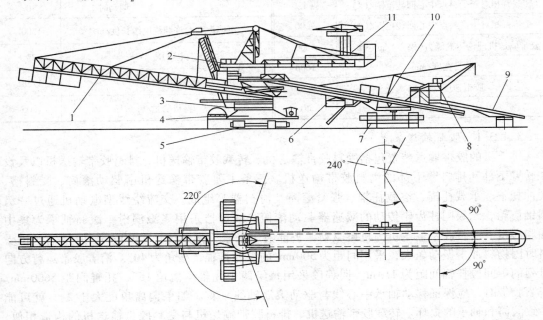

图 3-44　A_2Rs-B5000.60 型排土机结构示意图

1—排料臂；2，8—司机室；3—回转装置；4—下部钢结构；5—主机行走装置；
6—维修室；7—支承车行走装置；9—受料臂；10—转载臂；11—配重臂

承塔架、行走装置及司机室等组成。行走装置由三组单履带和底座组成，其上支承着排土机的回转平台。回转平台、配重臂和支承塔架构成了 C 型架。排料臂铰接在 C 型架上，它可以通过配重臂上的提升机构来升降。C 型架带着排料臂一起回转，以完成物料的扇形排弃。转载臂 10一端吊挂在 C 型架的配重臂 11 上，另一端支承在支承车上。当主机行走时，支承车也随之行走，转载臂在支承车上能够纵向移动，并以其为中心转动和摆动。受料臂是一独立构件，它的作用是将卸料车卸下来的物料转运到转载臂上。受料臂的一端悬挂在转载臂的小 C 型架上，另一端支承在和卸料车铰接的支承台上。受料臂可绕小 C 型架上吊挂轴回转，还可以相对支承台回转和纵向移动，以调节行走长度。A_2Rs-B5000.60 型排土机的主要技术参数见表 3-20。

表 3-20　A_2Rs-B5000.60 型排土机技术参数

名　称	特征参数	名　称		特征参数
理论生产能力（松方）/$m^3 \cdot h^{-1}$	5000	下托辊槽角/(°)		15
$t \cdot h^{-1}$	7800	托辊直径/mm		159
上排高度/m	15	胶带类型		钢绳芯
下排高度/m	30	对地比压/kPa	主机平均值	78.9
排土机回转中心至卸料滚筒中心距离/m	60		主机最大值	97.0
排土机回转中心至支承车中心距离/m	35±2.5		支承车平均值	77.2
排土机回转中心至受料臂受料点距离/m	50±2.5		支承车最大值	81.8
受料胶带机卸料点至地面输送机距离/m	15±2.5	适应坡度	作业时	1:30
排料臂回转范围 /(°)	相对于下部机构	360	调动时	1:20
	相对于转载臂	±105	允许风速/$m \cdot s^{-1}$	作业时	20
转载臂相对于受料点中心回转范围/(°)	±120		调动时	40
受料臂相对于受料点中心回转范围/(°)	±90	电缆滚筒允许缠绕电缆长度/m		1500
胶带输送机理论运输能力（松方）/$m^3 \cdot h^{-1}$	5000	供电电压/kV		25
胶带宽度/mm	1600	装机功率/kW		1758
胶带速度/$m \cdot s^{-1}$	5.86	整机质量/t		1205
上托辊槽角/(°)	40			

3.4.3.1　胶带输送装置

排土机的胶带输送装置包括受料胶带输送机、转载胶带输送机、排料胶带输送机以及设在转臂下部和排料臂下部的溢料胶带输送机。三条主要胶带输送机由驱动滚筒、受料槽、缓冲托辊、承载托辊、空载托辊、张紧滚筒及清扫器等组成。交流绕线型电动机通过一级圆锥齿轮、二级圆柱齿轮传动的减速器驱动滚筒。减速器采用飞溅润滑，滚筒轴承为集中油脂润滑。受料胶带输送机为机尾驱动，头部液压张紧，张紧行程 1200mm。胶带输送机受料时因物料冲击振动较大，采用间距为 500mm 的缓冲托辊，槽角为 40°。沿着胶带运行方向排列的中间段托辊间距为 1.3m。回程段采用每组两个托辊，槽角 15°，托辊间距 5600mm。张紧胶带时，应保证移动轴承中心线与驱动滚筒轴线垂直。如果偏离角度大于 2°，就可能导致滚筒和轴承的损坏。转载胶带输送机、排料胶带输送机与受料胶带输送机的构造相似，有许多零部件是通用的。转载胶带输送机布置在转载臂内，采用机头驱动，机尾液压张紧。排料胶带输送机安装在排料臂内，机尾排料，液压张紧行程为 1200mm，机头驱动，以减轻排料臂的悬臂重量。

溢料胶带输送机分别布置在转载臂和排料臂下部，其作用是将主输送机空段胶带上黏结的物料，在回程段运行中落下来后再运送回去。溢料胶带输送机采用纤维织物芯的胶带，带宽1800mm，带速 1m/s，胶带输送机张紧行程 1200mm。

胶带输送机的托辊均采用吊挂式结构，永久润滑，迷宫式密封。转载点受料槽设有耐磨衬板的可调挡板，以调节料流。挡板与滚筒之间留有足够的空间，以防止受料槽堵塞。

在胶带输送机上设有胶带打滑传感装置、胶带防跑偏装置、防胶带纵向撕裂装置等，在每个转载点设有堵塞传感器。胶带防跑偏装置示意图如图 3-45 所示，当胶带边

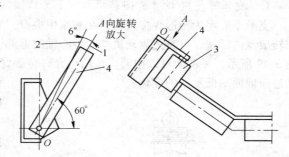

图 3-45　胶带防跑偏装置示意图
1—起始位置；2—作用位置；3—立辊；4—推杆

缘撞上立辊 3 后，立辊旋转并绕 O 点转动。带滚柱的推杆 4 控制电流限位开关。当跑偏严重使推杆旋转达 6°时，限位开关动作使胶带系统停止。

3.4.3.2　回转装置

A_2Rs-B5000.60 型排土机共有四个回转装置，其中两个在排土机主机上，两个在支承车上。

A　主机回转机构

主机回转滚盘如图 3-46 所示，上滚盘与回转平台固定在一起，下滚盘固定在行走装置的底座上。回转滚道形式为单排钢球滚道，回转滚道直径 8.5m，钢球直径 110mm，采用保护罩密封方式、集中油脂润滑。回转机构设两套相同的驱动装置，在回转平台上为 180°对称布置，其传动系统如图 3-47 所示，电动机经锥齿轮-直齿轮减速器，中间级齿轮传动，驱动中间轴上的小齿轮绕大齿圈回转。回转传动总速比为 24920，外齿圈节圆直径 9900mm，模数 30mm。在每套驱动装置上设有双闸瓦制动器，作为停机用，制动力矩为 190N·m。为限制最大扭矩，安装有摩擦片式联轴器，作为平台回转的超载保护装置。当平台回转受过大的侧向力作用而超载时，联轴器打滑，使平台停止回转，起到保护作用。

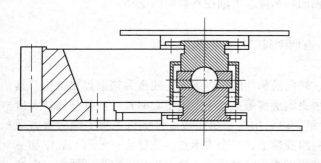

图 3-46　主机回转滚盘

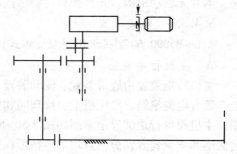

图 3-47　回转机构传动系统

B　主机上转载臂的回转机构

转载臂是一焊接结构桁架，一端支承在支承车的支承平台上，另一端通过球铰吊挂在配重臂下，如图 3-48 所示。它的吊挂中心正好是主机回转中心，所以主机回转时不影响它的相对转动。转载臂的回转无动力驱动，其回转由排土机主机和支承车的相互位置来决定。球铰吊挂

方式可以使转载臂相对主机实现三种运动，绕主机回转中心回转、横向摆动和绕水平轴在垂直面内摆动。

　　C　支承车上转载臂的回转机构

支承车底座为箱形焊接机构，在底座中央有一支承中心轴，此轴能够带动转载臂在底座的回转滚盘内回转，自身无驱动机构。中心轴的上部铰接着平衡架，其上有双排支承滚轮组，如图 3-49 所示，平衡架可以摆动。该结构允许转载臂在 ±2.5m 范围内纵向移动，并能绕水平摆动适应地面高低不平的变化。

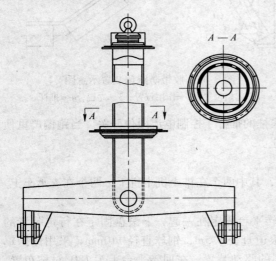

图 3-48　转载臂吊挂示意图

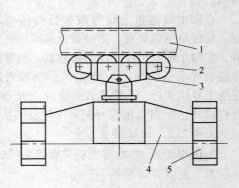

图 3-49　支承滚轮示意图
1—转载臂；2—支承滚轮；3—平衡架；
4—底座；5—行走装置

　　底座上的回转滚盘为双排滚道，滚道直径 2040mm，钢球直径 45/35mm，回转滚盘采用保护罩密封方式，集中润滑。

　　D　受料臂回转机构

受料臂一端吊挂在转载臂的小 C 型架上，吊挂装置类似于转载臂的吊挂装置，只是尺寸较小。本身无驱动机构，允许受料臂绕吊挂轴回转和绕水平轴在垂直面内摆动。

3.4.3.3　行走装置

A_2Rs-B5000.60 型排土机属双支承式，有两个履带行走装置。

　　A　主机行走装置

主机行走装置由履带装置、驱动装置、转向机构和底座等组成。底座为箱形焊接结构，其上布置有电缆滚筒、空压机室、修理间和中央润滑室等。底座上固定着回转下滚盘和回转大齿圈。主机履带行走装置示意图如图 3-50 所示，由三组单履带组成。排土机主机上部的重力通过底座和支承装置，分三点均匀地作用在三组履带上，三个支承点构成等边三角形。底座和一边两条履带的支承为球铰。另一边单履带的支承为十字轴连接，这种连接可提高机器在一定的斜坡上作业或行走时的平稳性。履带装置由履带架、"四轮一带"及张紧装置等组成，履带轨距 11.5m，驱动轮至导向轮间距离 9.25m，履带板宽 3.8m，链节距 0.65m，每条履带 38 节。履带架为箱形焊接件，其上部有四个托带轮，下部铰接着两个平衡梁，每个平衡梁的两端各装一组支重轮，每组由两个支重轮组成，这种结构使得各支重轮的负荷比较均匀。履带架的一端装驱动轮，驱动轮凸块数 8 个，另一端导向轮处装有履带张紧装置，采用丝杠和油缸联合张

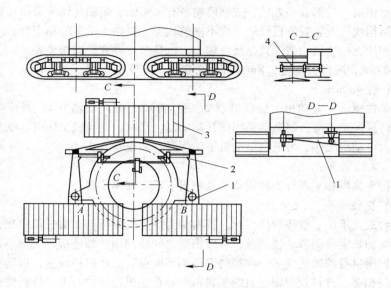

图 3-50　主机履带行走装置示意图

1—转向架；2—导向丝杠；3—履带装置；4—销轴

紧，张紧行程为400mm。油缸采用手动油泵供油，同时调节带槽螺母的方式张紧履带（最大压力不超过40MPa）。

履带装置为多支点式，每条履带单独驱动，装在履带架外侧。驱动装置为45kW交流绕线型电动机—双闸瓦制动器—万向联轴节—一级涡轮蜗杆—两级行星齿轮——级圆柱齿轮—驱动轮，行走速度6m/min。

履带转向结构装在三组履带中间，采用转向架垂直于履带布置的方式，见图3-50。传动系统为电动机—联轴器—减速器—万向联轴节—转向丝杆—左（右）导向丝杠—转向架。当需要转向时，电动机通过减速器带动导向丝杠旋转，可同时使两根导向丝杠移动，带动两个转向架同时远离或靠近，两条履带则绕A点和B点向外或向内转过一定的角度，实现机器向右或向左转弯。第三条履带不发生转向动作，而是在上述两条履带的带动下进行转弯。当转向架转动角度超过允许角度时，限位开关动作将转向电动机的电源切断，从而限制两个转向架的转角，起到保护作用。行走装置最小转弯半径50m，从直线行走到完成最小半径转向的时间为2min。行走机构各润滑点均采用集中润滑。

转向驱动和行走驱动实现连锁。当行走速度达到额定速度20%时，转向驱动连锁解除。

　　B　支承车行走装置

支承车由行走机构和支持平台组成。支承车行走机构为两条单履带，如图3-51所示。底座与履带

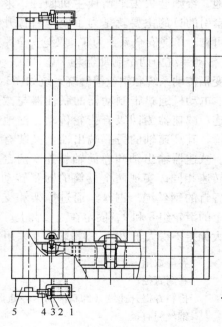

图 3-51　支承车行走装置

1—电动机；2—联轴器；3—制动器；

4—万向联轴器；5—减速器

架采用铰轴两点连接，后部有一方轴，方轴两端各有一短轴，短轴与履带架以球铰连接，可相互转动。这种结构使行走装置能很好地适应不平整地面，提高支承车的稳定性。

履带装置和排土机主机相似，只是尺寸较小，也是多支点式。履带轨距 12m，驱动轮至导向轮间距离 8.295m，履带板宽度 2.8m，节距 0.65m，托带轮 3 个，支重轮 8 个，履带采用液压张紧，张紧行程 400mm。

两条履带单独驱动。电动机 1 经联轴器 2、制动器 3、万向联轴节 4、减速器 5 带动驱动轮。减速器为行星齿轮传动，制动器采用闸瓦制动器。当两台电动机工作时，支承车实现前进或后退。当一台电动机工作、另一台电动机不工作时，实现转弯。

3.4.3.4 变幅装置

为了满足排土高度和实现行走的需要，该机设有两套变幅装置。

A 排料臂变幅装置

在回转平台的支承塔上铰接着排料臂。排料臂为静定桁架机构，由三段组成，每段由两根钢绳悬挂。钢绳的长度有调节装置调整，各段桁架之间底部用销轴连接，上部不连接，留有间隙，以适应各钢绳自身的微量变形。在排料臂尾部下面设有防碰保护装置，以防止排料臂上排时与台阶上物料相碰。排料胶带输送机的受料口中心在主机回转中心上。排料臂由设在配重臂上的两套驱动装置的双绳绞车系统提升。当一套驱动装置发生故障时，另一套驱动装置仍能单独提升带载的排料臂。每套驱动装置各配有两套双闸瓦制动器，每一套制动装置都能独立制动排料臂的运动。提升钢绳带有补偿装置，以调节各钢绳间长度的不一致。排料臂提升机构的安全是至关重要的，排料臂不能触地，否则会失去平衡使主机倾翻，采用双绳牵引的目的主要就是为了使排料臂升降安全可靠。单绳安全系数为 3，双绳安全系数为 6。传动系统中两个制动器均为常闭式，排料臂变幅传动系统和钢丝绳缠绕系统如图3-52所示。电动机通过带制动器的联轴器与减速器相连。减速器为四级直齿轮传动，油池飞溅润滑，其高速轴的另一端出轴上又装有制动器。减速器输出轴和卷筒轴相连。两台电动机转速相同，实现两个卷筒的同步转动，牵引各自的钢丝绳。钢丝绳通过撑架和支承塔

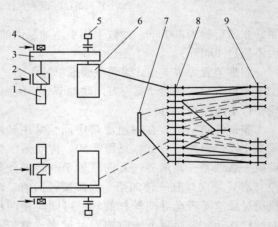

图 3-52 排料臂变幅系统

1—电动机；2—联轴器和制动器；3—减速器；
4—制动器；5—限位开关；6—卷筒；
7—配重臂；8—定滑轮组；9—动滑轮组

架上的滑轮组 8 和 9，固定在配重臂上。提升钢丝绳为镀锌绳，钢丝绳在两个滑轮槽平面内的最大偏差不得大于 20°。动滑轮组 9 采用集中润滑。提升绞车的主要技术参数为：

卷筒数量	2
卷筒直径	900mm
排料臂提升速度（卸料滚筒中心处）	3.25m/min
钢丝绳直径	30mm
钢丝绳长度	2×255m
钢丝绳抗拉强度	157kN/cm^2
电动机功率	2×15kW

电动机转速	965r/min
减速器传动比	200
滑轮直径	800mm

B　受料臂变幅装置

受料臂为板梁焊接结构，一端悬挂在转载臂的小 C 型架上，另一端支承在支承台车上。当排土机需独立行走时，可由转载臂架上的提升装置将受料臂提起并与支承台车分离。受料臂钢丝绳缠绕系统如图 3-53 所示，为双绳双卷筒绞车系统。电动机经带制动器的联轴器、减速器，驱动卷筒旋转。减速器为直齿轮传动方式，油池飞溅润滑，滑轮采用集中润滑。传动系统由两套双闸瓦制动器制动。提升系统的主要技术参数为：

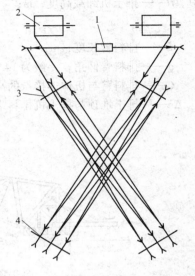

卷筒数量	2
卷筒直径	710mm
提升速度	1.33m/min
钢丝绳速度	8.1m/min
钢丝绳直径	24mm
钢丝绳长度	198m
电动机功率	15kW
电动机转速	720r/min
减速器传动比	200
滑轮直径	710mm

图 3-53　受料臂变幅钢丝绳缠绕系统
1—夹绳器；2—卷筒；
3—定滑轮组；4—动滑轮组

3.4.3.5　辅助系统

司机室有两个。主司机室设在转载臂上，控制排土机受料点及卸料车的各种作业。第二司机室设在主机塔架上，控制卸料作业。司机室有良好的视野，以便最大限度地监视各部位设备。

设备上大多润滑点采用集中润滑和自动润滑系统。各润滑点设有监测装置，当润滑系统发生堵塞或失灵时向操作者报警。为了在供电系统断电的情况下继续向低压辅助系统供电，以保证采暖照明和设备检修用电，在排土机上设有一台 200kW 的柴油发电机组。压缩空气作为风动工具动力和清扫用的气源，在主机上安装一台空气压缩机，风压为 1MPa，储气罐容积 1m³，风量 2.5m³/min。

为便于检修配重臂上电气等设备和增减配重，在配重臂上装有一台起重能力为 5t 的起重机，另配有液压千斤顶和手动葫芦供检修用。在胶带输送机两侧扶手栏杆附近装有拉线开关，以便在危险情况下停止胶带输送机的运行。为了保证主机的安全运行还设有测斜仪、风速仪和振动检测装置等。

3.4.4　选型与生产能力计算

3.4.4.1　选型

排土机的选型主要是确定其生产能力、主要技术参数和结构特点。

（1）排土机的生产能力即排弃岩土的能力，常用（松方）m³/h 表示，应与采、运能力相适应。排土机的理论生产能力要等于或略大于地面输送机的理论生产能力。

（2）排土机的排料臂长度及卸载高度，主要取决于排土宽度和高度。当用于上排土时，应满足上排台阶高度或上排分台阶高度的要求。如图 3-54 所示，上排台阶高度 h(m)

$$h = H - \Delta h \tag{3-42}$$

式中　H——排土机卸载高度，m；

$$H = L\sin\alpha + C$$

　　L——排料臂长度，m；

　　α——排料臂仰角，一般为 $14° \sim 18°$；

　　C——排料臂与机体连接点的高度，m；

　　Δh——排土堆顶与排土机排料端的安全距离，一般取 $3 \sim 4$m。

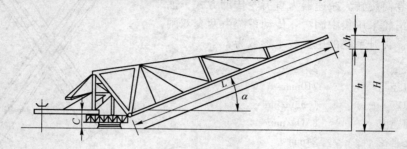

图 3-54　确定上排台阶高度示意图

当排土机用于下排时，排料臂长度应满足下排台阶高度要求，如图 3-55 所示，下排台阶高度为

$$h = \frac{R - a}{\cot\beta} \tag{3-43}$$

式中　R——排土机卸载半径，m

$$R = L + b + \Delta l$$

　　L——排料臂长度，m；

　　b——排料臂与机体连接点到排土机中心的距离，m；

　　Δl——岩土从卸载点抛出的水平距离，m；

　　a——排土机中心至台阶坡顶线的距离，一般为 $15 \sim 20$m，土岩松软时应通过边坡稳定性计算；

　　β——台阶坡面角度。

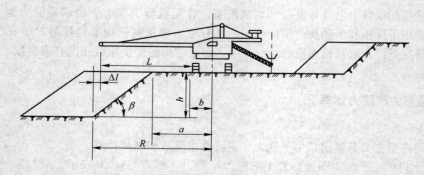

图 3-55　确定下分台阶排土高度示意图

此外，排料臂长度还应满足排土宽度、排土作业死区（如地面输送机的机头、机尾、移动卸料车不能卸料的区段）的排土工作要求。如果要求的排料臂、受料臂长度难以满足时，可采用带中间转载机（转载臂）的双支承式排土机，组成有 4 个分台阶的组合排土台阶，从而降低每个台阶的高度，并相应减少地面输送机的移动次数。

（3）在设备规格、能力和采运设备相匹配的情况下，应选择对地比压小、能独立行走的排土机。排土机对地压力应小于地面耐压力，以保证排土机正常工作。当排土场地面及排出岩石的承载能力较大、又要求排土机较频繁的调动时，可选用行走方便、对地压力略大的履带式行走机构，反之要求对地压力小、较少行走时，可采用步行式排土机。

3.4.4.2 实际生产能力计算

排土机的实际生产能力是考虑了各种影响排土工作因素之后，所能达到的生产能力。在连续开采工艺中，为保证轮斗挖掘机正常作业，排土机能力一般为轮斗挖掘机能力的 1.2 倍。排土机的实际生产能力 $Q_{实}$（m³/h）按下式计算

$$Q_{实} = \frac{\rho_1 \rho_2 Q_{理}}{k_{松}} \tag{3-44}$$

式中　ρ_1——考虑排弃工作面规格、排弃物料性质、排弃工艺组织等因素的影响系数，通常　$\rho_1 = 0.7$ 左右；

　　　ρ_2——考虑排土机行走、变幅等自身因素影响的系数，通常取 $\rho_2 = 0.9$；

　　　$Q_{理}$——排土机理论生产能力（松方），m³/h；

　　　$k_{松}$——土岩的松散系数。

排土机年实际生产能力 $Q_{年}$（m³/a）

$$Q_{年} = Q_{实} t T \tag{3-45}$$

式中　t——排土机每天实际工作小时数，h；

$$t = t_1 k_{时}$$

　　　t_1——每天上班时数；

　　　$k_{时}$——时间利用系数，可取 0.8；

　　　T——年实际工作天数，d；

$$T = T_1 - T_2 - T_3$$

　　　T_1——年日历天数；

　　　T_2——年非工艺影响天数，包括法定假日、检修（年检、月检和周检，参见表 3-21）、气候影响等影响的天数；

　　　T_3——工艺影响天数，d；

$$T_3 = t_2 + t_3$$

　　　t_2——各工艺环节相互影响的天数，一般为出动天数的 15%，即 $t_2 = 0.15(T_1 - T_2)$；

　　　t_3——排土工作面输送机移设影响天数，移设长度为 1.5～2km 时，移设时间视排土带宽、气候、地基、设备及人员条件不同为 3～8 天，或按下式计算：

$$t_3 = \left(\frac{Lb}{n\omega} + t_0\right)N$$

　　　L——地面输送机移设长度，m；

b——输送机移设步距，即排土带宽度，m；

n——移设机台数，一般配 186.425kW（250 马力）以上时取移设机两台或多台；

ω——移设机台班效率；

t_0——输送机移设后检查、调整和对中所需时间，一般为 0.5d；

N——地面输送机每年移设次数。

表 3-21　ARs-4400 型排土机检修工时

工作班制	检修时间间隔/h					修理时间/d		
	运　矿			剥　离		周检	月检	年检
	周检	月检	年检	月检	年检			
3	110	400	4400	330	3630	0.5	3	30

3.5　半移动喂给式矿用破碎站

3.5.1　概述

露天矿用破碎站主要是进行粗碎，应能完成给料、破碎、排料和转载全部作业。一般以破碎机为中心，布置给排料系统。常用的破碎机有锤式、反击式、旋回式、辊式和颚式五种。从破碎比看，反击式和锤式最大，可达到 60 以上；其次是旋回破碎机，可以达到 15；破碎比较小的是辊式与颚式，只有 5~7。从破碎单位物料所需能耗看，旋回破碎机最低，颚式和辊式次之，反击式和锤式最高。破碎机形式选择主要根据物料的性质、处理量、给排料粒度和工作条件因素。颚式与旋回式多用于破碎中硬以上的矿物，其他三种则多用中硬以下的物料。

给料常用板式输送机，也可以由自卸卡车通过料仓给料。排料多采用胶带输送机。

露天矿破碎站从设置形式分为固定式和可移动式。

固定式破碎站服务年限长，一般设在露天采场境界外，受矿山爆破影响小，矿物运距长，贮矿容积大，站房建筑工程量大，施工周期长。可移动式破碎站多设在采场工作平台间，服务年限短，缩短了矿物运距，站房多做成钢制拼装式。

近年来，由于汽车运费昂贵，开采深度增加，矿物运距加大，较多采用移动式破碎站，用胶带输送机实现了能耗低、运费便宜、效率高的半连续开采系统。可移动式破碎站的主要设备（如破碎机、料仓和输送机等）安装在移动机构上，其移动方式有牵引式、自行式和驮运式三种。中小型破碎站可以采用轮胎、履带和迈步自行机构。牵引式行走方式的破碎站常支承在轮胎、轨轮或滑橇上，移动时靠牵引车拖，破碎站本身无动力，因此结构简单，破碎站常分成几部分分别移动，多用于不频繁移动的场所，故也称半移动破碎站。大中型半移动破碎站也可分成几部分，由专用履带车驮运，负载下行走速度一般小于 800m/h。

辊式破碎机结构简单，制造成本低；过粉碎少，相对其他破碎机占地面积和质量较大，适宜露天煤矿使用。按辊子数目可分成单辊、双辊和四辊三种，按辊子表面形状可分为光辊和齿辊两种。

矿物通过双辊或四辊破碎机，是受到一对相向转动的破碎辊挤压和劈裂而被破碎的，产品的粒度由两个破碎辊之间的距离决定。单辊破碎机中的矿物是在破碎辊与破碎板之间被破碎的。

一般辊式破碎机的矿物是从上方给料，靠其自重和破碎辊的带动进入破碎腔，破碎后的物料从下方排料。喂给式破碎机是靠板式或刮板输送机缓慢地将物料送入和排出破碎腔，物料接近水平运动。喂给式破碎机为单辊式，输送机构成破碎机。由于破碎齿的切线速度远大于输送机速度，因此破碎辊将物料破碎后，也有向前推移物料的作用。

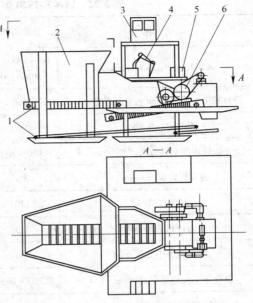

3.5.2　PGCB-1520 型半移动喂给式破碎站

PGCB-1520 型破碎站如图 3-56 所示。主要由运输系统 1、主料仓 2、破碎机 6 和辅助装置等组成。整机可分为两大部件，即左半部主料仓及第一条刮板运输机和右半部中间料仓、破碎机及辅助装置等。每一部件各有两条滑橇支承全部构件。当破碎站需要移动时，由牵引车将其在地面上拖动。

该破碎站可破碎含矸率 22% 的原煤，煤的最大抗压强度为 24MPa，矸石最大抗压强度为 85MPa。原煤由矿用自卸卡车卸入主料仓 2，经刮板输送机运至中间料仓的第二条刮板输送

图 3-56　PGCB-1520 型破碎站
1—运输系统；2—主料仓；3—司机室；
4—液压锤；5—喷油箱；6—破碎机

机上，在第二条刮板输送机上安装有单齿辊破碎机，煤从齿辊及输送机溜槽之间通过，受到齿辊的冲击完成破碎作业。煤从刮板输送机的前端卸到排料胶带输送机上，运出破碎站。改变齿辊与输送机溜槽的间距，可以控制破碎的粒度。

料仓为钢板焊接箱形件，仓外壁焊有许多加强肋。仓内铺设有耐磨衬板，出口处装有帘幕，防止碎煤飞溅。

为防止撒料，在两条刮板输送机下面布置有导料板和一条清扫胶带机，将撒落的物料收集后运至排料胶带机上。为了防止大块物料无法进入破碎机，在第二条刮板输送机侧上方安装了液压锤。该锤的冲击器将溜槽上的大块物料击碎。为防止冬季链板冻结，设有喷油装置，在主料仓下及破碎机下各装有一排四个喷嘴。物料排空后缓慢开动刮板输送机，向刮板链喷洒柴油及煤油的混合液。司机室处于最高位置，可观察到料仓内物料及破碎机运转情况，对各种装置进行操作，室内装有空调制冷及采暖设备。

该破碎站 PGCB-1520 型号的意义：P—破碎；G—辊式，C—冲击，B—半移动，15—破碎盘破碎圆直径 15dm；20—破碎辊宽度 20dm。其主要技术参数见表 3-22。

3.5.2.1　破碎机

图 3-57 为破碎机的结构图，由电动机 4 通过三角皮带 5 和一对圆柱齿轮 1 驱动破碎辊 3 转动。机壳从上面将破碎辊罩住。破碎机安装在第二条刮板输送机上面，电动机及传动的各轴承座固定在输送机的支架上。小齿轮与其轴用摩擦式安全联轴器连接，电动机与小皮带轮之间装有液力耦合器，其传动系统如图 3-58 所示。

破碎辊如图 3-59 所示，由七片破碎臂与八个间隔套焊成四件，套在破碎轴 2 上。各件之间设有 O 形密封圈防止煤粉侵入。每件与轴采用双键联结，轴向用锁紧环 3 固定。破碎齿 4 通过齿套 5 安装在破碎臂上，用开口楔形套 6 和圆锥销 7 固定。破碎齿可以如图 3-59 所示沿轴向排列成一直线，也可以按螺旋线排列。

表 3-22　　PGCB-1520 型半移动喂给式破碎站技术参数

名　称	特征参数	名　称		特征参数
入料粒度/mm × mm × mm	(0～1500) × 1500 × 2000	破碎机输送能力/t·h⁻¹		2000
排料粒度小于 300mm 占总排粒量/%	≥98	液压锤大臂回转角度/(°)		180
破碎能力/t·h⁻¹	2000	液压锤冲击次数/次·min⁻¹		700～1000
破碎齿尖到链板的间距/mm	150～300	液压系统工作压力 /MPa	液压臂	16
破碎辊转速/r·min⁻¹	81		冲击器	11
料仓容积/m³	120	喷油箱容积/L		450
破碎机功率/kW	315	供电电压/V		6000
两根链条中心距/mm	200	破碎站总重/t		370
料仓下刮板输送机速度/m·s⁻¹	0.033～0.33	破碎站外形尺寸（长×宽×高） /mm × mm × mm		19698 × 11460 × 12295
破碎机下刮板输送机转速/m·s⁻¹	0.05～0.5			

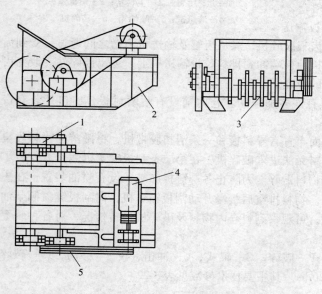

图 3-57　破碎机
1—圆柱齿轮；2—机架；3—破碎辊；
4—电动机；5—三角皮带

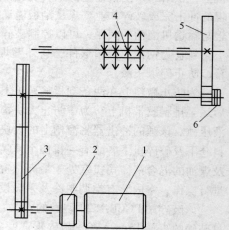

图 3-58　破碎机传动系统图
1—电动机；2—液力耦合器；3—三角皮带；
4—破碎辊；5—齿轮；6—安全联轴器

　　大小皮带轮与轴之间也采用锁紧环连接。中间轴与小齿轮采用如图 3-60 所示的安全联轴器连接。切割环 1 通过拧紧螺栓 7 固定在中间轴上，联轴器体 3 安装在轴与小齿轮之间。离合器体中间的空腔充入压力油，膨胀时靠摩擦力把轴与小齿轮连接起来。切割环通过安全塞 2 与离合器体 3 连接，当两者有相对转动时，切割环将安全塞剪断，联轴器体内的压力油可以通过安全塞中间的孔排出。安全塞 2 共有两个，呈 180°对称安装，在一个安全塞的边上装有一个注

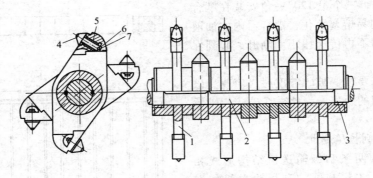

图 3-59 破碎机辊

1—破碎臂；2—破碎轴；3—锁紧环；4—破碎齿；
5—齿套；6—开口楔形套；7—圆锥销

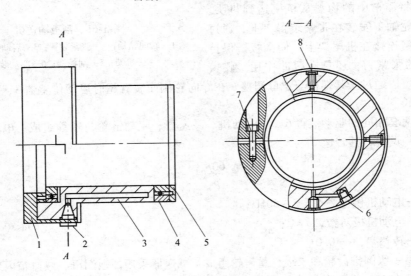

图 3-60 安全联轴器

1—切割环；2—安全塞；3—联轴器体；4—轴承；5—密封圈；
6—注油塞；7—拧紧螺栓；8—轴承油塞

油塞6，两个塞孔相通。通过注油塞孔，用专用注油枪可向联轴器体内的空腔注入润滑油。油的压力大小与传递的扭矩有关，由油枪上的调压阀来控制，该联轴器注入油压为80MPa。

在联轴器体上呈90°角安装两个轴承油塞8，从竖直向上的油塞孔注入润滑油，可充入切割环侧的滚动轴承内，当从水平的油塞孔溢出油时，表示油量已注够。

由于联轴器体3与小齿轮毂的内孔接触面积大于与轴外圆的接触面积，当破碎齿遇到过于坚硬的物料时，轴接触表面先产生相对滑动，此时两个轴承4起支承作用，破碎辊不转动，电动机带动中间轴空载转动，起到安全保护作用。

在破碎辊大齿轮的防护罩上还安装有超时启动传感器，当电动机启动时间过长、破碎辊未达到额定转速时，传感器发出信号自动切断电动机电源。

图3-58中的液力耦合器2为限矩型，带有后辅室。其作用是使破碎辊电动机在轻载下启动；当遇到外载突然增加时，转差率提高，防止过载；当外载增加时间较长时，耦合器内的油

温升至 160℃ 时，三个呈 120°夹角安装在耦合器壳体外圆上的易熔塞熔化，耦合器内的油液喷出耦合器，因不再传递扭矩而断开，起到保护作用。

当破碎机需要改变破碎粒度时，应改变破碎齿与溜槽之间的距离，为此需在破碎辊轴承下增减垫块。

3.5.2.2 刮板输送机

该破碎站的两条刮板输送机结构形式相同，尺寸不同。主料仓下的刮板输送机如图3-61所示，刮板链5由两条滚子链和每两个链节连接的一根刮板组成。刮板链在机架4的溜槽内运行，将溜槽中的物料从机尾运到机头。机尾的转向轮轴1安装在张紧装置2上，通过两组碟形弹簧连接在机尾架上，使刮板链保持约0.85kN的张紧力，还具有缓冲作用。碟簧

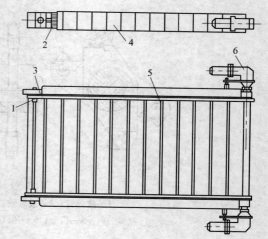

图 3-61 刮板输送机
1—转向轮轴；2—张紧装置；3—启动传感器；
4—机架；5—刮板链；6—驱动装置

的压缩程度可以通过张紧螺栓与螺母调整。在导向轮侧面装有超时启动传感器3，防止电动机启动时间过长。

机头有两套相同的驱动装置6，由电动机、减速器、驱动链轮与轴等组成。电动机可以在恒扭矩下变频调整，其转速

$$n = \frac{60f}{p}(1-s) \tag{3-46}$$

式中 f——电动机供电频率，$5 \sim 50\mathrm{Hz}$；

p——电动机极对数，$p=2$；

s——转差率，$s=0.01$。

减速器由一级圆锥齿轮和二级行星齿轮组成。减速器采用油池润滑。减速箱内装有电加热器，保持油温在 $10 \sim 20℃$ 之间，并保证油温高于 $+5℃$ 电动机才能启动。

3.5.2.3 液压锤

如图3-62所示，液压锤的回转架2在回转油缸9作用下可绕安装在破碎机平台上的固定支座1摆动180°。大臂3、小臂4和冲击器5在大臂油缸8、小臂油缸7和冲击器油缸6作用下，产生上下摆动。大、小臂均为箱形焊接件。

冲击器类似于钻机的冲击器，当锤头离开被击物、靠自重下落时，无论有无压力油进入冲击器，活塞均不往复冲击锤头。当锤头顶住被冲击物时，活塞上抬，向冲击器送入压力油，则活塞往复运动，冲击锤头。为了增加活塞每次冲击能量，在冲击器中设有一个氧气蓄

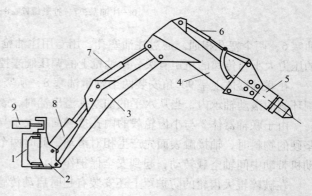

图 3-62 液压锤
1—固定支座；2—回转架；3—大臂；4—小臂；5—冲击器；
6—冲击器油缸；7—小臂油缸；8—大臂油缸；9—回转油缸

能器，活塞向下行程时，能量被释放出来。在冲击器回油口处设有一个节流阀，改变油量，控制冲击次数。

液压锤的液压系统（图3-63）为定量双联齿轮泵供油，开式回路。四种油缸由一台泵供油，可以同时动作，由手动三位六通换向阀操纵。当各缸均不动作时，另一台泵可以合流，向冲击器供油。各油缸的进油口均装有安全阀，防止手动换向阀在中立位置，各缸受到过大的外载。压力油可以释放，油缸另一侧可以从单向阀补油。冲击器1进油路设置了二级安全阀保护，防止过载，系统中两个滤油器都并联了单向阀，防止滤油器堵塞时，油路中段。

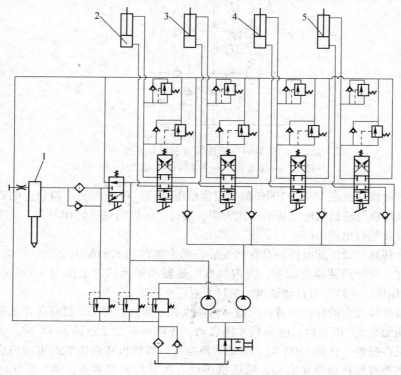

图 3-63　液压锤的液压系统

1—冲击座；2—小臂油缸；3—转臂油缸；4—冲击器油缸；5—大臂油缸

3.5.2.4　喷油装置的液压系统

如图3-64所示，双联叶片泵从油箱吸油各向四个扁喷油嘴供油，也可通过中间的手动截止阀合流，向一处的四个喷嘴供油。喷油压力可由带有压力表的溢流阀调节。调整节流阀2可以改变喷油量。

油箱内装有油温传感器和加热器，使油温保持在 −5 ~ +5℃之间。

为了使油箱中的油液温度均匀，可先关闭通往喷嘴油路上的截流阀，打开回油箱的截流阀或单向阀及截流阀，运转2~3min后，再接通去喷嘴的截流阀，关闭回油箱的截流阀。

3.5.2.5　控制及保护装置

破碎站有自动和手动两种操纵状态。自动操纵状态时，司机按动启动按钮后，破碎站按物料流反方向定时地逐步启动；按动停车按钮，则按物料流方向延时逐机停车。手动状态时，司机可以任意开、停刮板输送机、破碎机、液压锤或喷油装置等。通过紧急停车按钮，可使全系统急停。

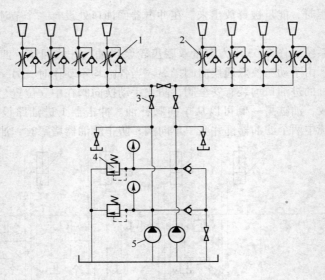

图 3-64 喷油装置的液压系统

1—喷嘴；2—节流阀；3—截流阀；4—溢流阀；5—油泵

司机可以使输送机在 10% ~ 100% 的额定速度下运行，可以控制主料仓上的卸车信号，通过仪表了解破碎机及输送机电动机的电流大小，通过显示灯的亮、熄和闪动，反映各部电动机的运转状态以及是否出现故障。

破碎站全部高、低压配电控制设备都安装在两个集装箱式的配电室内，共有四个高压柜，三个低压柜和三台变频调速控制柜。室内装有电热器和通风机。温度为 +5℃ 时，自动加热，+6℃ 时停止加热，+25℃ 时自动通风，+24℃ 时停止通风。

破碎站设有较齐全的保护装置，配电室内温度在 0℃ 以上时，控制电压才能接通。刮板输送机减速器油温在 5℃ 以上时，电动机才能启动。各电动机温度达到 135℃ 时，司机室内信号灯发光，并发声报警，达到 150℃ 时，自动切断电源。破碎机和输送机的电动机启动时间过长时，也能发出警报和自动停止启动。输送机还设有胶带防跑偏装置，高、低压电路都设有过载、短路、漏电等保护。

3.5.3 主要参数计算

3.5.3.1 啮角及辊齿的高度

假设矿物近似为球形，取破碎辊和破碎板与矿物间的摩擦系数相等，破碎辊（光面）能将物料啮住，实现破碎的最大啮角如图 3-65 所示为

$$\alpha \leqslant 2\arctan f \frac{F}{P}$$

式中　f——摩擦系数，一般 $f = 0.30 \sim 0.35$；

　　　P——破碎辊（板）与矿物间的正压力；

　　　F——破碎辊（板）与矿物间的摩擦力。

光面单辊破碎机的最大啮角为 $33°40' \sim 38°40'$。对于齿辊式的破碎辊，可以采用镐形齿，齿的轴线顺破碎辊

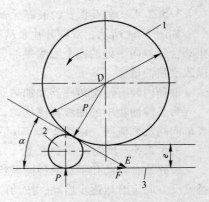

图 3-65 单辊的啮角

1—破碎辊；2—物料；3—破碎板

旋转方向转一个较大的角度（如 45°）安装，有利于将矿物啮住，从而使啮角增大。

辊齿的高度一般取等于或略小于破碎后要求产品的粒度。

3.5.3.2 破碎圆直径和工作长度

当光面破碎辊表面与破碎板间距为 e，啮角为 α 时，如图 3-65 所示，可以得到破碎圆的直径

$$D = \frac{d(1 + \cos\alpha) - 2e}{1 - \cos\alpha}$$

式中　　d——矿物的粒度。

从式中可以看出，入料粒度 d 越大，排料口 e 越小，为保证正常破碎，矿物顺利被啮住，破碎辊的破碎圆直径应该越大。

破碎辊的工作长度主要由其刚度所决定，当破碎硬物料时，载荷较大，常取工作长度与破碎圆之比为 0.3 ~ 0.7；对脆性较软的物料，其比值可增加到 1.25 ~ 2.5。

3.5.3.3 破碎辊的转速

破碎辊的转速与辊子表面形状、入料硬度及其粒度有关，一般是根据实验或经验来确定。给矿粒度和硬度增大，转速应该越低，破碎脆性的物料，转速可以高些。光面破碎辊比齿辊转速高。

由于破碎机的生产率随破碎转速正比增加，近年来趋向于采用较高转速的辊子。但是转速提高，使破碎辊磨损加快；转速超过一定极限时，还会影响矿物进入破碎腔，反而使功耗增加，生产率下降。根据经验，可取转速

$$n = k\sqrt{f/Dd}$$

式中　　k——与矿物密度、物料在破碎腔中移动方向和破碎辊表面形状有关的系数；
　　　　f——摩擦系数；
　　　　D——破碎圆直径，cm；
　　　　d——给料粒度，cm。

3.5.3.4 生产率

辊式破碎机的生产率 $Q(\text{t/h})$ 一般按下式计算

$$Q = 0.188LDe\gamma\mu$$

式中　　e——排料口尺寸，m；
　　　　γ——矿物的密度，kg/m^3；
　　　　μ——矿物的松散系数。

对于喂给辊式破碎机，输送机缓慢移动有利于排料。但与双辊或四辊破碎机相比，不能利用物料自重帮助排料，其效果相当。

3.5.3.5 电动机功率

辊式破碎机电动机功率 $N(\text{kW})$ 可用下列经验公式估算

$$N = \beta LDn$$

式中　　β——与物料性质及破碎表面形状有关的系数，齿辊碎煤时间取 $\beta = 0.85 ~ 1.1$。

复习思考题

3-1　试比较前装机与机械铲的优缺点。

3-2　前装机在露天矿与卡车配合装载时的作业循环分哪几个步骤？

3-3　ZL-50 型前装机主要由哪几个部分组成？

3-4　画出 ZL-50 型前装机工作机构的连杆机构，说明为什么这种机构叫反连杆机构？

3-5　为什么在前装机的传动系统中要采用万向联轴节和差速器？

3-6　在前装机的传动系统中，采用液力变矩器有哪些优缺点？

3-7　什么是前装机的附着重力，它与机器的牵引力有何关系？

3-8　露天铲运机与地下铲运机有什么区别？

3-9　试述露天铲运机的发展趋势。

3-10　说明露天铲运机的类型与特点。

3-11　画图并说明露天铲运机的基本组成与工作原理。

3-12　试述露天铲运机的结构特点。

3-13　给出露天铲运机铲斗长高比的确定方法。

3-14　露天铲运机生产能力如何计算？

3-15　露天铲运机台数怎样确定？

3-16　试述露天铲运机选型的依据。

3-17　给出矿用推土机的种类及特点。

3-18　说明推土机的工作原理与作业方式。

3-19　试述 TY-410 型推土机的主要组成及特点。

3-20　熟悉 TY-410 型推土机的传动系统及工作原理。

3-21　试述 TY-410 型推土机液压系统的特点及各回路的工作原理。

3-22　推土机主要工作参数有哪些，如何确定？

3-23　说明和分析带式排土机的分类及其结构特点。

3-24　分析 $A_2Rs-B5000.60$ 型排土机的组成部分及其运动。

3-25　说明 $A_2Rs-B5000.60$ 型排土机排料臂的结构特点。

3-26　试述 $A_2Rs-B5000.60$ 型排土机的转载臂在主机上和支承车上安装的结构形式。

3-27　说明 $A_2Rs-B5000.60$ 型排土机履带行走机构的结构特点及转向原理。

3-28　排土机选型主要考虑哪些因素？

3-29　如何计算排土机的实际生产能力？

3-30　试画出 PGCB-1520 型半移动喂给式破碎站的示意图，并说明其主要组成及其作用。

3-31　喂给式单辊破碎机是怎样破碎物料的？

3-32　PGCB-1520 型破碎站的破碎辊由哪几部分组成，当遇到过硬物料时，破碎机如何进行安全保护？

3-33　PGCB-1520 型破碎站的液压锤有哪几个动作，对照其液压系统图说明液压元件的名称及功能。

3-34　单辊破碎机的啮角与哪些参数有关，应如何选取，为什么不能太大？

附　录

附表1　岩石普氏分级

等级	坚固性程度	岩　石	f
I	最坚硬岩石	最坚硬、细致和有韧性的石英岩和玄武岩；其他各种最坚硬的岩石	≥20
II	很坚固岩石	很坚固的花岗岩质页岩，石英斑岩；很坚固的花岗岩砂质生岩，比 I 级稍软的石英岩，最坚固的砂岩和石灰岩	15
III	坚固岩石	致密的花岗岩和花岗岩质岩石，很坚固的砂岩和石灰岩，石英质矿脉岩，坚固的砾岩，最坚固的铁矿	10
III$_a$	坚固岩石	坚固的石灰岩，不坚固的花岗岩，坚固的砂岩、大理石和白云岩，黄铁矿	8
IV	颇坚固岩石	一般的砂岩，铁矿	6
IV$_a$	颇坚固岩石	砂质页岩，页岩质砂岩	5
V	中等岩石	坚固的黏土质岩石，不坚固的砂岩和石灰岩	4
V$_a$	中等岩石	各种不坚固的页岩，致密的泥灰岩	3
VI	颇软弱岩石	软弱的页岩，很软弱的石灰岩，白垩，岩盐，石膏，冻结土壤，无烟煤，普通泥灰岩，破碎的页岩，胶结砾岩，石质土壤	2
VI$_a$	颇软弱岩石	碎石质土壤，破碎的页岩，凝结成块的砾石和碎石，坚固的煤，硬化的黏土	1.5
VII	软弱岩石	致密的黏土，软弱的烟煤，坚固的冲击层-黏土质土壤	1.0
VII$_a$	软弱岩石	软砂质黏土，黄土，砾石	0.8
VIII	土质岩石	腐殖土，泥煤，轻沙质土壤，湿沙	0.6
IX	松散型岩石	沙，山麓堆积，细砾石，松土，采下的煤	0.5
X	流动性岩石	流沙，沼泽土壤，含水黄土及其他含水土壤	0.3

附表2　岩石凿碎比功分级

级　别	凿碎比功 a /N·m·cm^{-3}	坚固性	代 表 性 岩 石
I	0～190	极　软	页岩，煤，凝灰岩
II	200～290	软	石灰岩，砂页岩，橄榄岩，绿泥角闪岩，云母石英片岩，白云岩
III	300～390	较　软	花岗岩，石灰岩，橄榄片岩，铝土矿，混合岩，角闪岩
IV	400～490	中　硬	花岗岩，硅质灰岩，辉长岩，玢岩，黄铁矿，铝土矿，磁铁石英岩，片麻岩，矽卡岩，大理岩
V	500～590	硬	假象赤铁矿，磁铁石英岩，苍山片麻岩，矽卡岩，中细粒花岗岩，暗绿角闪岩
VI	600～690	很　硬	假象赤铁矿，磁铁石英岩，煌斑岩，致密矽卡岩
VII	≥700	极　硬	假象赤铁矿，磁铁石英岩

附表3　岩石磨蚀性分类

类别	钎刃磨钝宽度 b/mm	磨蚀性	代 表 性 岩 石
1	≤0.2	弱	页岩、煤、凝灰岩、石灰石、大理石、角闪岩、橄榄岩、辉长岩、白云岩、铝土矿、千枚岩、矽卡岩
2	0.3～0.6	中	花岗岩、闪长岩、辉长岩、砂岩、砂页岩、硅质灰岩、硅质大理岩、混合岩、变粒岩、片麻岩、矽卡岩
3	≥0.7	硬	黄铁矿、假象赤铁矿、磁铁石英岩、石英岩、硬质片麻岩

参 考 文 献

[1] 冯仕海. 我国露天矿用设备的发展与展望（上，下）[J]. 金属矿山，2000，（8）：6～10；2000（10）：6～8，20.

[2] 苗旺元. 我国露天煤矿机械施工设备的发展现状与选用分析[J]. 中国招标，2008，（43）.

[3] 甘海仁，杨永顺，李永星. 我国凿岩机械现状[J]. 凿岩机械气动工具，2006，（1）：16～28.

[4] 董鑫业，胡铭. 凿岩钻具行业概况及差距[J]. 凿岩机械气动工具，2006，（3）：1～6.

[5] Lee B. Paterson. Drilling Better. World Mining Equipment[J]. 2002，24(6).

[6] 延安. 国外牙轮钻机的最新发展[J]. 国外金属矿山，1995，20(3)：48～54.

[7] 陈玉凡. 矿山机械（钻孔机械部分）[M]. 北京：冶金工业出版社，1981.

[8] 陈玉凡，朱祥. 钻孔机械设计[M]. 北京：机械工业出版社，1987.

[9] 中国矿业学院. 露天采矿手册（第四册）[M]. 北京：煤炭工业出版社，1988.

[10] 王运敏. 中国采矿设备手册[M]. 北京：科学出版社，2007.

[11] 采矿设备手册编写委员会. 采矿设备手册（矿山机械卷）[M]. 北京：中国建筑工业出版社，1988.

[12] 荆元昌. 露天采矿机械[M]. 北京：煤炭工业出版社，1988.

[13] 宁恩渐. 采掘机械（修订版）[M]. 北京：冶金工业出版社，1991.

[14] 谢锡纯，陈永铮. 露天采掘机械[M]. 徐州：中国矿业大学成人教育学院，1996.

[15] 钟良俊，王荣祥. 露天设备选型配套计算[M]. 北京：冶金工业出版社，1998.

[16] 杨福卿，聂志新. 露天矿单斗挖掘机与自卸汽车合理选型的优化设计[J]. 煤炭设计参考资料，1992(2)：8～21.

[17] 王荣祥，任效乾. 设备系统技术[M]. 北京：冶金工业出版社，2004.

[18] 李晓豁. 单斗挖掘机[M]. 阜新：阜新矿业学院，1989.

[19] 曹善华. 单斗挖掘机[M]. 北京：机械工业出版社，1995.

[20] 黄正森，李文荣. R&H公司生产的两种新型单斗挖掘机[J]. 世界机电技术. 1992(3)：12.

[21] 同济大学主编. 单斗液压挖掘机[M]. 北京：中国建筑工业出版社，1986.

[22] 闫书文. 机械式单斗挖掘机设计[M]. 北京：机械工业出版社，1982.

[23] 郭嗣刚. $SR_S1602 \cdot 25/3$（1000）+VR型轮斗挖掘机[J]. 大重科技，1998(2).

[24] 李晓豁. 挖掘机械[M]. 阜新：阜新矿业学院，1992.

[25] 何正忠. 装载机[M]. 北京：冶金工业出版社，1999.

[26] 韩岐山. 铲运机[M]. 北京：中国建筑工业出版社，1990.

[27] 朱学敏. 土方工程机械[M]. 北京：机械工业出版社，2003.

[28] 徐希民，黄宗益. 铲土运输机械设计[M]. 北京：机械工业出版社，1998.

[29] 周复光. 铲土运输机构设计与计算[M]. 北京：中国建筑工业出版社，1986.

[30] 朱嘉安. 采矿机械和运输[M]. 北京：冶金工业出版社，1998.

[31] 果晓明. 露天矿破碎-胶带半连续运输工艺的研究与实践[J]. 金属矿山，2005(2)：12～15，24.

[32] 唐经世. 工程机械底盘[M]. 成都：西南交通大学出版社，1999.

[33] 张光裕. 工程机械底盘构造与设计[M]. 北京：中国建筑工业出版社，1986.

[34] 于仁灵. 矿山机械构造[M]. 北京：机械工业出版社，1981.

[35] 曹金海. 矿山机械底盘设计[M]. 北京：机械工业出版社，1988.

[36] 王荣祥，李捷，任效乾. 矿山工程设备技术[M]. 北京：冶金工业出版社，2005.

冶金工业出版社部分图书推荐

书　名	作　者	定价(元)
采矿工程师手册(上)	于润沧	196.00
采矿工程师手册(下)	于润沧	199.00
采矿手册(第1卷)矿山地质和矿山测量	本书编委会	99.00
采矿手册(第2卷)凿岩爆破和岩层支护	本书编委会	165.00
采矿手册(第3卷)露天开采	本书编委会	155.00
采矿手册(第4卷)地下开采	本书编委会	139.00
采矿手册(第5卷)矿山运输和设备	本书编委会	135.00
采矿手册(第6卷)矿山通风与安全	本书编委会	109.00
采矿手册(第7卷)矿山管理	本书编委会	125.00
采掘机械	宁恩渐	35.00
地下辅助车辆	石博强	59.00
地下凿岩设备	周志鸿	48.00
矿山工程设备技术	王荣祥	79.00
流体输送设备	王荣祥	45.00
液压传动	刘春荣	20.00
地下采矿技术	陈国山	36.00
采矿学	王青	39.80
厚煤层开采理论与技术	王家臣	56.00
动静组合加载下的岩石破坏特性	左宇军 李夕兵 张义平	22.00
采场岩层控制论	何富连	25.00
矿井热环境及其控制	杨德源 杨天鸿	89.00
炸药化学与制造	黄文尧 颜事龙	59.00
选矿知识600问	牛福生	38.00
采矿知识500问	李富平	49.00
矿山提升与运输	陈国山	39.00
矿山环境工程	蒋仲安	39.00
机械工程基础	韩淑敏	29.00
机械设备维修基础	闫嘉琪 李力	28.00
机械制造工艺及专用夹具设计指导	孙丽媛	14.00
起重运输机械	陈道南	32.00
机械安装与维护	张树海	22.00
机械制图	田绿竹	30.00
机械可靠性设计	孟宪铎	25.00
机械制图习题集	王新 卢广顺	28.00
机械安装实用技术手册	樊兆馥	159.00
机械可靠性设计与应用	杨瑞刚	20.00
采掘机械和运输	朱嘉安	49.00
机械装备失效分析	李文成	180.00